机关事业单位工勤人员技能等级培训辅导教材
企业职工技能提升培训辅导教程

职业素养与实务

顾宝荣　主编

中国劳动社会保障出版社

图书在版编目（CIP）数据

职业素养与实务/顾宝荣主编． -- 北京：中国劳动社会保障出版社，2023
机关事业单位工勤人员技能等级培训辅导教材　企业职工技能提升培训辅导教程
ISBN 978-7-5167-6044-4

Ⅰ.①职… Ⅱ.①顾… Ⅲ.①职业道德-职业培训-教材 Ⅳ.①B822.9

中国国家版本馆 CIP 数据核字（2023）第 172569 号

中国劳动社会保障出版社出版发行

（北京市惠新东街 1 号　邮政编码：100029）

*

三河市华骏印务包装有限公司印刷装订　新华书店经销

787 毫米×1092 毫米　16 开本　16.5 印张　283 千字
2023 年 10 月第 1 版　2023 年 10 月第 1 次印刷
定价：46.00 元

营销中心电话：400-606-6496
出版社网址：http://www.class.com.cn

版权专有　　侵权必究

如有印装差错，请与本社联系调换：（010）81211666
我社将与版权执法机关配合，大力打击盗印、销售和使用盗版图书活动，敬请广大读者协助举报，经查实将给予举报者奖励。
举报电话：（010）64954652

序

　　党和国家历来高度重视人才工作,《国家中长期人才发展规划纲要(2010—2020年)》指出,人才是指具有一定的专业知识或专门技能,进行创造性劳动并对社会作出贡献的人,是人力资源中能力和素质较高的劳动者。习近平总书记在中央人才工作会议上指出,综合国力竞争说到底是人才竞争。人才是衡量一个国家综合国力的重要指标。国家发展靠人才,民族振兴靠人才。这一重要论述从战略高度阐述了人才的重要性。不论在人才的培养、引进和使用上,都要做到人才为本,信任人才、尊重人才、善待人才、包容人才。"济济多士,乃成大业;人才蔚起,国运方兴。""十四五"时期,我国将开启全面建设社会主义现代化国家新征程。国家"十四五"规划纲要明确提出,将建成"人才强国"确立为2035年远景目标之一。

　　人才是富国之本、兴邦大计。一个国家在人力资本方面的投入,对国家的发达与富足程度起着至关重要的作用。人力资本的标志是职业素养。职业素养大致分为三个层次:第一个层次是职业道德,具体包括敬业乐业、吃苦耐劳、一丝不苟、遵纪守法、恪守信用等品德;第二个层次是通用职业能力,具体包括交往沟通能力、组织管理能力、团结协作能力、战略策划能力、语言表达能力等,现代职业还要求从业者必须具备外语能力和计算机操作能力等;第三个层次是专业职业能力,具体包括各自的职业或岗位特殊要求所决定的专业知识、专业技能和身心健康等。职业素养的三个层次相互关联,缺一不可。

实践证明，职业培训可以有效增强劳动者的职业素养，做到通用知识与专业知识、职业道德与专门技能的有机结合，实现人力资源向人力资本的转化，培养更多高素质技术技能人才、能工巧匠、大国工匠，为全面建设社会主义现代化国家，实现中华民族伟大复兴的中国梦，提供强大的人才和技能支撑。

目录

第一篇 职业道德

第一章 道德和职业道德 ········ 003
第二章 职业素质及其构成 ········ 025
第三章 职业精神 ········ 031
第四章 职业道德修养 ········ 038
复习题 ········ 043

第二篇 职场礼仪

第五章 职场形象礼仪 ········ 051
第六章 办公礼仪 ········ 085
第七章 接待礼仪 ········ 098
第八章 社交礼仪 ········ 110
复习题 ········ 122

第三篇 公务技能

第九章 语言技能 ········ 131
第十章 场景安排 ········ 141

第十一章　环境美化 ·· 151
第十二章　安全保障 ·· 157
复习题 ··· 175

第四篇　心理调谐

第十三章　身心保健 ·· 183
第十四章　同事关系 ·· 207
第十五章　部属关系 ·· 226
第十六章　家庭关系 ·· 238
复习题 ··· 253

第一篇

职业道德

中华民族是有着悠久尚德传统的民族，百行德为首，百业德为先。要提高人民思想觉悟、道德水准、文明素养，提高全社会文明程度。深入实施公民道德建设工程，推进社会公德、职业道德、家庭美德、个人品德建设，激励人们向上向善、孝老爱亲，忠于祖国、忠于人民，从而使"人民有信仰，国家有力量，民族有希望"，为实现中华民族伟大复兴凝聚起道德力量。

本篇主要讲解道德和职业道德、职业素质及其构成、职业精神和职业道德修养等内容。

第一章
道德和职业道德

道德是随着社会经济发展而不断发展变化的。职业道德是道德体系中的一个重要部分,它是社会分工发展到一定阶段的产物。道德和职业道德是有紧密联系的两个范畴。

第一节 道德

一、什么是道德

道德,是人们日常生活中熟悉的一个概念,既简单又复杂。说"道德"简单,是因为每个人从懂事起或从上幼儿园、上小学起,父母、爷爷、奶奶、老师总是会再三教导说"要做一个好孩子""要爱惜粮食,不要浪费""见了爷爷、奶奶要问好""对人要有礼貌""不要随便乱扔纸屑、果皮"等。在我们的日常生活、工作、学习中,随时随处都会遇到关于道德的问题。如一个人做了一件好事,人们会说他是一个有道德的人、一个有修养的人;如果他做了一件不好的事,人们便指责说他的做法不道德,这人没有教养。说"道德"复杂,是因为如果进一步追问"究竟什么是道德",也许并不是所有人都能说得明白。在我们国家,把"道德"二字连用,开始于春秋战国时期的《管子》《庄子》《荀子》等书中,如荀子曾说:故学至乎礼而止矣,夫是之谓道德之极。意思是说,一个人学习了礼并按照它的要求去做,就具备了最高道德。因此,所谓道德,就是一定社会、一定阶级向人们提出的处理人与人之间、个人与社会之间、个人与自然之间各种关系的一种特殊的行为规范。

道德随着社会经济发展而不断变化,如社会主义社会在处理公共道德关系时,要求人们文明礼貌、助人为乐、爱护公物、遵纪守法、保护环境;在处理家庭关系时,要求人们尊老爱幼、男女平等、夫妻和睦、勤俭持家、邻里团结等。从某种意义上可以说,道德就是讲人的行为"应该"怎样和"不应该"怎样的问题。

二、道德与做人

习近平总书记在纪念五四运动 100 周年大会上的讲话中指出:"人无德不立,品德是为人之本。止于至善,是中华民族始终不变的人格追求。我们要建设的社会主义现代化强国,不仅要在物质上强,更要在精神上强。精神上强,才是更持久、更深沉、更有力量的。"道德是做人的根本。人生在世,最重要的有两件事:一是学做人;二是学做事。

每个人从小的时候起就开始学做事了,如上学学习各门课程,是为将来做事打基础。但做好了"事",并不等于做好了"人"。在事业上有所成就,而在做人上一塌糊涂,最终身败名裂的,古今中外不乏其人。

做人最重要的是以德为先,做有德之人。

在中国历史上,一些著名的思想家、教育家都十分重视道德对做人的重要意义。他们认为,道德是做人的根本,即"德者本也";认为"德者,才之帅也",即道德统帅人的才智。用现在的话来说,所谓"才智",就是文化科学技术知识;"德"就是思想品德。学习文化科学技术,是富国强民的关键。可是文化科学技术掌握在什么人手里,为谁服务同样很重要。有德之人掌握文化科学技术可以造福于人类,无德之人掌握文化科学技术可能成为危害人类社会安全的"智能强盗"。正因为道德对做人、做事、成才是如此的重要。陈毅元帅在送儿女就学时专门写了一首长诗,教育儿女立德为先。他语重心长地写道:"应知学问难,在乎点滴勤;尤其难上难,锻炼品纯;人民培养汝,一切为人民;革命重坚定,永作座右铭。"在这里,陈毅元帅把"锻炼品德纯""一切为人民",看成是"培养子女成人"的根本,让儿女们"永作座右铭"。

外国思想家、教育家也十分重视道德对做人的重要性。古希腊哲学家柏拉图曾说,一个人不应被名誉、金钱和地位诱惑去忽视正义和其他德行。英国哲学家罗吉尔·培根曾说:"德行使心灵明晰,使人不仅更易了解德行,也更易了解科学的真理。"

"国无德不兴,人无德不立。"德是做人、做事、做学问的基础。道德对人的人生发展和事业的进步起着巨大作用。立德也是家庭幸福和社会和谐的基础。

第二节 职业道德的形成与发展

职业与职业道德作为一种社会现象,两者均属历史的范畴。它们的产生及其发展的根本原因和客观基础,是人类社会生产力发展而引发的社会大分工。职业道德经历了原始社会、奴隶社会、封建社会、资本主义社会和社会主义社会五种形态的历史演变。

一、职业道德的萌芽

社会发展历程表明,职业作为一种社会现象,是与社会分工和生产内部的劳动分工相联系的。它对人们的道德意识和道德行为,对整个社会的道德习俗和道德传统,都产生着重大的影响。人们在一定的职业生活中能动地表现自己,就形成了一定的职业道德。

职业道德的产生是以社会分工为基础的。原始社会由于生产力水平极其低下,人们以共同采摘野生植物和狩猎野生动物为生,男女老幼一起参加劳动,没有专门的社会分工,没有专门的职业,也就不存在职业道德。

真正意义的分工是从野蛮时代开始的。在野蛮时代的低级阶段,分工完全是自然产生的,只存在于劳动生产活动中的男女两性之间。男子作战、打猎、捕鱼、获取食物的原料,并制作工具;女子管家,制作食物和衣服。到了野蛮时代的中期,一些先进的部落开始驯养动物、种植谷物,最终从野蛮人群中分离出游牧部落,从而在人类历史上出现了第一次社会大分工,即畜牧业和农业的分离。这次社会大分工的结果,使低下的劳动生产率得以提高,财富不断增加,生产场所逐渐扩大。进入野蛮时代的高级阶段,人们学会了制作金属工具,开始出现金属加工业。同时,原始的纺织业、制陶业等手工业也有了发展。这些彼此独立的手工业的出现及其发展,显示出生产日益多样化和生产技术的日益改进,促进了生产力的发展。农业除种植谷物、豆科植物和水果之外,人们开始制作植物油和葡萄酒,于是出现了第二次社会大分工,即手工业和农业的分离。第二次社会大分工和第一次社会大分工相比,在性质上发生了很大变化。如果说第一次社会大分工只是简单的部落内部和部落间的物品交换,那么第二次社会大分工就使得交换产品成为社会发展的必要手段。这样,就自然而然地形成了不同的职业集团。由于职业活动的具体内容和方式各不相同,承担着不同的职业责任,因而所产生的职业利益和需要也不尽相同。各职业集团为了调节内外关系,指导成员的职业活动,便逐步地把一些表现职业的心理、惯例和习俗收集整理和明确起来,用以调节指导、约束职业人员的思想和行为活动,形成了最初的职业道德观念。在原始社会,人们的思维和语言尚不发达,还不能用丰富多彩的道德观念把握社会的道德现象,而且也没有更多的语言词汇描绘道德观念和行为,仅从感情和感觉的直观形式上加以概括。这时期的职业道德观念贫乏、直观、含混,因此,仅能区分"好的"和"坏的","有利的"和"有害的","自己的"和"别人的"等简单概念,用以说明"善""恶"的观念。"好的""有利的""自己的"就是善的;"坏的""不利的""别人的"就是恶的。此外,当时也没有文字记载,职业道德只能以动作、语言以及民族禁忌、宗教仪式、模仿老人的行为等形式表现出来。

二、职业道德的形成

由于生产力的发展,铁器工具的使用使生产的剩余物品慢慢多起来。这时,社会已能养活一部分专门从事艺术、科学、商业活动和公共事务的管理活动者,从而出现了更加深刻的具有决定意义的第三次社会大分工,即农业和商业,以及脑力劳动和体力劳动的分离。与此同时,人类历史上第一个阶级社会——奴隶社会产生,于是,不仅出现了调整阶级关系的阶级道德,而且还出现了调整行业和职业关系的职业道德。

不同职业分工有不同的职责,所以,也就有不同的职业道德要求。在古希腊奴隶社会,职业道德也得到明确阐述。古希腊著名的哲学家、思想家柏拉图,在他的著作《理想国》中谈到,哲学家的道德是"智慧",武士的道德是"勇敢",自由民的道德是"节制"。当这三个阶级在国家里面各做各的事,而不互相干扰的时候,便是有了正义。这里的"智慧""勇敢""节制"有职业道德的意义,或者说是阶级道德在不同职业中的体现。

奴隶时期的职业道德有一个显著的特点就是统治者比较重视上层社会人们的职业道德,特别是与统治者的切身利害有关的职业道德,而对直接从事物质生活资料生产的体力劳动者的职业道德则比较轻视。在历史文献中反映较多的是有关政治、军事、文化、教育、医生等方面的职业道德,如从政为官的职业道德,历来为统治者所重视,我国最早的一部史书《尚书》中,就特别强调"敬德保民"的政治思想。孔子对从政者提出"其身正,不令而行;其身不正,虽令不从"的职业道德要求。

三、职业道德的发展

职业道德在封建社会得到初步发展。因为农民在封建社会的特殊作用,决定了农民的职业道德成为封建社会职业道德的主体。农民在长期艰难的劳动生活中,养成了勤劳节俭、团结互助、富有人道和憎恶剥削、压迫等优良的道德品质,像东汉《太平经》所说的"夫人各自衣食其力""力强者当养力弱者"。

除农民这个最主要的社会职业外,其他各行业在封建社会也有了进一步发展。在西欧的中世纪就出现了各种行业帮会。在我国,从隋唐到明清,也出现了各种各样的帮会,如手工业行帮、商人行帮等。在行帮内部的师徒之间、学徒之间、行帮会员以及同整个社会成员之间都形成了一些协调相互关系的职业道德准则。

到了资本主义历史时期,职业道德得到了充分发展。这是因为从18世纪开始,欧美资本主义国家开展工业革命,推动了工业的快速发展。社会分工和生产内部的分工越来越明确具体,形成了更大规模的职业活动。在人和人的道德关系中,不但保持了工业、农业、商业、学者、医生、军队等古老传统的职业及其职业道德规范,还增加了上百种乃至上千种。

但是,由于资产阶级的利己主义和金钱至上的观念,使职业道德的作用在资本主义社会中受到很大的局限。社会主义职业道德是在适应社会主义物质文明和精神文明建设的需要,批判地继承了历史上的优秀的职业道德传统的基础上发展起来的,内容更加丰富,功能更加完善,在职业活动中发挥了更大的促进和调节作用。

第三节 职业道德建设

一、职业道德的内涵和特征

所谓职业道德,是指从事一定职业劳动的人们,在特定的工作和劳动中以其内心信念和特殊社会手段来维系的,以善恶进行评价的心理意识、行为原则和行为规范的总和,它是人们在从事职业的过程中形成的一种内在的、非强制性的约束机制。

职业道德有三个方面的特征:第一,范围上的有限性。任何职业道德的适用范围都不是普遍的，而是特定的、有限的。一方面，它主要适用于走上社会职业岗位的成年人；另一方面，某一特定行业的职业道德更适用于专门从事本职业的人。第二，内容上的稳定性和连续性。由于职业分工有其相对的稳定性，与其相适应的职业道德也就有较强的稳定性和连续性。第三，形式上的多样性。职业道德的形式因行业而异，一般来说，有多少种行业，就有多少种职业道德。

二、社会主义职业道德的核心和基本原则

（一）社会主义职业道德的核心

全心全意为人民服务是社会主义职业道德的核心。历史唯物主义认为，人民群众既是物质财富的创造者，又是精神财富的创造者，江山就是人民，人民就是江山。同时，社会主义的生产目的是最大限度地满足社会全体成员的物质和文化需要。因此，把为人民服务作为社会主义职业道德的核心，集中体现了社会主义职业道德的根本要求。也是习近平新时代中国特色社会主义理论体系在职业道德中的生动体现。

在社会生活中，各行各业都有自己具体的职业道德规范。如教书育人是教师的职业道德规范，救死扶伤是医生的职业道德规范，廉洁奉公是公务员的职业道德规范。"教书育人""救死扶伤""廉洁奉公"虽然是不同行业的职业道德规范，但都体现着为人民服务的要求，都把为人民服务作为本行业职业活动的出发点和归宿。在全面建设社会主义现代化国家的新征程中，"人人为我，我为人人"逐渐成为社会的道德风尚。

（二）社会主义职业道德的基本原则

集体主义是社会主义职业道德的基本原则。集体主义贯穿社会主义道德规范的始终，是正确处理国家、集体和个人关系的最根本的准则。因此，现代社会中，职业分工日益精细，而不同职业之间、不同岗位之间，却又有着紧密的联系。从业者之间相互提供着各自的服务，同时也相互享受着他人的服务，社会主义条件下，国家利益、集体利益与个人利益在根本上是一致的。国家利益体现了各地区、各单位及个人的长远的根本的利益。在社会主义社会里，集体利益和个人利益是根本一致的，我国现阶段人民群众最根本的利益是建设社会主义现代化，实现国家的繁荣富强和实现中华民族伟大复兴。这是各行各业最大的利益，它充分体现了国家、集体和个人三者利益的有机统一。机关事业单位人员要做走在时代前列的奉献者，将国

家利益、集体利益置于个人利益之上，在实现国家利益、集体利益的过程中实现个人利益。

三、良好的职业道德是职业人的成功要件

随着社会的进步，人们生活水平的提高，职业道德往往在人们享受的产品和服务的质量中得到具体体现，而产品和服务的质量取决于生产质量和服务水平，生产质量和服务水平则又取决于人的职业技能和职业道德素质。在日益激烈的市场竞争中，产品的质量和服务的水平是企事业单位得以生存的重要因素，因此，越来越多的企事业单位开始注意自身的社会形象，以及提高单位职工的道德品质。

 案例

华为的管理之道

华为技术有限公司（以下简称华为）成立于1987年，靠着自身的创新与发展，成为全球领先的信息与通信技术解决方案供应商，2020年中国民营企业500强第一名。华为的企业发展理念和成长经验，对中国企业具有很大的影响和启发。下面一起看看华为在员工管理方面的要求。

1. 要重在参与，敢于向自己挑战。要求员工做一件事无论是否成功，都要参与并与之拼搏，"胜负无定数，敢搏成七分"。

2. 要重视向别人学习，取长补短。积极吸收别人的优点，对伙伴则应积极指出他的缺点。

3. 要善于归纳总结。人生就是通过不断地总结，形成一个一个的"网点"，进而结成一张大网。如果不善于归纳总结，将没有一点收获。

4. 要实事求是地作职业生涯设计。员工要结合自己的专长和专业实事求是地设计职业生涯。

5. 要培养专家。要求员工"爱一行，干一行；干一行，专一行"，对自己从事的一行热爱、精通、超越，在条件许可、有充沛精力的情况下，可以多了解一些与工作相关的周边业务的运作状况与技能。

6. 要宽容好心犯错的员工。华为认为，员工都是在犯错中成长，对于由于经验不足犯错的员工要宽容，鼓励大家改进工作。

7. 要热爱工作。希望员工将工作当成一种热爱、一种献身的驱动、一种难得的机遇和挑战，好好珍惜，认真地做好每一件事，目光要远大，胸怀要开阔，富有责任心，不计较

个人的得失。

8. 从小事开始关心他人。要求员工尊敬父母、帮助弟妹、对亲人负责,在此基础上关心同事以及周围有困难的人。

9. 对基层员工注重专长培养。华为对基层主管、专业人员和操作人员实行岗位相对固定的政策,提倡"爱一行,干一行;干一行,专一行"。

10. 提倡"干一行,爱一行"。华为允许员工适当地挑选工作岗位,但不鼓励员工频繁地更换工作岗位。鼓励员工在干的过程中逐步产生兴趣,最终成长为专家。

11. 要了解公司的奋斗大目标。要求员工以企业发展大目标来牵引日常工作,这样工作的意义不同了,工作的质量也更高了。

12. 要长期坚持自我批判。一个人只有坚持自我批判,才能不断进步。在公司内部,一定要打掉"好面子"的思想。

13. 不要有"打工仔"心态。希望员工不要以"这公司跟我没关系,我就是打工的"这种观念来想问题,号召员工与公司建立起生死与共的命运观念,具有一丝不苟、踏踏实实的实干精神。

14. 要加强自我培训。接受培训是重要的,但自我培训更重要。只有自我培训才能实现超越。要开放自己,珍惜时间,珍惜机会,找到人生的切入点,加强自我培训,超越自我。

15. 给敬业的员工更多的机会。认真负责和管理有效的员工是华为最大的财富。尊重知识、尊重个性、集体奋斗的员工,是事业可持续成长的内在要求。

16. 不以学历、知识作为确定收入的标准,而是以贡献和业绩评定薪酬。

四、职业道德建设的方法与途径

习近平总书记指出,要持续深化社会主义思想道德建设,弘扬中华传统美德,弘扬时代新风,用社会主义核心价值观凝魂聚力,更好构筑中国精神、中国价值、中国力量,为中国特色社会主义事业提供源源不断的精神动力和道德滋养。要使社会主义市场经济健康有序地向前发展,加快社会主义现代化建设步伐,就必须加强职业道德建设。将发展社会主义市场经济同加强职业道德紧密地结合起来,不断探索在社会主义市场经济条件下加强职业道德建设的新方法、新途径。

(一) 职业道德建设的关键是各级领导干部

领导干部自觉遵守职业道德规范,员工们才会自觉遵守,否则,职业道德建设就是一句空话。所以,提高领导干部自身的职业道德建设是搞好职业道德的关键。要不断增强领导干部的内心信念,自觉做到"慎独"。以身作则,廉洁自律,树立正确的权力观、地位观，做到权为民所用，情为民所系，利为民所谋，通过自我教育、自我锻炼和自我改造，提高道德品质，提升道德境界。

（二）职业道德建设要形成良性循环

职业道德建设是一项总体工程，要在全社会各行各业抓好职业道德建设，形成良性循环。在我们的社会里，人人都是服务对象，同时人人又都要为他人服务。因此，在职业道德建设中必须坚持以为人民服务为核心，以集体主义为原则。每个职工要从内心深处认识到，提高自身职业道德水准，不仅仅是为了自身的利益和企业的发展，而且对整个社会协调发展和文明建设都有深远的意义。特别是一些"窗口"行业的职业道德，直接影响着国家的形象。首都"窗口"行业在职业道德建设中，这一句响亮的口号"在外国人面前我是中国，在外地人面前我是北京"，把职业道德建设和树立首都形象联系在一起。不仅如此，每个职工还应该自觉把职业道德修养提高到人生修养的高度，提高到自己人格的高度来认识。

（三）职业道德建设应考虑个人利益

在社会主义市场经济下，要对社会经济效益和社会效益贡献大的职工，在道德和物质利益上给予鼓励，这样才能充分发挥个人的积极性。邓小平同志曾说，为国家创造财富多，个人的收入就应该多一些，集体福利就应该搞得好一些。不讲多劳多得，不重视物质利益，对少数先进分子可以，对广大群众不行，一段时间可以，长期不行。革命精神是非常宝贵的，没有革命精神就没有革命行动。但是，革命是在物质利益的基础上产生的，如果只讲牺牲精神，不讲物质利益，那就是唯心论。又说，对那些干得好的，给他们"颁发奖牌、奖状是精神鼓励，是一种政治上的荣誉。这是必要的。但物质鼓励也不能缺少"。因此，建立利益机制，把物质激励和精神激励结合起来，不仅会激发人们更高的热情，而且也能使人们在职业实践中逐步形成忠于职守、尽职尽责、热爱集体、忘我劳动的职业品质。目前，我国各行各业对先进工作者、先进生产者、劳动模范、优秀科学工作者、优秀教师等给予一定的物质奖励，对鼓励人们积极进取，为社会主义现代化建设多做贡献，是十分必要的。

（四）职业道德建设要常抓不懈

社会主义市场经济与社会主义精神文明建设是互相促进、相辅相成的。市场经济发展了，可以为精神文明的发展提供物质条件；而精神文明的发展又可以为市场经济的发展提供精神动力和智力支持，为它的正确发展方向提供强有力的思想保证。精神文明不仅包括教育、科学、文化等内容，还包括思想道德、理想和信念。每个职工不仅是物质文明的建设者，也是精神文明和社会文明的建设者。加强职业道德建设对物质文明建设、对生产发展有很重要的作用。而职业道德本身就是社会主义精神文明建设的一个重要组成部分。因此，职业道德建设必须坚持常抓不懈。把职业道德建设同单位行业文化建设、职工职业道德素质教育结合起来，要求职工自觉地从小事做起，从自身做起，日积月累，培养职业道德。

（五）建立和完善职业道德监督机制

发展社会主义市场经济，不仅要讲经济规律，还要讲职业道德。发展和繁荣社会主义市场经济需要有良好的道德和价值作为引领，需要积极培育和践行社会主义核心价值观，建立和完善职业道德监督机制，并制定相应的奖罚、教育措施，扬善抑恶，在监督、奖惩的作用下发挥职业道德的作用。

第四节　职业道德规范

一、社会主义职业道德规范的基本要求

（一）爱岗敬业

爱岗敬业是社会主义职业道德的基本要求。爱岗是指热爱自己的工作岗位，热爱本职工作；敬业是指用一种恭敬严肃的态度对待工作。要做到爱岗敬业，首先要认识到自己所从事的职业在社会生活中的作用和意义，认识到自己的岗位在单位和行业中的作用和意义。燃灯校长张桂梅、汽车售票员李素丽，她们之所以能在自己平凡的岗位上，以辛勤劳动服务人民为最大的光荣，与她们对自己职业的价值认识是分不开的。其次是要对自己的工作抱有浓厚的兴趣，把职业看作是一种乐趣，而不是一种负担，并从职业活动中体现自己的人生价值。

爱岗敬业要做到乐业、勤业和精业。

1. 乐业，即喜欢自己的专业，热爱自己的本职工作。

2. 勤业，即勤奋学习专业，钻研本职工作。

（1）要勤奋。做到手勤、脚勤、眼勤、嘴勤、脑勤，这是提高学习和工作效率的关键。

（2）要刻苦。能经受得起工作中的艰难困苦，这是勤业所必须具备的一种精神。

（3）要顽强。有勇气、有毅力克服职业生活中遇到的各种困难，具备坚强的意志，有不怕困难和挫折的精神。

勤业是一个人精神状态的写照，它关系着工作效率，体现着职业品格和职业理想的追求，并能给人带来自尊和自信。大庆的新一代"铁人"王启民，几十年如一日，先后主持了8项重大的开发试验。每一项试验往往要经历数年的时间，收集成千上万个数据，做无数次的实验，反反复复地经受挫折。正是因为他具有顽强的精神，终于克服了一个又一个难题，为大庆增加了相当于地质储量7.4亿t的油田，价值达2亿元之多，为国家做出了重大贡献。

3. 精业，即不断提高自己的技术和业务水平，精益求精。

精业，需要有严格的要求和一丝不苟的工作态度。被称作"顾两丝"的钳工顾秋亮，练就了徒手感知0.2丝（1/50发丝精度误差）的绝活，让"蛟龙号"能承受1 400 t的压力。全国劳动模范、全国道德模范电力工人许启金，把电力知识抄到小纸条上，随身携带、随时查看，30多年来他抄写了上万张小纸条，消除了1 300多处安全隐患。

爱岗敬业，用一句通俗的话说，就是"干一行，敬一行，钻一行，精一行"，要求每个人都要在工作中练就自己的"金刚钻"，多一些老黄牛式的敬业实干、孺子牛式的勤业奉献、拓荒牛式的创新进取与精进卓越。

（二）诚实守信

诚实守信是为人处世的基本准则，是中华民族的传统美德，是从业人员对社会、对人民所承担的义务和职责，是人们在职业活动中处理人与人之间关系的道德准则。诚实是人的一种道德品质，这种道德品质的显著特点是：一个人在社会交往中，能忠实于事物的本来面貌，有一说一，有二说二，不歪曲、篡改事实；同时也不隐瞒自己的真实意思，行为光明磊落，不文过饰非，不欺骗他人。守信，就是信守诺言，讲信誉，重信用，忠实履行自己承担的义务。诚实与守信两者有着密切的联系，诚实是守信的思想基础，守信是诚实的外在表现，只有内心诚实，待人诚恳真挚，做事才能讲信用，有信誉。

诚实守信要做到诚信无欺、讲究质量、信守合同。

1. 诚信无欺，即待人接物诚恳可信，不采用欺骗手段。

2. 讲究质量，即要树立质量第一的观念，严把质量关。质量，通常指产品或工作的优劣程度。每一种职业活动都存在质量高低，生产性行业是产品质量，服务性行业是服务质量等，每个从业人员都要"讲究质量"。

3. 信守合同，即要说到做到，言而有信，以诚求信，以信求财。信守合同是市场经济的客观要求，也是一个单位的立业之本。

（三）办事公道

办事公道不仅是对掌权者的要求，也是对其他从业者的基本要求；是提高服务质量的基础保证。如一位服务员，在接待客人时不以貌取人，无论是对西装革履的老板，还是对衣着平平、口操方言的乡下人，都能一视同仁，同样热情服务；一位医生，对有权势的病人与平民百姓患者，都能同等对待，给予细心的诊治；一位领导者，在任用干部时，能任人唯贤、一视同仁，不以自己的亲疏好恶为标准等。

办事公道要做到客观公正和照章办事。

1. 客观公正，即遇事从客观事实出发，并能作出客观、公正的判断和处理。不弄清真实情况就莽撞地作出处理，必然错误百出；而故意歪曲事实，不光是人的道德品质问题，情节严重者将被追究法律责任。

2. 照章办事，即按照规章制度对待所有当事人，不徇情枉法、徇私枉法。要做到照章办事，必须努力克服不同的主观感受带来的不同的态度，不能因为服务对象的特点与自己不同而采取不同的服务态度；要克服等级观念，对所有的人都报以尊重的态度，克服私心，做到正直无私。

（四）服务群众

服务群众是为人民服务思想在职业活动中的具体表现，它表明了社会主义职业活动的目的。服务群众不仅是对领导机关、领导干部的要求，也是对每一个从业者的要求；不仅是对服务性行业的要求，也是对各行各业共同的要求。

服务群众要做到尽心尽力和满足需要。

1. 尽心尽力即从业人员对服务对象报以主动、热情、耐心的态度，把服务对象当亲人，服务细致周到，诚心诚意。

案例

全国劳动模范、优秀售票员李素丽，以"岗位作奉献，真情为他人"自律，是热情周到服务的典范。"对内我代表首都，对外我代表中国"，李素丽对这句话有自己深刻的体会。

她常说，国内外乘客下了火车，接受北京的第一个服务，可能就是售票员提供的，服务的好坏直接关系到首都的声誉和中国的形象。"我一定要让他们从一开始就享受到北京人的美好服务。""礼貌待客要热心，照顾乘客要细心，帮助乘客要诚心，热情服务要恒心"，这是李素丽为自己定下的服务原则。"多说一句，多看一眼，多帮一把，多走一走；话到、眼到、手到、腿到、情到、神到"，这是李素丽对自己的工作要求。李素丽售票台旁的车窗玻璃，一年四季进出站时总是敞开的，她说："这样我可以更好地照顾乘客。"即使下大雨，车一进站，她也要把车窗打开，伸出伞为上车前脱掉雨衣、收拢雨伞的乘客挡雨。李素丽习惯在车厢里穿行售票。车里人多，一挤一身汗，可她说："辛苦我一个，方便了众乘客。"

2. 满足需要，即从业人员努力为服务对象提供方便，想群众之所想，急群众之所急，主动为他人排忧解难。通过职业劳动服务群众、创造业绩，体现自身价值。

（五）奉献社会

奉献社会是一种无私忘我的精神，是职业道德的出发点和归宿点，也是每个从业者职业道德修养的最终目标。雷锋曾说过："为人民服务是无限的，我要把有限的生命，投入无限的为人民服务之中去。"奉献社会作为职业道德规范之一，要求从业者能自觉地意识到自己的社会责任和历史使命，切切实实通过自己的职业活动为社会作出贡献，并以此作为检验职业道德状况的标准。

落实奉献社会的职业道德规范需要正确处理两个关系：一是个人利益和公众利益的关系；二是经济效益和社会效益的关系。

1. 正确处理个人利益和公众利益的关系。与爱岗敬业、诚实守信、办事公道、服务群众这四项规范要求相比较，奉献社会是职业道德中的最高境界。一个人在职业活动中，将自己的知识、才能、智慧毫无保留地奉献给社会和公众利益，这需要更高的职业道德境界。爱因斯坦说过："一个人对社会的价值，首先取决于他的感情、思想和行动对增进人类利益有多大作用。"正确处理个人利益和公众利益的关系，应以不损害公众利益为前提，进而旗帜鲜明地坚决抵制损害公众利益的行为，当个人利益与公众利益发生冲突时，自觉维护公众利益。

案例

张桂梅是云南省丽江华坪女子高级中学党支部书记、校长，华坪县儿童福利院院长。她坚守教育报国初心，牢记立德树人使命，扎根滇西深贫山区40多年，立志用教育扶贫斩断贫困代际传递，她在面对质疑、面对资金不足的情况下，依旧没有放弃，而是四处奔波，最终筹得善款，倾力建成全国第一所全免费女子高中，帮助2 000多名贫困女孩圆梦大学，使山区女孩改变了命运，创造了大山里的"教育奇迹"。

张桂梅同志爱岗敬业、爱生如子，坚持家访11年，遍访贫困家庭1 300多户，行程十余万公里。60多岁的她仍在不停奔波、忙碌。她在教书育人岗位上为贫困地区教育事业作出了重要贡献，在她身上充分体现了人民教师潜心育人的敬业精神和立德树人的使命担当。

张桂梅同志执着奋斗、无私奉献，心怀大我，对自己近乎苛刻的节俭，却把工资、奖金和社会各界捐款100余万元以及获得众多殊荣所得的70余万元奖金全部投入贫困山区教育中。她没有子女，却是上百个孩子口中的"妈妈"，她把全部身心献给了祖国西南贫困山区的教育和福利事业，在她身上充分体现了人民教师以德施教的仁爱之心和至善至美的师者大爱。

突出的贡献使她获得"时代楷模""全国优秀共产党员""全国先进工作者""全国师德标兵""全国最美乡村教师""全国脱贫攻坚楷模""感动中国2020年度人物""全国十佳师德标兵""全国十大女杰""全国五一劳动奖章""全国百名优秀母亲""云南省优秀共产党员""兴滇人才奖"等40多项荣誉称号。在中国共产党成立100周年之际，张桂梅被党中央授予"七一勋章"。然而，这些荣誉并未让她停止脚步，她始终以一名共产党员的初心和使命，带领学校师生创造着一个又一个不凡的成绩。

2. 正确处理经济效益和社会效益的关系。一方面，单位和从业者要能够主动为社会服务，为社会奉献，使其职业行为在取得经济效益的同时产生更大的社会效益；另一方面，单位和从业者要避免产生片面追求经济效益而有损于社会的职业行为。在从业过程中，要将社会效益放在首位，将当前个人和单位的经济利益与人类可持续发展进行统筹考虑。

案例

20世纪90年代，淮河两岸有大大小小近5 000座小造纸厂，厂主大都是两岸的农民。这些造纸厂虽然暂时给农民带来了一些经济效益，但却使淮河流域受到严重的污染，河内鱼虾不生，河水长年黑臭，包括住在内的两岸居民的基本的生活用水都成了问题。为此，政府下令关闭所有小造纸厂，并不断投入大量资金治理淮河的污染。这些造纸厂的厂主不顾他人及子孙后代的做法，以及社会上制假售假、印制非法出版物等行为，都是片面追求经济效益，忽视和危害社会效益的表现。树立和践行"绿水青山就是金山银山"的理念，促进生态环境保护和经济发展共同进行，是推动绿色发展、建设美丽中国的根本遵循。

二、行业职业道德规范的具体内容和要求

爱岗敬业、诚实守信、办事公道、服务群众和奉献社会是社会主义荣辱观的集中体现，是各行各业共同的道德规范。此外，不同行业对职业道德规范也有具体的要求。

由于社会分工的不同，人们从事着不同的职业，若干相近的职业群形成了行业。各行各业在工作性质、社会责任、发挥的功能、服务对象和劳动方式上均不相同，所以，各种职业都有从内容到形式各具特点的职业道德规范和具体要求。行业职业道德规范是与该行业的个性特征相适应的具体的道德行为规范，是共同职业道德的行业化和具体化。学习各行各业的职业道德规范，对全面深入地理解职业道德的本质特征和社会作用，自觉进行职业道德教育和提高职业道德修养，在各行各业大力倡导和实现社会主义职业道德，都具有非常重要的理论和实践意义。

各行各业的职业道德都有自己的特点，职业道德规范也不尽相同。如会计人员、护士以及党政管理人员的职业道德规范就不尽相同。每种行业的职业道德规范与行业内每种职业的职业道德规范也不尽一致。如教师、教辅人员和教学行政人员都是教育行业的不同职业，这些职业的职业道德规范彼此有所不同，其共同的部分则为教育行业的职业道德规范。

 **小贴士**

熟练掌握职业道德规范要记住"五要""十不"。

"五要"：要爱岗敬业，奉献社会；要文明做事，搞好服务；要诚实守信，实事求是；要钻研业务，技能过硬；要遵纪守法，爱单位如家。

"十不"：不玩忽职守；不以权谋私；不与服务对象争吵；不讲粗话脏话；不假公济私；不说假话欺骗别人；不欺上瞒下；不斤斤计较；不挪用公款；不开空头票据。

下面介绍几种行业的职业道德规范：

（一）会计人员职业道德规范

2023年，财政部制定印发了《会计人员职业道德规范》。这是我国首次制定全国性的会计人员职业道德规范。

1. 坚持诚信，守法奉公。牢固树立诚信理念，以诚立身、以信立业，严于律己、心存敬畏。学法知法守法，公私分明、克己奉公，树立良好职业形象，维护会计行业声誉。

2. 坚持准则，守责敬业。严格执行准则制度，保证会计信息真实完整。勤勉尽责、爱岗敬业，忠于职守、敢于斗争，自觉抵制会计造假行为，维护国家财经纪律和经济秩序。

3. 坚持学习，守正创新。始终秉持专业精神，勤于学习、锐意进取，持续提升会计专业能力。不断适应新形势新要求，与时俱进、开拓创新，努力推动会计事业高质量发展。

（二）行政管理人员职业道德规范

1. 遵纪守法，忠于职守。遵纪守法，首先要遵守政治纪律，与党中央保持一致，坚持党的基本路线，执行党的方针政策，维护党中央权威；其次要严格执行法律法规，以此维护国家和人民的利益，维护党和政府声誉；最后要严格遵守行业系统内的纪律制度，规范行为，维护部门的形象。忠于职守，首先要热爱本职工作，充分认识行政管理工作在建设社会主义市场经济体制中的地位与作用，树立责任感、荣誉感，充分认识自己所应履行的义务，把社会主义道德原则体现在监督管理和行政执法工作中；其次要扎扎实实地做好分管工作，要以主人翁精神、诚实的态度、高度的事业心和责任感，踏踏实实做好本职工作。

2. 清正廉洁，不谋私利。这是国家政府工作人员必须具备的品质，要求工作人员拒腐蚀、永不沾，堂堂正正做人，认认真真办事，实实在在为民，坚持正义，依法办事，两袖清风，不谋私利。行政管理人员应当严格遵守廉政规定和廉洁守则，认真执行公开办事制度和程序。严于律己，严格公正，不以权谋私，廉洁奉公，自觉接受群众监督。

3. 秉公执法，不徇私情。行政管理人员要认真执行国家有关法律法规，积极查处违章违法行为，坚持公正、公平原则，铁面无私，执法如山，不媚上，不欺下，既要对授权的国家机关负责，又要对当事人负责，重事实，循法律，做到事实清楚、证据确凿、定性准确、手续完备、处理恰当、程序合法。

4. 文明管理。正人先正己，行政管理人员自身要做得正、行得端，语言、举止、仪表均文明。处理问题讲究方法，善于运用说理的方式让对方服从管理。要做到管理仪表文明礼貌，着装规范，举止端庄大方；管理语言文明礼貌，自觉使用文明用语和杜绝服务忌语；管理行为文明礼貌，以道理说服人、教育人、引导人。

5. 高效服务，勤政为民。这是行政机关及其公务员职业活动的宗旨及其效率的体现，要求行政管理人员在执法活动过程中始终都要以"为人民服务"为宗旨，以"为人民谋利益"作为一切活动的出发点和归宿。行政管理人员要端正执法思想，树立正确的权力观、利益观和科学监管观，在其位谋其政，尽心服务，快捷服务，高效服务。加强作风建设，提高办事效率和办事质量，提供优质高效的服务。

第五节　社会主义核心价值观

国无德不兴，人无德不立。核心价值观是一个国家的重要稳定器，关系到社会和谐稳定，关系到国家长治久安。党的二十大报告强调，广泛践行社会主义核心价值观。社会主义核心价值观成为当代中国坚定文化自信、建设文化强国的价值引领。

一、社会主义核心价值观的内涵

社会主义核心价值观是社会主义核心价值体系的内核，体现社会主义核心价值体系的根本性质和基本特征，反映社会主义核心价值体系的丰富内涵和实践要求，是社会主义核心价值体系的高度凝练和集中表达，是实现民族复兴中国梦的强大精神力量。党的十八大提出，倡导富强、民主、文明、和谐，倡导自由、平等、公正、法治，倡导爱国、敬业、诚信、友善，积极培育和践行社会主义核心价值观。

（一）富强、民主、文明、和谐

"富强、民主、文明、和谐"，是我国社会主义现代化国家的建设目标，也是从价值目标层面对社会主义核心价值观基本理念的凝练，在社会主义核心价值观中居于最高层次，对其他层次的价值理念具有统领作用。

富强即国富民强，是社会主义现代化国家经济建设的应然状态，是中华民族梦寐以求的美好夙愿，也是国家繁荣昌盛、人民幸福安康的物质基础。

民主是人类社会的美好诉求。我们追求的民主是人民民主，其实质和核心是人民当家做主。它是社会主义的生命，也是创造人民美好幸福生活的政治保障。

文明是社会进步的重要标志，也是社会主义现代化国家的重要特征。它是社会主义现代化国家文化建设的应有状态，是对面向现代化、面向世界、面向未来的，民族的科学的大众的社会主义文化的概括，是实现中华民族伟大复兴的重要支撑。

和谐是中国传统文化的基本理念，集中体现了学有所教、劳有所得、病有所医、老有所养、住有所居的生动局面。它是社会主义现代化国家在社会建设领域的价值诉求，是经济社会和谐稳定、持续健康发展的重要保证。

（二）自由、平等、公正、法治

"自由、平等、公正、法治"，是对美好社会的生动表述，也是从社会层面对社会主义核心价值观基本理念的凝练。它反映了中国特色社会主义的基本属性，是我们党矢志不渝、长期实践的核心价值理念。

自由是指人的意志自由、存在和发展的自由，是人类社会的美好向往，也是马克思主义追求的社会价值目标。

平等指的是公民在法律面前一律平等，其价值取向是不断实现实质平等。它要求尊重和保障人权，人人依法享有平等参与、平等发展的权利。

公正即社会公平和正义，它以人的解放、人的自由平等权利的获得为前提，是国家、社会应有的根本价值理念。

法治是治国理政的基本方式，依法治国是社会主义民主政治的基本要求。它通过法制建设来维护和保障公民的根本利益，是实现自由平等、公平正义的制度保证。

（三）爱国、敬业、诚信、友善

"爱国、敬业、诚信、友善"，是公民基本道德规范，是从个人行为层面对社会主义核心价值观基本理念的凝练。它覆盖社会道德生活的各个领域，是公民必须恪守的基本道德准则，也是评价公民道德行为选择的基本价值标准。

爱国是基于个人对自己祖国依赖关系的深厚情感，也是调节个人与祖国关系的行为准则。它同社会主义紧密结合在一起，要求人们以振兴中华为己任，促进民族团结、维护祖国统一、自觉报效祖国。

敬业是对公民职业行为准则的价值评价，要求公民忠于职守，克己奉公，服务人民，服务社会，充分体现了社会主义职业精神。

诚信即诚实守信，是人类社会千百年传承下来的道德传统，也是社会主义道德建设的重点内容，它强调诚实劳动、信守承诺、诚恳待人。

友善强调公民之间应互相尊重、互相关心、互相帮助，和睦友好，努力形成社会主义的新型人际关系。

二、积极培育和践行社会主义核心价值观

习近平总书记强调,要培育和践行社会主义核心价值观,推进社会公德、职业道德、家庭美德、个人品德建设,深化群众性精神文明创建活动,着力培养担当民族复兴大任的时代新人,让社会主义道德的阳光温暖人间,让文明的雨露滋润社会,为奋进新时代、共筑中国梦提供强大精神力量和道德支撑。社会主义核心价值观是当代中国精神的集中体现,是凝聚中国力量的思想道德基础。积极培育和践行社会主义核心价值观,关键在于提高价值主体的自觉性。社会主义核心价值观是由国家、社会、个体三个层面构成的统一整体,其价值主体分别是国家、社会、个体。马克思说过,社会结构和国家总是从一定的个人的生活过程中产生的。因此,要把提升每个公民认同和践行社会主义核心价值观的自觉性作为重中之重,深入开展社会主义核心价值观的学习和教育,全面提高公民的道德素养,尤其要重视官德建设,以此来促进全社会的道德建设。培育和践行社会主义核心价值观,是中国共产党人义不容辞的责任,也是每个社会公民的神圣职责。

(一)培育和践行社会主义核心价值观,是推进中国特色社会主义伟大事业、实现中华民族伟大复兴中国梦的战略任务,对于集聚全面建设社会主义现代化强国、实现中华民族伟大复兴的强大正能量具有深远的历史意义

面对世界范围思想文化交流、交融、交锋形势下价值观较量的新态势,面对改革开放和发展社会主义市场经济条件下思想意识多元多样多变的新特点,积极培育和践行社会主义核心价值观,就能进一步凝聚民心、鼓舞斗志,集聚全面建设社会主义现代化强国、实现中华民族伟大复兴中国梦的强大正能量;就能激发社会主义国家经济、政治、文化、社会的发展动力,反映富强、民主、文明、和谐的社会主义现代化国家的发展要求;就能促进人的全面发展,引领社会全面进步,体现全国各族人民的根本利益和共同愿望;就能提高经济全球化条件下的国家竞争力,有利于在激烈的国际竞争中维护国家和民族的利益;就能在经济社会发展新的起点上,进一步推进改革开放和社会主义现代化建设。

(二)培育和践行社会主义核心价值观,是不断增强社会主义意识形态吸引力和凝聚力的必然要求,对于更好地巩固和发展社会主义意识形态具有鲜明的政治意义

社会主义意识形态顺应了时代发展的潮流,代表了人民群众的利益和愿望,体现了党的先进性,有效地团结引领全体社会成员在思想道德上奋发努力、共同进步。我们党在领导革命、建设以及改革开放的长期历史过程中,坚持和发展马克思

主义，这一直是我们党的光荣传统和政治优势。美国学者弗兰兹·舒曼早在20世纪60年代曾指出："中国犹如一栋由不同的砖石砌成的大楼，她被糅合在一起，站立着，而把她糅合在一起的就是意识形态和组织。"意识形态的重要性过去尚且如此，如今，当这栋"由不同的砖石砌成的大楼"崛起于世界之际，我们更没有任何理由放弃社会主义意识形态这一"糅合剂"。

进入新世纪新阶段，全球意识形态处于从未有过的大活跃、大碰撞、大交融，社会主义意识形态面临着异常复杂的新考验、新挑战和新影响。培育和践行社会主义核心价值观，就能为坚持社会主义社会意识形态提供坚强的"主心骨"，为中国特色社会主义事业筑起坚不可摧的文化长城；就能保持社会主义意识形态的性质和方向，充分展示社会主义意识形态质的规定性；就能为社会主义社会意识形态与时俱进的发展创新提供科学指导，丰富社会主义意识形态的科学内涵，不断赋予社会主义意识形态鲜明的实践特色、民族特色、时代特色，更好地巩固发展壮大社会主义意识形态。

（三）培育和践行社会主义核心价值观，是社会主义国家政权得以稳定和巩固的灵魂工程，对于奋力推进中国特色社会主义事业具有基础性的根本意义

任何社会的国家政权都有自己的核心价值观，这是一定的社会系统得以运转、社会秩序得以维持、国家政权得以稳定的基本精神依托和价值实现。国家政权的巩固、稳定和发展更是以核心价值观的强化和完善为基本支撑。

中华人民共和国成立以来，特别是改革开放以来，社会主义核心价值观建设与社会主义国家政权建设相互联系、相互促进，共同统一于中国特色社会主义建设事业的伟大实践中。今天，我们大力培育和践行社会主义核心价值观，就能在我国社会结构的剧烈变动中，有效化解社会矛盾，保持社会安定有序；就能在我国利益格局的深刻调整中，统筹协调各种利益关系，从根本上减少社会冲突；就能在我国公共需求的急剧增长中，不断满足人民群众日趋多样化的物质文化需求，维护和保障人民群众的合法权益；就能在构建社会主义和谐社会的历史进程中，增强人们巩固和稳定社会主义国家政权的自觉性和认同感，确保社会主义国家政权坚如磐石、稳如泰山。

（四）培育和践行社会主义核心价值观，鲜明地向世界展现了当代中国共产党人思想上精神上的旗帜，对于坚定不移地走中国特色社会主义道路具有方向性的时代意义

社会主义核心价值观与其他社会核心价值观的最根本的区别，不仅在于它具有社会主义性质，还集中体现了中国共产党人的执政理念、历史使命、理想信念和奋

斗目标。我们党是中国工人阶级的先锋队，同时是中国人民和中华民族的先锋队，是中国特色社会主义事业的领导核心，代表中国先进生产力的发展要求，代表中国先进文化的前进方向，代表中国最广大人民的根本利益。我们党的最高理想和最终目标是实现共产主义。

社会主义核心价值观是我们党的一面旗帜，鲜明地亮出这面旗帜，就向世人昭示了我们党不论在社会思想观念如何多样多变的情况下，不论在价值取向发生了怎样变化的情况下，不论在国际国内风云如何变化的情况下，培育和践行社会主义核心价值观是决不动摇的。

（五）培育和践行社会主义核心价值观，是巩固全党全国各族人民团结奋斗共同思想基础的需要，对于坚持和发展中国特色社会主义具有重要的现实意义

共同的思想基础，是一个党、一个国家、一个民族赖以存在和发展的根本前提。没有共同的思想基础，党就要瓦解、国家就要分裂、民族就要解体。我们党历来重视共同思想基础的建设。毛泽东同志强调党要有"共同语言"，社会主义国家要有"统一意志"，讲的是共同思想基础建设。邓小平同志指出："我们这么大一个国家，怎么才能团结起来、组织起来呢？一靠理想，二靠纪律。""没有理想，没有纪律，就会像旧中国那样一盘散沙，那我们的革命怎么能够成功？我们的建设怎么能够成功？"培育和践行社会主义核心价值观，就明确揭示了我们共同思想基础的基本内涵和基本要求，必将推动全党全社会更加自觉地维护我们共同的思想基础。

（六）培育和践行社会主义核心价值观，是国家文化软实力的核心内容，对于提高国家文化软实力、增强和壮大综合国力具有重要的战略意义

当今时代，文化越来越成为民族凝聚力和创造力的重要源泉、越来越成为综合国力竞争的重要因素，丰富精神文化生活越来越成为我国人民的热切愿望。我们党科学地把握时代发展趋势和文化发展方位，把提高国家文化软实力作为重要发展战略，摆在更加突出的位置。

社会主义核心价值观是国家文化软实力的核心内容，大力践行社会主义核心价值观的过程，也是提高国家文化软实力的过程。一是培育和践行社会主义核心价值观，能够增强中华民族的凝聚力。国家文化软实力在很大程度上表现为民族凝聚力，这种凝聚力主要来自人们对核心价值观的认同和追求。要把全国各族人民凝聚起来，形成全面建设社会主义现代化强国、实现中华民族伟大复兴的强大合力，必须在全社会大力培育和践行社会主义核心价值观，形成统一的指导思想、共同的理想信念、强大的精神支柱和基本的道德规范，使人们超越民族、血缘、语言、地域

等方面的差异，超越阶层、行业、职业、利益等方面的差异，增强对中华民族大家庭的向心力和归属感，不断巩固民族团结和睦的精神纽带。二是培育和践行社会主义核心价值观，能够提高中华民族的创新力。创新是一个民族进步的灵魂，是一个国家兴旺发达的不竭动力。一个没有创新力的国家，难以拥有强大的文化软实力，不可能占据综合国力竞争的制高点。在建设创新型国家的今天，必须大力培育和践行社会主义核心价值观，弘扬改革创新精神，树立创新理念，培育创新文化，让一切创造的源泉充分涌流，让一切创新的热情充分焕发，使中华民族始终走在时代前列，在激烈的国际竞争中始终立于不败之地。三是培育和践行社会主义核心价值观，能够扩大中华文化的影响力。文化影响力的强弱，是衡量一个国家文化软实力的重要标志。培育和践行社会主义核心价值观，充分挖掘和弘扬中华传统文化的有益价值，不断从实践中汲取新鲜养分，有利于我们的文化保持民族性、时代性、先进性，展现中国特色、中国风格；有利于抵御西方资产阶级腐朽思想文化的渗透，有效维护我国文化安全；有利于推动中华文化更好地走向世界，扩大我国的国际影响力。

第二章
职业素质及其构成

第一节 职业素质

一、什么是素质

有人说素质是一个人的先天禀赋,也有人说素质是后天习得,还有人说素质就是一个人的品质。这些说法都从某个方面说明了素质的特点,除此之外,素质还是职业人士职业道德的行为表现之一。

一般而言,先天禀赋是素质发展的前提和基础,预示着人的发展潜能。这种内在的潜能,会渐渐转变成相对稳定的内在品质。如通过学习思考,人脑会越来越聪慧;人不断地战胜困难,取得成功,就会越来越自信;运动员经过训练,竞技能力会越来越强等。这里的"聪慧""自信"和"竞技能力",都属于人的素质范畴。

总之,素质是人在先天禀赋的基础上,通过环境和教育的影响而形成和发展起来的相对稳定的内在的基本品质。

二、职业素质及其特征

（一）职业素质

职业素质是指从业者在一定生理和心理条件的基础上，通过教育、劳动实践和自我修养等途径而形成和发展起来的，在职业活动中发挥重要作用的内在基本品质。如爱岗敬业、诚实守信的良好职业道德，团结协作、乐于奉献的合作精神，一丝不苟、精益求精的工作态度，反应迅速、准确判断的思维能力等。

（二）职业素质的特征

职业素质具有职业性、稳定性、内在性、整体性和发展性等特征。

1. 职业素质的职业性特征，表现为不同行业的从业者职业素质有所不同。如导游职业要求从业者具有广博的知识和较强的语言表达能力，待人热情，易使人产生好感。同样是服务，交通警察则要求从严执法，毫不徇情。

2. 职业素质的稳定性特征，表现为从业者的职业素质一经形成，就会经常地、相对稳定地在职业生活中体现出来，并在职业实践中不断得到强化和完善。如人们赞誉某位解放军具有"军人风度"，某位老师具有"学者风度"，所谓"军人风度""学者风度"就是指他们在长期的职业生涯中已具有的职业素质的稳定性。个人在某种特定条件下，偶尔表现出来的言论和行为是不能称为职业素质的。

3. 职业素质的内在性特征，表现为职业素质通常只有在职业活动中才能体现出来。如许多著名的专家、教授，以诲人不倦的精神、博大精深的学识、严肃认真的治学态度在各自的研究领域享有崇高的声誉。

4. 职业素质的整体性特征，表现为从业者的知识、能力和个性品质在职业活动中的综合体现。如教师的职业素质是教师的文化专业知识、教育教学能力以及忠诚教育事业、热爱学生、为人师表等职业道德在教育教学活动中的综合表现。教师的职业素质体现在日常教育教学活动之中，不仅要教书，而且要育人，不仅要传道、授业而且要解惑，不仅要做到学识广博，而且要做到师德高尚。

5. 职业素质的发展性特征，表现为随着社会发展和科技进步，对从业者的素质要求越来越高，同时，从业者也要随着职业的演变不断提高自身的素质。

第二节 职业素质的构成

面向未来,从业者应具备哪些职业素质呢?

一般认为,职业素质由思想政治素质、职业道德素质、科学文化素质、专业技能素质和身体心理素质五个方面的内容构成。

一、思想政治素质

思想政治素质,是指从业者在政治方向、政治态度、理想信念、人生观、价值观等方面的状况和水平。

思想政治素质是职业素质中最重要的。理想信念是思想政治素质的核心,指引着职业活动的方向,是推动和鼓舞人们从事各种职业活动的强大精神动力,是支持人们在职业活动中克服各种困难、挫折,经受各种严峻考验的精神支柱。

二、职业道德素质

职业道德素质,是指从业者在职业活动中表现出来的遵守职业道德规范的状况和水平。

为人民服务是职业道德素质的核心。集体主义是社会主义职业道德素质的基本原则,是从业者正确处理国家、集体和个人关系的根本准则。诚实守信是社会主义职业道德素质的重点。健全社会信用,培养从业者的诚信品德,是关系社会主义市场经济能否推进的重大问题,也是具体落实"以德治国""依法治国"方略的基础工程。

三、科学文化素质

科学文化素质,是指从业者对自然、社会和思维科学知识掌握的状况和水平。就人的整体素质而言,思想道德素质是灵魂,科学文化素质是基础。人们只有掌握了科学文化知识,才能更好地认识自然、认识社会,确立正确的理想信念,履行应尽的道德责任,掌握科学的思想方法和工作方法。

四、专业技能素质

专业技能素质,是指从业者从事某种职业活动时掌握和运用专业知识、专业技能的状况和水平。

专业技能素质是通过内化专业知识、专业技能而形成的。专业技能是以专业知识的理解内化为基础形成的，是专业知识的实际运用。从业者拥有了扎实的专业知识和熟练的专业技能，才能增强自身的竞争实力，有效地拓展自己的生存空间。

五、身体心理素质

身体心理素质，是指从业者身心健康的状况和水平。

身体素质是指个体在先天遗传和后天影响的基础上所形成的体格和精力等生理方面相对稳定的基本品质。心理素质主要是指个体在心理过程、个性心理等方面所具有的基本特征和品质，是一个人在思想和行为上表现出来的比较稳定的心理倾向，如性格、气质、兴趣、能力等。一个人承受挫折、适应环境、调节自我的能力，反映了他的心理健康的水平。身体健康和心理健康的状况制约着其他职业素质发挥的程度。

除以上五个方面外，职业素质还应包括创新精神和实践能力。"创新是一个民族进步的灵魂，是一个国家兴旺发达的不竭动力。"中国人民实现了全面建设小康社会的宏伟目标，正在向第二个百年奋斗目标——实现社会主义现代化迈进，必须培养民族创新精神，"造就数以亿计的高素质劳动者、数以千万计的专门人才和一大批拔尖创新人才"。因此，创新精神和实践能力也是职业素质的重要组成部分。

职业素质的这几个方面，思想政治素质是职业素质的灵魂，它是人们从事职业、成就事业的精神支柱。职业道德素质是职业素质的核心，对职业素质的提高发挥着导向和动力作用。科学文化素质是职业素质的基础，没有一定的科学文化素质，不可能胜任相关的职业。专业技能素质是职业素质的关键，只有具备一技之长，才能在职业生活中立于不败之地。身体心理素质是职业素质的前提条件，没有健康的身体心理素质，其他各种素质很难发挥出应有的水平。创新精神和实践能力是根本，只有与时俱进、不断创新，才能成就一番事业。这几个方面互相促进，互相制约，相辅相成，辩证统一。

第三节　社会发展对职业素质的要求

一、社会发展对提高职业素质的新要求

我国的经济发展与世界经济密切融合在一起，社会政治、经济、科技都在发生着深刻的变化，这对从业者的职业素质提出了更高的要求。

（一）提高思想政治素质和职业道德素质

社会政治文化的发展，使社会生活日趋民主化、法制化，价值观趋向多元化；信息网络技术所带来的庞杂多样的信息，增加了人们鉴别是非和真伪的复杂性，这些都要求从业者进一步提高思想政治素质和职业道德素质，坚定社会主义理想和信念，树立科学的世界观、人生观和价值观，增强法律意识和法制观念，将个人需要的满足与报效祖国、服务他人、奉献社会紧密结合起来。

（二）提高科学文化素质和专业技能素质

科技发展引起的产业结构调整和经济快速发展使社会职业种类发生着迅速的变化，不同职业对从业者知识技能的要求不断发生变化，而新职业又有新的更加复杂的知识技能要求。因此，要求从业者要进一步提高科学文化素质和专业技能素质，做到一专多能，适应和胜任相关岗位群的要求，同时具备跨专业转岗技能。

（三）提高创新能力

从各项事业发展来看，从业者创新能力的强弱是单位生存与竞争力的关键所在；对于个人而言，创新能力的强弱则决定了个人事业的成败。面对科技飞速发展的挑战，以及全面建设社会主义现代化、实现中华民族伟大复兴的历史重任，都要求从业者增强自身的创新精神和创业能力。

（四）提高身体和心理素质

由于工作和生活节奏加快，竞争加剧，从业者面临着更大的工作压力。因此，要求从业者必须具有强烈的健康意识，既要有强健的体魄，又要有健康的心理。只有这样，从业者才能承受挫折，调节自我，适应环境和职业工作的需要。

二、提高党政机关事业单位从业人员职业素质的意义

作为党政机关事业单位从业人员，要强化政治机关意识，严明党的政治纪律和政治规矩，不断提高政治判断力、政治领悟力、政治执行力，走好第一方阵，做到"两个维护"，当好"三个表率"，提高自身职业素质，以政治素质好、岗位履责好、作风品行好、群众评价好为目标，充分发挥先锋模范作用，勇于担当作为。

党政机关事业单位从业人员提高职业素质有多方面的意义。

1. 有利于树立党政机关事业单位在全社会中的整体形象，提高单位职工服务社

会的意识以及服务质量，维护社会稳定，促进社会和谐发展。

2. 有利于提高职工的劳动生产效率。职业素质高的人技艺娴熟，不仅能按质量要求完成工作任务，而且可以提高工效、降低成本，直接提高工作效率。

3. 有利于推动社会和谐发展和科技进步。知识经济时代，社会的和谐健康发展和经济的快速增长，更加依赖于知识的创新和高水平的创新人才发挥应有的作用。

4. 有利于促进机关事业单位职工的全面发展。职业素质是人的全面素质的重要组成部分。一个人如果不断努力地提高自己的职业素质，也一定会使其全面素质得到提高。从业者自身的职业素质的提高，也会推动整个社会的全面快速发展。

第三章
职业精神

第一节 职业精神的基本要素和特征

一、什么是职业精神

职业精神是与人们的职业活动紧密联系、具有自身职业特征的精神,是从业者职业道德行为的外在表现。社会主义职业精神是社会主义精神体系的重要组成部分,是职业道德的具体体现,其本质是为人民服务。

职业作为社会关系的一个重要方面,对社会成员的精神生活和精神传统产生着重大影响:其一,职业分工决定了从事不同职业的人们对社会所承担的责任不同,影响着人们对生活目标的确立和对人生道路的选择,以至于很大程度上影响着人们的人生观、价值观和职业观。其二,人们的职业活动方式及对职业利益和义务的认识,对职业精神的形成有着决定性作用。一个人一旦从事特定的职业,就直接承担着一定的职业责任,并同他所从事的职业利益紧密地联系在一起。他对一定职业的整体利益的认识,促进其对具体社会义务的文化自觉。这种文化自觉,可以逐步形成职业道德,进而升华为职业精神。其三,职业活动的环境、内容和方式,以及职业内部的相互作用强烈影响着人们的情趣、爱好以及性格和作风。其中包含着特定的精神涵养和情操，反映着从业者在职业品质和境界上的特殊性。

二、职业精神的基本要素

职业精神由多种要素构成。这些要素分别从特定方面反映着职业精神的特定本质和基础，同时又相互配合，形成严谨的职业精神模式。

（一）职业理想

社会主义职业精神所提倡的职业理想，主张各行各业的从业者放眼社会利益，努力做好本职工作，全心全意为人民服务、为社会主义服务。这种职业理想，是社会主义职业精神的灵魂。

（二）职业态度

把每一件简单的事做好就是不简单，把每一件平凡的事做好就是不平凡。树立正确的职业态度是从业者做好本职工作的前提。职业态度具有经济学和伦理学的双重意义，它不仅揭示从业者在职业生活中的客观状况、参与社会生产的方式，同时也揭示他们的主观态度。其中，职业价值观对职业态度有着特殊的影响。一个从业者积极性的高低和完成职业的好坏，在很大程度上取决于他的职业价值观。职业伦理学研究表明，先进生产者的职业态度指标最高。因此，改善职业态度对于培育社会主义职业精神有着十分重要的意义。

（三）职业责任

职业责任包含广义和狭义两个方面。广义的职业责任注重外部表现，分为对企业的责任、对相关利益者的责任以及对社会的责任；狭义的职业责任注重在企业内部的体现，包括从业者对上级领导的责任、对同事的责任以及对自己从事的职业所肩负的职责和义务。这里的关键在于，要促使从业者把客观的职业责任变成自觉履行的道德义务，这是社会主义职业精神的一个重要内容。

案例

2020年年初，新型冠状病毒突袭而至，人民生命安全和身体健康面临严重威胁。面对突如其来的严重疫情，广大医务人员白衣为甲、逆行出征，以人民利益至上，以生命赴使命，用大爱护众生，舍生忘死挽救生命。他们中间，有把生的希望留给他人而自己错过救治时机的医院院长,有永远无法向妻子兑现婚礼承诺的丈夫,也有留下幼小孩子牺牲在救治岗位的妈妈……他们以对人民的赤诚和对生命的敬畏,争分夺秒,连续作战,用血肉之躯筑起阻击病毒的钢铁长城,挽救了一个又一个垂危的生命,诠释了医者仁心和大爱无疆!

(四) 职业技能

职业技能是人们进行职业活动、履行职业责任的能力和手段。没有相应的职业技能,就不可能履行自己的职业责任,实现自己的职业理想。在社会主义现代化建设中,职业对职业技能的要求越来越高,需要高素质技术技能人才、能工巧匠、大国工匠,为全面建设社会主义现代化国家提供有力人才和技能支撑。良好的职业技能具有深刻的职业精神价值。

案例

第45届世界技能大赛移动机器人项目金牌获得者郑棋元,是云南技师学院一名"97后"学生,是云南省培养的首位世界技能大赛金牌选手。郑棋元经过勤学苦练,在移动机器人项目上精益求精,不断创新,完成了连续坐标运动控制、OMS(目标管理系统)抓取机构升级、OMS放置机构升级等多项技术革新,提高了移动机器人抓取的数量和速度,实现了中国在世界技能大赛上移动机器人项目奖项零的突破。郑棋元获得了"全国技术能手""全国优秀共青团员"等荣誉称号,并被评为第20届"全国青年岗位能手",获得"云南省技术能手"称号。郑棋元充分发挥了新生代工匠精神,不断提升自己的职业技能,用事实证明了技能报国。

(五) 职业纪律

职业纪律是从业者在利益、信念、目标基本一致的基础上所形成的高度自觉的新型纪律。从业者在职业活动中要把职业纪律由外在的强制力转化为内在的约束力。从根本上来说,社会主义职业纪律可以保障从业者的自由和人权,保障从业者发挥主动性和创造性。因此,职业纪律虽然有强制性的一面,但更主要的是为从业者的内心信念所支持、自觉遵守的一面,从而具有丰富的精神内涵。自觉的意志表示和服从职业的要求,这两种因素的统一构成了社会主义职业纪律的基础。职业纪律是社会主义法规性和道德性的统一。

（六）职业良心

职业良心是从业者对职业责任的自觉意识，贯穿于职业行为过程的各个阶段，成为从业者重要的精神支柱。职业良心能促使从业者依据履行责任的要求，对行为的动机进行自我检查，对行为活动进行自我监督。在职业行为之后，从业者能够对行为的结果和影响作出评价，对于履行了职业责任的良好后果和影响，会得到内心的满足和欣慰；反之，则进行内心的谴责，表现出内疚、不安和悔恨。

（七）职业信誉

职业信誉是职业责任和职业良心的价值尺度，包括对职业行为的社会价值所作出的客观评价和正确的认识。从主观方面看，职业信誉是职业良心中知耻心、自尊心、自爱心的表现。职业良心中的这些方面，能使一个人自觉地按照客观要求的尺度去履行义务，宁愿作出自我牺牲也不违背职业良心，做出可耻、毁誉和损害职业精神的事情。在这个意义上，职业信誉鲜明地体现着"全心全意为人民服务"的职业理想和主人翁的职业态度。从客观方面来说，职业信誉是职业集团对从业者的肯定性评价，是职业行为的价值体现或价值尺度。同时，要求从业者提高职业技能，遵守职业纪律。社会主义职业精神强调职业信誉，更重视把社会的客观评价转化为从业者的自我评价，促使从业者自觉发扬社会主义职业精神。

（八）职业作风

职业作风是从业者在其职业实践中所表现的一贯态度。从总体上来看，职业作风是职业精神在从业者职业生活中的习惯性表现。社会主义职业作风具有潜移默化的教育作用。它好比一个大熔炉，能把新的成员锻炼成坚强的从业者，使老的成员永远保持优良的职业品质。职业集体有了优良的职业作风，就可以互相教育，互为榜样，形成良好的职业风尚。

三、职业精神的特征

（一）职业精神的一般特征

1. 在内容方面，职业精神总是要鲜明地表达职业根本利益，以及职业责任、职业行为上的精神要求。就是说，职业精神不是一般地反映社会精神的要求，而是着重反映本职业特殊的利益和要求；不是在普遍的社会实践之中产生的，而是在特定的职业实践基础上形成的。它鲜明地表现为某一职业特有的精神传统和从业者特定的心理素质。职业精神往往世代相传。

2. 在表达形式方面，职业精神比较具体、灵活、多样。各种职业对从职者的精神要求，总是从本职业的活动和交往的内容与方式出发，适应于本职业活动的客观环境和具体条件。因而，它不仅提出原则性的要求，还力求具体、有可操作性，诸如企业精神、职业誓词等。

3. 在调节范围上，职业精神主要调整两方面的关系，一是同一职业的人们的内部关系，二是他们同所接触的对象之间的关系。从历史上来看，各种职业集团为了维护自己的利益，为了维护自己的职业信誉和职业尊严，不但要设法制定和巩固体现职业精神的规范，以调整本职业集团内部的相互关系，而且注意满足社会各个方面对本职业的要求，调整本职业同社会各个方面的关系。

4. 在功效上，职业精神一方面使社会的精神原则"职业化"；另一方面又使个人精神"成熟化"。职业精神与社会精神之间的关系，就是特殊性与一般性、个性与共性的关系。任何形式的职业精神都在不同程度上体现着社会精神的要求。同样，社会精神在很大范围上又是通过具体的职业精神表现出来的。社会精神寓于职业精神之中，职业精神体现或包含着社会精神。职业精神与职业生活相结合，具有较强的稳定性和连续性，形成具有导向性的职业心理和职业习惯，以至于在很大程度上改善着从业者在学校和家庭生活中所形成的品行，影响主体的精神风貌。

（二）职业精神的重要特征

1. 社会主义职业精神是社会主义精神体系的组成部分。人们的社会生活分为三大领域，即家庭生活、职业生活和公共生活。社会主义职业精神就是职业领域内社会主义精神的特殊要求。

2. 社会主义职业精神的内容具有人民性。社会主义社会消除了人与人之间剥削与被剥削的关系，从根本上使职业利益同社会利益、同广大人民群众的根本利益相一致，各种职业都成为社会主义事业的有机组成部分。因此，各行各业可以形成共同的精神要求，即为人民服务。社会主义职业精神的人民性，构成它区别于以往各种职业精神的本质特征，使之能够在调整人与人之间的关系上，发挥历史上前所未有的重要作用。

3. 社会主义职业精神的形成和发展具有"灌输性"。社会主义社会的职业精神是在以公有制经济为主体的社会主义经济基础上建立的。它的主体内容不像旧的职业精神那样，可以自发形成；而是在马克思主义的教育下，通过社会主义中有觉悟的职业成员的努力建立起来的。因此，加强对从业者的新时代中国特色社会主义理论体系和党的路线方针的教育，使之认清社会主义职业的性质和特点，了解本职业在社会主义社会中的地位和职责，是十分重要的。

第二节 职业精神的实践内涵

一个正确的认识，往往需要经过由物质到精神，由精神到物质，即由实践到认识，由认识到实践这样多次的反复，才能够完成。这就是马克思主义的认识论，就是辩证唯物论的认识论。因此，必须十分重视推进职业精神向职业实践的转化。职业精神的实践内涵至少应体现在四个方面。

一、敬业

敬业是职业精神的首要实践内涵，即社会成员特别是从业者对适应社会发展需要的各类职业特别是自己所从事的职业的尊敬和热爱。敬业本质上是一种文化精神，是职业道德的集中体现；是从业者希望通过自身的职业实践，去实现自身的文化价值追求和职业伦理观念。敬业与人的存在方式、人的本质、人的全面发展都有着直接的联系，并共同构成职业精神的完整价值系统。从事职业活动，既是对社会承担职责和义务，又是对自我价值的肯定和完善。职业精神所要求的敬业，承载着强烈的主观需求和明确的价值取向，这种主观需求和价值取向构成从业者实践活动的内在尺度，规定着职业实践活动的价值目标。

二、勤业

古人说"业精于勤"。职业精神必须落实到勤业上。毛泽东同志在《纪念白求恩》一文中对"勤业"给予了充分的肯定和高度的评价。他指出：白求恩同志毫不利己专门利人的精神，表现在他对工作的极端的负责任，对同志对人民的极端的热忱。为了做到勤业，我们不仅要强化职业责任，端正职业态度，还需要努力提高职业能力。在新世纪、新时代的今天，提高职业能力，就要在推进改革开放和现代化建设的实践中去提高，在驾驭社会主义市场经济的实践中去提高，在解决复杂矛盾和突出问题的实践中去提高，在应对各种挑战和风险的实践中去提高。

三、创业

我们正在进行的全面建设社会主义现代化国家是一项全新的事业。在这个意义上，我们仍处于持续不断的创业进程中，需要继续发扬创业精神。"创新是一个民族的灵魂，是一个国家兴旺发达的不竭动力。"职业发展的动力在于创新。面对世界科技进步日新月异的挑战，面对我国现代化建设提出的巨大需求，我们的职业活动必须开阔眼界，紧跟世界潮流，抓住那些对经济、科技、国防和社会发展具有战略性、基础性、关键性作用的重大课题，抓紧攻关，自主创新，不断有所发现，有所发明，有所创新，有所前进。

历史反复证明，推进职业发展，关键要敢于和善于创新。有没有创新能力，能不能进行创新，是当今世界范围内经济和职业竞争的决定性因素。我们要坚持解放思想、实事求是，一切从实际出发，主观与客观相一致，理论与实践相统一，及时提出适应职业实践发展要求的方针政策，及时改革生产关系中不适应生产力发展、上层建筑中不适应经济基础发展的环节，不断从人民群众在实践中创造的新鲜经验中汲取营养，改进和完善我们的工作。

四、立业

在今天，全面建设小康社会的目标已实现，而又踏上全面建设社会主义现代化国家的新征程，是我们所要"立"的根本大业。各行各业的职业精神必须服从和服务于这个大业。人民日益增长的美好生活的需要和不平衡、不充分的发展之间的矛盾是新时代我国社会的主要矛盾。虽然全面建设小康社会的目标已实现，还需要进行长时期的艰苦奋斗，必须紧紧抓住并且可以大有作为的重要战略机遇期。我们一定要弘扬社会主义职业精神，集中力量，全面建设惠及十几亿人口的更高水平的现代化国家，使经济更加发展、民主更加健全、科教更加进步、文化更加繁荣、社会更加和谐、人民生活更加殷实。我们核心的职业任务就是用习近平新时代中国特色社会主义理论体系指导职业实践，全面推进社会主义物质文明、精神文明、政治文明、生态文明和社会文明建设，努力开创中国特色社会主义事业新局面。

第四章 职业道德修养

职业道德修养是从事各种职业活动的人员，按照职业道德基本原则和规范，在职业活动中所进行的自我教育、锻炼、完善的过程，从而使自己形成良好的职业道德品质和职业道德境界。

第一节　职业道德修养的含义与内容

一、职业道德修养的含义

人的一生是一个不断学习和不断提升的过程，也是个不断修养的过程。那么，什么是修养呢？"修养"是一个含义广泛的概念，"修"原意是指学习、锻炼、整治和提高；"养"原意是指培育、养成和熏陶。所谓修养是指人们为了在理论、知识、艺术、思想、道德品质等方面达到一定的水平，所进行的自我教育、自我改善、自我锻炼和自我提高的活动过程。从此定义可以看出它包含很多方面的内容，如政治修养、理论修养、科学修养、文化修养、艺术修养、道德修养等，是人们提高科学文化水平、专业技能和思想品质所不可缺少的手段，而其中道德修养占有非常重要的地位。

职业道德修养是指从事各种职业活动的人员，按照职业道德基本原则和规范，在职业活动中所进行的自我教育、自我锻炼、自我改造和自我完善，使自己形成良好的职业道德品质和达到一定的职业道德境界。也是提高职业道德认识、陶冶职业道德情感、磨炼职业道德意志、树立职业道德信念、养成职业道德行为习惯的过程。任何一个从业人员职业道德素质的提高，一方面靠他律，即社会的培养和教育；另一方面靠自律，即自我修养。两个方面相辅相成，缺一不可，而后者尤为重要。

二、职业道德修养的内容

职业道德修养的内容十分丰富，包括职业道德认识、职业道德情感、职业道德意志、职业道德信念和职业道德行为方面的修养，概括为职业道德意识的修养和职业道德行为的修养。

（一）职业道德意识的修养

职业道德意识是指从业人员在履行职业义务过程中，自觉克服困难，排除障碍的毅力和能力，它是职业道德品质形成的关键，有了坚强的职业道德意识，就能抵制外来的腐蚀和引诱，能够排除困难，达到自己的目的。职业道德情感和职业道德意识都属于职业良心范畴，即职业劳动者对职业责任的自觉意识。职业道德良心在职业道德修养中的作用巨大，它左右着人们职业道德的各个方面。职业道德信念是指人们发自内心地对某种职业义务的强烈的责任感。职业道德信念使人们把职业道德的认识转化为职业道德行为，它能够自我调动、自我命令，自觉地、长期地根据自己的信念选择行为，能够坚定不移地自觉履行各种职业道德义务，完成职业道德使命。它起到了精神支柱的作用，是道德品质的灵魂，也是职业道德认识、职业道德情感和职业道德意志的结晶。

1. 职业道德认识是从业人员对一定的职业关系及反映这种关系的职业道德原则和规范的理解和掌握。提高职业道德认识，是从业人员增强道德责任感，形成优秀道德品质的第一步。从业人员对职业道德认识越深刻、越全面，就越能处理好各种职业关系，越能选择良好的职业道德行为。培养良好的职业道德品质，要从提高自己的职业道德认识做起。

2. 职业道德情感是指从业人员心理上对职业道德要求、职业道德义务所产生的各种体验、态度和情绪。职业道德情感包括对从事本职业的荣誉感、尊严感，对自身职业劳动的责任感、义务感，对服务对象的同情、尊重和热爱的情感态度，它比职业道德认识具有更大的稳定性。

3. 职业道德意志是从业人员在履行职业道德义务过程中，自觉克服困难，排除障碍的毅力和能力，是职业道德品质形成的关键。要做一个职业道德意志坚强的人，能抑制或排除来自外部或内部的障碍和干扰，顽强地履行自己的职业道德义务，实现自己的职业道德理想。

（二）职业道德行为的修养

职业道德行为是社会对人们在道德方面的外在要求。职业道德行为是指从业人员把应尽的道德责任变成自己的内心需要，从而形成一贯的稳定的道德行为。它是职业道德规范转化为职业道德活动的具体表现。从业人员只有形成良好的职业道德行为，持之以恒，职业道德才能成熟，才会成为具有高尚职业道德的人。"习惯成自然。"在职业道德修养中，对自己的职业行为进行严格的要求，反复锻炼，养成良好的职业生活习惯，逐步形成优秀的职业道德品质。

第二节 加强职业道德修养的途径和方法

一、加强职业道德修养的途径

职业道德修养的途径有两种：社会实践和理论学习。

社会实践是从业人员职业道德修养的根本途径，这正如学游泳一样，敢在水里扑腾而不呆坐在岸边是关键，因为只有亲身参加实践，才能检验从业人员的职业道德品质，才能提高从业人员的职业道德水平，但敢下水并不等于精于游泳，学会"狗刨"，在大风大浪面前还是可能会呛水甚至沉没，因此还必须进行方法和技巧的学习。

善于理论学习也是从业人员职业道德修养的重要途径，理论上的融会贯通能够增强行为的自觉性和坚定性。

二、加强职业道德修养的方法

进行积极的职业道德修养，除自觉的修养意识和坚定的克己外，还应把握行之有效的职业道德修养方法：

（一）学习职业道德规范，掌握职业道德知识并积极投身实践

古语道："玉不琢，不成器，人不学，不知义。"理论是指导实践的方向盘，只

有从理论的高度去认识职业道德修养，实践才能避免盲目性。苏格拉底认为"知识即美德"，皮亚杰强调道德认知对道德自律的重要意义，这些都说明了道德知识的重要性。我国古代的思想家们大都十分重视学习在道德修养中的重要作用，例如，孔子就明确指出"笃信好学，守死善道"。在他看来，不爱学习，缺少应有的知识，即使主观上爱好仁德，也不会有完善的道德品质，他主张"博学""多闻""志于学"，这样才能有完善的道德品质。要提升职业道德水平，必须认真学习相关的理论知识，正确树立人生目标，正确处理个人与社会、贡献与索取的关系。

有了比较充裕的知识含量，是提升道德修养的前提，实践是人们修养的基础，人们只有在社会实践中，在个人与他人、个人与集体、个人与社会的道德活动中，才能深刻认识道德规范和判断自己的行为。离开了社会实践，离开了人类的道德活动，人们的善恶观念就无从产生，无从比较，也不能克服自己不正确的思想和不道德的行为，更不能培养崇高的思想和道德品质，因为实践是检验真理的唯一标准。同样，职业实践才是职业道德修养的根本。当一个职业劳动者以高度的职业责任感，认真履行自己的职业义务，并获得一定的职业荣誉时，就意味着社会对其职业行为给予了肯定的评价和认可，便会从中获得良心的满足感，这种道德情感体验又反过来会促使人们坚定遵守道德行为的自觉性。反之会受到社会的谴责，引起良心上的羞耻感、内疚感。所以要积极投身到丰富多彩的改革开放和现代化建设的沸腾生活中，立足本职，躬身实践，同时注重知识修养的提高，努力使自己成为社会主义现代化建设中的一员。

（二）经常进行反躬自省，增强自律性

反躬自省是指依据一定的职业道德标准经常检查自己，寻找自身思想和行为中的缺点和错误，从而约束自己的行为方式，使之符合职业道德标准的要求。这是提高职业道德修养的一种行之有效的方法。没有内省自查检讨的过程，也就不可能达到自律的目的，目标也就随之消失。我国古代思想家们就非常重视道德修养中的"内省""克治"的功夫。孔子曰："内省不疚，夫何忧何惧？"意思是说，自我反省没有愧疚的事，也就不会有什么忧愁和恐惧了。曾子也说过"吾日三省吾身"的论述。我们老一辈的无产阶级革命家也非常重视这种自省的精神，陈毅同志说，"中夜尝自省""灵魂之深处，自掘才可能"。这种反躬自省的修养方法，在今天改革开放和发展社会主义市场经济的环境中，尤为重要，它是抵制腐朽思想的一把尚方宝剑。

在职业实践中内省自己，就要求按照高标准严格要求自己，否则就会自我满

足，达不到提高职业道德修养的效果。在职业活动中，要经常联系思想工作和生活中的实际进行自我反省，自我剖析，摒弃职业等级观念、特权意识等陈腐的职业观念。

（三）提高精神境界，努力做到"慎独"

"慎独"一词出自我国古籍《礼记·中庸》中"道也者，不可须臾离也，可离，非道也。是故君子戒慎乎其所不睹，恐惧乎其所不闻。莫见乎隐，莫显乎微，故君子慎其独也"。

所谓慎独是指在无人监督的情况下，仍能坚持道德信念，自觉地按照道德规范的要求去做事的一种道德品格和道德境界。古人在道德修养过程中十分注重"细""微"之处，认为最隐蔽的东西最能看出人的品质，最微小的事情最能显示人的灵魂。所以说一个人若能在无人监督的情况下，不做任何不道德的事，这就达到了一种崇高的精神境界，即"慎独"。它是一种道德境界，同时又是一种自觉性更强的自我修养方法。要做到暗地里不做违背良心的事，就要求人们必须从小处入手，严于律己，防微杜渐。正像三国时代的刘备在他的遗嘱里叮嘱儿子，"勿以恶小而为之，勿以善小而不为"，说的就是这种防微杜渐的修养方法。在错误中人们最易于疏忽的便是"小恶"，"小恶"虽小，但任其发展，就会泛滥成灾，正所谓"千里之堤，溃于蚁穴"。荀子说："积土成山，风雨兴焉，积水成渊，蛟龙生焉，积善成德，而神明自得，圣心备焉。"这说明个体职业道德的"山"不是一蹴而就的，需要有一个不断积累和深化的过程。从"慎独"所达到的境界来看，职业道德修养是一个长期的、艰巨的自我教育、自我磨炼、自我改造和自我完善的过程。在日常生活中，唯有按照职业道德的标准严格要求自己，不断发现和纠正自我存在的缺点与不足，才能不断提高职业道德水平，达到更高的精神境界。

（四）努力学习现代科学文化知识和专业技能，提高文化素养

掌握科学文化知识和专业技能，有助于职业道德修养的进展。如果把职业道德修养比喻成一项"基础性工程"的话，科学文化知识和专业技能所承担的就是"地基"的责任，可见它的重要性。有了这个"地基"，我们就能更加深刻地体会到职业道德修养在一个人成长过程中的重要作用，才能正确处理职业道德修养与社会主义市场经济的关系。同样，一个人也只有准确理解了职业道德在现实社会中的重要作用，才能更好地去学习职业道德规范，才能更自觉地进行职业道德修养，努力提升自己的职业道德水平和思想境界。

复习题

一、单项选择题

1. 人和动物的区别体现在（　　）。
   A. 人不是动物　　　　　　　B. 动物不是高级动物
   C. 人有道德，动物没有道德　　D. 人没有道德

2. 职业作为一种社会现象，是与（　　）情况相联系的。
   A. 社会分工和生产内部的劳动分工
   B. 阶级社会和阶级矛盾
   C. 人的品质和个人爱好
   D. 人的生活水平和工作能力

3. 人类社会真正意义上的分工是从（　　）开始的。
   A. 蒙昧时代　　　　B. 野蛮时代
   C. 文明时代　　　　D. 现代社会

4. 不同的职业分工有不同的职责，所以，也就有不同的（　　）。
   A. 职业道德要求　　B. 社会道德要求
   C. 社会职责　　　　D. 社会职业

5. 奴隶社会时期的职业道德有一个显著的特点就是（　　）。
   A. 统治者比较重视上层社会人们的职业道德
   B. 统治者比较重视被统治者的切身利害有关的职业道德
   C. 统治者对直接从事物质生活资料生产的体力劳动者的职业道德比较重视
   D. 统治者不重视与统治者的切身利害有关的职业道德

6. 职业道德是在（　　）得到初步发展的。
   A. 原始社会　　　　B. 奴隶社会
   C. 封建社会　　　　D. 资本主义社会

7. 社会主义职业道德的核心是（　　）。
   A. 集体主义
   B. 全心全意为人民服务
   C. 保护个人的正当权益
   D. 正确处理国家、集体和个人三者之间的利益关系

8. 社会主义职业道德的基本原则是（　　）。

A. 集体主义　　　　　　　　B. 个人主义

C. 英雄主义　　　　　　　　D. 全心全意为人民服务

9. 职业人思想政治素质的核心是（　　）。

A. 政治方向　　　　　　　　B. 理想信念

C. 政治态度　　　　　　　　D. 人生观和价值观

10. 一个人的科学文化素质如何，直接关系到（　　）的优劣。

A. 思想道德　　　　　　　　B. 职业素质

C. 专业技能　　　　　　　　D. 身心素质

11. 树立正确的职业态度是（　　）。

A. 从业者做好本职工作的前提　　B. 从业者从业的唯一要求

C. 从业者可有可无的态度　　　　D. 从业者敬业的唯一前提

12. 一个从业者积极性的高低和完成职业的好坏，在很大程度上取决于他的（　　）。

A. 职业心态　　　　　　　　B. 职业爱好

C. 职业价值观念　　　　　　D. 职业选择

13. "慎独"就是（　　）。

A. 一种道德原则

B. 唯我独尊

C. 一种自觉性更强的自我修养方法

D. 我行我素

14. 我国古代思想家孔子认为"学而不思则罔，思而不学则殆"，说明了（　　）。

A. 道德思想的重要性　　　　B. 道德行为的重要性

C. 道德观念的重要性　　　　D. 道德知识的重要性

15. 进行积极的职业道德修养，除自觉的修养意识和坚定的克己外，还应把握（　　）。

A. 行之有效的职业道德修养方法　　B. 独一无二的职业道德修养原则

C. 绝无仅有的个体认知能力　　　　D. 内容复杂的职业道德知识

16. （　　）是我国社会主义现代化国家的建设目标，也是从价值目标层面对社会主义核心价值观基本理念的凝练，在社会主义核心价值观中居于最高层次，对其他层次的价值理念具有统领作用。

A. 富强、民主、文明、和谐　　　　B. 富强、文明、民主、和谐

C. 富强、民主、和谐、文明　　　　D. 富强、和谐、民主、文明、

17. （　　）反映了中国特色社会主义的基本属性，是我们党矢志不渝、长期实践的核心价值理念。

A. 自由、公正、平等、法治　　B. 自由、平等、法治、公正

C. 自由、平等、公正、法治　　D. 公正、平等、自由、法治

18. （　　）是公民基本道德规范，是从个人行为层面对社会主义核心价值观基本理念的凝练。

A. 爱国、诚信、敬业、友善　　B. 爱国、敬业、诚信、友善

C. 爱国、友善、敬业、诚信　　D. 爱国、诚信、友善、敬业

19. 社会主义职业道德的基本原则是用于指导和约束人们的（　　），需要通过具体、明确的规范来体现。

A. 职业责任　　B. 职业行为

C. 职业道德　　D. 工作作风

二、多项选择题

1. 职业素养大致可分为（　　）三个层次。

A. 职业道德　　B. 职业能力

C. 职业修养　　D. 专门的职业能力

2. 职业道德有（　　）三方面的特征。

A. 范围上的有限性　　B. 时间上可操作性

C. 内容上的稳定性和连续性　　D. 形式上的多样性

3. 在社会主义市场经济条件下，集体主义的基本原则体现在（　　）。

A. 热爱集体，热心公益

B. 尊重人、关心人

C. 拜金主义、享乐主义和个人主义至上

D. 扶贫帮困，为人民、为社会做好事

4. 在社会主义市场经济条件下加强职业道德建设的新途径、新方法应该是（　　）。

A. 抓职业道德建设，关键是抓各级领导干部的职业道德建设

B. 要在全社会各行各业抓好职业道德建设，在总体上形成一个良性循环

C. 职业道德建设应考虑与个人利益挂钩

D. 站在社会主义精神文明建设和构建和谐社会的高度抓职业道德建设

5. 爱岗敬业要做到：（　　）。

A. 乐业　　B. 精业

C. 勤业　　D. 休业

6. 诚实守信要求人们做到：（　　）。

A. 诚信无欺　　B. 讲究质量

C. 八面玲珑　　D. 信守合同

7. 落实奉献社会的规范需要正确处理的两个关系是（　　）。

A. 眼前利益和长远利益的关系

B. 个人利益和公众利益的关系

C. 个人利益和小家庭利益的关系

D. 经济效益和社会效益的关系

8. 职业素质具有（　　）特征。

A. 职业性
B. 稳定性
C. 内在性
D. 整体性和发展性

9. 职业人应具备的职业素质包括（　　）。

A. 思想政治素质
B. 职业道德素质
C. 科学文化素质
D. 专业素质和身体心理素质

10. 党政事业单位职工提高职业素质的意义包括（　　）。

A. 有利于树立党政机关事业单位在全社会中的整体形象

B. 有利于提高职工的劳动生产效率

C. 有利于推动社会和谐发展和科技进步

D. 有利于促进机关事业单位员工的全面发展

11. 职业精神的实践内涵体现在以下方面：（　　）。

A. 敬业
B. 勤业
C. 创业
D. 立业

12. 社会主义职业精神具有三个重要特征，是（　　）。

A. 社会主义职业精神的原则具有排他性

B. 社会主义职业精神是社会主义精神体系的组成部分

C. 社会主义职业精神的内容具有人民性

D. 社会主义职业精神的形成和发展具有"灌输性"

13. 一般来说，从业者对职业的要求可以概括为（　　）。

A. 维持生活
B. 完善自我
C. 唯我独尊
D. 服务社会

14 社会主义职业纪律可以保障（　　）。

A. 从业者的个人私利和欲望
B. 从业者的自由和人权
C. 从业者的自由散漫
D. 从业者发挥主动性和创造性

15. 职业道德修养的途径有（　　）。

A. 自我醒悟
B. 社会实践
C. 理论学习
D. 外界的影响

16. 积极培育和践行社会主义核心价值观，关键在于（　　）。

A. 提升每个公民践行社会主义核心价值观的自觉性

B. 重视官德建设

C. 提高公民的道德素养

D. 促进全社会的道德建设

三、判断题

1. 道德是区别人与动物的一个很重要的标志，是人的专利，是做人的根本。（　　）

2. 人生在世，最重要的有两件事：一是学做人；二是学做事。（　　）

3. 职业道德的产生是以社会分工为基础的。（　　）

4. 职业道德是人们在从事职业的过程中形成的一种内在的、非强制性的约束机制。（　　）

5. 个人利益服从集体利益是社会主义职业道德的核心。（　　）

6. 集体主义是社会主义职业道德的基本原则。（　　）

7. 诚实守信是社会主义职业道德的基本要求，是每个从业者是否有职业道德的首要标志。（　　）

8. 诚实守信是为人处世的基本准则，是我们中华民族的传统美德，是从业人员对社会、对人民所承担的义务和职责，是人们在职业活动中处理人与人之间关系的道德准则。（　　）

9. 联系群众是为人民服务思想在职业活动中的具体表现，它表明了社会主义职业活动的目的。（　　）

10. 与爱岗敬业、诚实守信、办事公道和服务群众这四项规范相比较，奉献社会是职业道德中的最高境界，同时也是做人的最高境界。（　　）

11. 素质是人在先天禀赋的基础上，通过环境和教育的影响而形成和发展起来的相对稳定的内在的基本品质。（　　）

12. 一般认为，职业素质由思想政治素质、职业道德素质、科学文化素质和身体心理素质四个方面的内容构成。（　　）

13. 职业精神的实践内涵体现在敬业、勤业、创业、立业四个方面。（　　）

14. 爱岗敬业要做到乐业、勤业和精业。（　　）

15. 思想政治素质是最重要的素质，而理想信念则是思想政治素质的核心。（　　）

16. 职业道德素质，是指从业者在职业活动中表现出来的遵守职业道德规范的状况和水平。（　　）

17. 一个人承受挫折、适应环境、调节自我的能力，反映了他的心理健康水平。（　　）

18. 勤业本质上是一种文化精神，是职业道德的集中体现；是从业者希望通过自身的职业实践，去实现自身的文化价值追求和职业伦理观念。（　　）

19. 一个人若能在无人监督的情况下，不做任何不道德的事，这就达到了一种崇高的精

神境界,即慎独。 ( )
20. 职业道德修养的途径有两种:社会实践和理论学习。 ( )
21. 诚实是人的一种道德品质,其显著特点是一个人在社会交往中不讲假话。( )
22. 思想政治素质是职业素质的灵魂,它是人们从事职业、成就事业的精神支柱。

( )
23. 社会主义职业精神是社会主义精神体系的重要组成部分,是职业道德的具体体现,其本质是为人民服务。 ( )
24. 社会主义职业精神强调职业信誉,更重视把社会的客观评价转化为从业者的自我评价,促使从业者自觉发扬社会主义职业精神。 ( )
25. 人力资本的标志是人才和智力的基础。 ( )
26. 职业作风是职业精神在从业者职业生活中的习惯性表现,具有潜移默化的教育作用。 ( )
27. 中国特色社会主义文化建设的根本是社会主义核心价值观。 ( )
28. 一个国家的发达与富足程度完全取决于人力资本的投入。 ( )
29. 法治是治国理政的基本方式,依法治国是社会主义民主政治的基本要求。( )
30. 人才是衡量一个国家综合国力的重要指标。 ( )

第二篇 职场礼仪

　　礼仪是人们在社会交往活动中应共同遵守的行为规范和准则。对于个人而言，礼仪是一种高尚、文明、令人赏心悦目的行为。一个国家礼仪水平的高低，是其政治、经济文化是否发达的重要标志；一个人礼仪修养如何，是其道德水平、综合素质的反映。

　　从业人员对他人热情诚恳，办事耐心周到，以诚待人，不卑不亢，内外一致，既可以显示出对他人的尊重，又可以显示出个人的品德修养，更可以显示出本单位的优良工作作风。

　　职场礼仪，通常是指我们在工作期间应遵守的基本礼仪规范。它所涉及的内容广泛，且因行业不同而有所不同。与其他礼仪相比，职场礼仪具有明显的规范性、专业性和强制性。职场礼仪中的基本礼仪规范包括形象礼仪、办公礼仪、接待礼仪、社交礼仪等。

第五章 职场形象礼仪

形象礼仪，可以帮助人们规范言谈举止，塑造良好形象，体现个人修养，展现单位形象，赢得社会尊重。

第一节 职场形象礼仪的概述及要求

形象礼仪，是指关于从业人员个人形象的一系列具体的礼仪规范，包括仪表、着装、言谈、举止等，属于个人礼仪的范畴。形象礼仪的核心要点，是要求每位从业人员重视个人形象，规范个人形象，改善个人形象，维护个人形象，即自觉地做好内强素质、外树形象的工作。

一、形象魅力

现代意义的形象包括仪容（外貌）、仪表（服饰、职业气质）以及仪态（言谈、举止）各方面内容。其中最为讲究的是形象与职业、地位的匹配。一个人好的形象，不仅是指把自己打扮得得体，更重要的是使自身服饰、气质、言谈、举止、发型、仪容等与职业、场合、地位以及本人的性格、性别相吻合，使自己成为极富形象魅力的人。

形象魅力的基础是它的内在特征即"人格魅力"，主要包括道德水平、意志强度、真诚可信度,以及学识和才华等。形象魅力的外部特征则更加丰富,包括仪容、仪表、体态、修饰等,其中尤以气质与风度最具特色。

随着社会的发展,从业人员对自己的形象越来越重视。国际公认的色彩形象顾问权威机构 Colour Me Beautiful 对 300 名金融公司决策人进行了调查,结果显示,个人形象直接影响收入水平,更有形象魅力的人收入通常比其他同事要高 14%。公务活动和社交活动中,个人的工作能力是关键,但同时也需要注重自身形象的设计,应该更多地重视、学习和实践形象礼仪。

二、仪表风度

仪表,即人的外表,包括容貌、身材、姿态、修饰等。好的仪表会使人感到愉悦,产生吸引力。特别是在素不相识的情况下,第一次见面所形成的感觉,即第一印象,对以后的交往影响很大,它具有印象鲜明、印象深刻的特点,这就是"晕轮效应"。所以在公务活动以及平时交往中,人们都会非常重视第一印象,希望赢得对方的好感,为以后的工作和交往打下良好的基础。仪表美既包括自然美也包括修饰美,关键是要学会扬长避短。

风度,是一个人通过神态、仪表、言谈、举止表现出来的心理素质和修养的综合特征,是内在素质、外部形象和精神风貌的高度统一。良好的风度是靠良好的道德修养、文化素质和综合能力支撑的。同时,风度不是先天的,是可以进行学习和培养,并通过努力不断提高、完善的。当然,培养良好的风度是一个缓慢的过程。首先,是品德的修养,使人的心灵美起来;其次,是文化素养的提高,使人的头脑充实起来;最后,就是提高审美能力,使人的品位高雅起来。

三、言谈举止

言谈,是指人们借助语言进行交流和沟通。从广义上来讲,言谈是人们交流思想、沟通感情、建立联系、消除隔阂、协调关系、促进合作的一个重要渠道。在公务活动中,从业人员还需学习和掌握言谈方面的礼仪规范,如说话的态度、谈话的方式以及忌讳等。此外,从业人员要注意提高自己的语言能力、准确运用语言以及运用有特色的语言的能力,使自己的言谈更符合礼仪的规范。

举止,是一种非文字语言,包括人的体态姿势、动作和表情。它是通过人的肢体、器官的动作和表情表现思想感情的符号,也称人体语言和动作语言。人们在交谈中,一个眼神、一个表情、一个微小的手势和体态,都可以传达出非常丰富的内心世界。举止的礼仪简单说就是站、立、行走、起身、下蹲、手势、表情等都要符合要求，所谓"站要有站相，坐要有坐相"，不宜眉飞色舞、左顾右盼、手舞足蹈。

四、形象礼仪的要求

如前所述，礼仪是通过个体行为，借助人际交往与沟通得以实现的。在这个过程中，个人的形象，包括外在形象（如着装质地和款式的选择、色彩和服饰的搭配、发型和面部妆容的和谐等），言谈是否准确达意、自然合理、礼貌得体，举止是否优雅等，这些方面既是形象礼仪的重点，也是公务礼仪的重要组成部分，在整个公务礼仪及人际交往中起着画龙点睛的作用。因此学习和掌握礼仪常识，实践礼仪要求，是每一位从业人员的义务和职责。

（一）着装要求

着装，即服装的穿着。严格地说，它既是一门技巧，更是一门艺术。站在礼仪的角度上看，着装是一门系统工程，它不仅仅指穿衣戴帽，更是指由此而折射出的人们的教养与品位。着装是一个人基于自身的阅历、修养或审美品位，在对服装搭配技巧、流行时尚、所处场合、自身特点进行综合考虑的基础上，在力所能及的前提下，对服装进行精心选择、搭配和组合。在各种正式场合，注意个人着装的人，往往能增加交际中的形象魅力，给人留下良好的印象，使人愿意与其深入交往。同时，注意着装也是每个事业成功者的基本素养。

着装体现仪表美，除了整齐、整洁、完好，还应同时兼顾以下原则。

1. 文明大方，区分场合。从业人员的着装要符合本国的道德传统和常规做法。在正式场合，忌穿过露、过透、过短和过紧的服装。身体部位的过分暴露，不但有失自己身份，而且也失敬于人，使他人感到多有不便，所以要注意应时、应事、应景、应己、应制。

2. 搭配得体，规范着装。着装在整体上要尽可能做到完美、和谐，展现整体美。着装的各个部分要相互呼应，精心搭配，遵守规范，色彩和谐，适合自身等。

3. 注重个性，善于搭配。着装要适应自身形体、年龄和职业的特点，扬长避短，并在此基础上创造和保持自己独有的风格，在讲究服装穿法的同时，善于兼顾服装辅件（帽子、手套、领带、鞋袜、公文包、手袋等）、饰物（首饰、丝巾、头饰、眼镜、墨镜等）、妆容及发型等的选择与搭配。服饰的个性化，也能反映出个人的审美观和性格特征。

（二）言谈举止的要求

言谈举止总的来说就是要开朗、热情，让人感觉随和亲切，平易近人，容易接触。此外要遵循以下原则。

1. 保持个人原有的个性和特质。很多人在社交中总担心没有出众的言谈可以打动大家，吸引别人的注意，以至于造成精神上的紧张，使表情、动作都变得十分僵硬。在社交中，应放松心情，保持自己的既有特点，而不要故意矫揉造作。有的人在"亮相"时昂首阔步，气势逼人，在跟别人握手时像钳子般有力，跟人谈话时死死盯住对方……这样故作姿态，不仅会令别人感觉难堪，连自己也觉得别扭。其实最好的办法是保持自己原有的个性。

2. 言谈要有幽默感。在交际场合，幽默的语言极易迅速打开交际局面，使气氛轻松、活跃、融洽。在出现尴尬的场面时，幽默、诙谐便可成为紧张情境中的缓冲剂，使朋友、同事摆脱窘境或消除敌意。此外，幽默、诙谐的语言还常常被用来含蓄地拒绝对方的要求，或进行一种善意的批评，平时可多积攒一些妙趣横生的幽默故事和语言。

3. 发挥"二号微笑"的魅力。所谓"二号微笑"就是"笑不露齿，笑不出声"，让人感到脸上总是挂着笑意。在社交场合保持"二号微笑"，既能让他人感觉心情愉悦，又能使自己心情轻松。

4. 注意手势、坐姿、立姿、行姿等。做到举止文明、举止优雅、举止敬人以及举止有度。

第二节　形象礼仪实务

学习和掌握形象礼仪常识，不仅是公务的需要，也是我们生活与工作中待人接物所必知、必会的。

一、着装指导

（一）西服的着装指导

西装是相对于"中式服装"而言的欧系服装。西装通常是男士在较正式场合着装的一个选择。

1. 式样。西服的式样较多。从纽扣来看，西服有双排扣、单排扣、三粒扣、两粒扣、一粒扣；从领型来看，西服有大翻领、小翻领、平翻领等不同式样。人们可依据自己的身材情况和审美情趣，选择款式新颖、适身合体的西服。

 **小贴士**

如果想显得更瘦、更挺拔，建议选择单粒扣的西服。

如果希望"宁缺毋滥"，建议选择一套质地、做工都讲究的西服。花哨多余的纽扣、上衣背后的腰带，颜色诡异的缝线、前胸口袋、防磨补丁和皮革装饰等均不应出现在公务套装上。朴素的颜色永远是首选。

2. 场合。西服的穿着受交际场合的制约。穿着的方法，一般是根据礼节，按照正式、半正式和非正式等场合区分。

（1）正式场合，如宴会、招待会、重大会议、婚丧事以及特定的晚间社交活动等，应穿西服套装，颜色以深色为宜，以示严肃、庄重、礼貌。

（2）半正式场合，如访问、较高级会议和白天举行的较隆重的活动，通常也应穿西服套装，取浅色或明亮度较高的深色为宜。

（3）非正式场合，如外出旅游、上街购物、访亲问友等活动，可以穿上下不配套的西服，宜选择款式活泼、轻便，色调明朗、华美的。

3. 纽扣。西服纽扣的系法也大有讲究。

（1）双排扣西服，一般要将扣子全部扣上。

（2）单排两扣西服，穿着时只扣上扣，当然，也可全部不扣，以显潇洒、自由（注意：在正式场合，只有在内穿背心或羊毛衫、外穿单排扣上衣时，才允许站立时不系上衣扣子）。

（3）单排三扣西服，只扣中间粒或扣第一粒、第二粒，第三粒为样扣。

（4）单排一粒扣西服，扣与不扣均可。

坐下后，无论哪种西服，都可以解开纽扣，以保持衣服的平整挺括和身体舒适。

4. 领带。穿西服一般要系领带，特别是在公务活动中。

（1）领带的色彩应与西服、衬衫和谐相配。按照西服—衬衫—领带这三者的顺序，目前大多数人采用的配色法是：深—浅—深，也有人采用浅—中—浅或深—中—浅的配色方法。不管选择哪种配色法，只要色彩搭配统一和谐，均能起到美的效果。

小贴士

如身着黑色西服，系上紫红色或银灰色领带，配上白色或浅色衬衫，既高雅气派又庄重洒脱；深蓝色西服，可配扎艳蓝色、深玫瑰色或橙黄色领带，穿着白色或淡蓝色衬衫，浓淡相间，显得既稳重又活泼；若穿乳白色西服，最好选用红色为主，略带黑色或砖红色、黄褐色的领带，可给人以华贵典雅、风采动人之感。

（2）领带的材质。一般来说，真丝领带产生的职业效果最佳，体现出来的优雅感最好，也最易打理；亚麻领带太随意，最易起皱；毛料领带不仅外观随便，而且打结困难；人造纤维领带会发光，无法体现淡雅的感觉。建议领带选择真丝或者羊毛真丝各占50%的领带。

（3）领带的位置。领带必须置于西服上衣与衬衫之间——无论是否穿马甲、毛背心、羊毛衫等。打好的领带，其结的具体大小要与衬衫衣领的大小成正比；其标准长度是上面宽的一片须略长于底下的一片，下端的大箭头正好抵达皮带扣的上沿，不要遮住裤腰。领带夹应在衬衫自上而下的第四粒至第五粒纽扣之间，且不宜被外人看见。

5. 衬衫、毛衫、腰带、鞋、袜子及口袋巾。

（1）衬衫。与西服搭配的衬衫应当是正装衬衫，即长袖、单色、方领、短领或长领。长袖衬衫以白色或淡蓝色最易搭配，永不过时。颜色淡、底色精妙的衬衫，往往传递诚实、聪明和稳重的感觉，应作为人们的首选，深蓝竖条的正装衬衫，也会显得人格外精神。

选择衬衫时要注意尺寸合身（领围、胸围松紧合适，下摆不宜过短）、袖长适度（袖口露出1 cm左右最佳）、掖好下摆（不论是否穿外衣，衬衫的下摆必须塞在裤子里）、系好纽扣（包括领扣、衣扣和袖扣）。衬衫要保持整洁、无折皱。

（2）毛衫。如果打算将西服穿得"有型"，除衬衫、马甲与毛背心之外，只能穿一件薄型"V"领的单色羊毛衫或羊绒衫。

（3）腰带。腰带的宽度应在2.5 cm至3 cm之间（太窄，会失去男士的阳刚之气；太宽，只适合于休闲或牛仔风格的装束），长度应保持尾端介于第一个和第二个裤袢之间，颜色要与鞋的颜色相配。尽量不挂手机、打火机、钥匙链等物品。腰带上挂的物品越多越不庄重。

（4）鞋子。搭配西服，不能穿便鞋、凉鞋或拖鞋，最好穿皮鞋，方可展示"西服革履"的风度美。建议男士穿与裤子颜色相近或一致的皮鞋。款式为系鞋带的、无带但朴素大方的、鞋帮较浅的皆可。

（5）袜子。一般来说，穿西服不宜穿花袜子，以便保持端庄的风格。袜子颜色应与皮鞋和西裤颜色相近或一致，宜选蓝色、黑色、灰色或棕色。通常情况下，袜子的颜色要深于西服，浅于皮鞋。此外，袜子的长度应以不露出太多的胫骨为宜，建议选择弹性较好、裹及小腿处的袜子。

（6）口袋巾。西服上衣左侧的外胸袋有时可插入一块口袋巾（真丝手帕），起到装饰的作用。口袋巾的材质务必选择丝质的，而且颜色应与衬衣或外衣的颜色相似。如果在衣领上别个简单的小胸针，会显得更加与众不同。

 **小贴士**

西服上衣除左侧的外胸袋外，其他衣袋（包括手巾袋和两侧的暗插袋）都属于装饰性的，不宜再放任何东西。小件物品如钢笔、票夹等，都应存放在内插袋中（封在内夹里的衣袋）。另外，在西服的裤兜里放钱包会显得臃肿（最好买个卡片夹），在其两边侧面的口袋里只宜放纸巾或钥匙包，后侧的两只口袋通常不放任何东西。

6. 注意细节。

（1）着装的"三点一线"原则，即衬衫领口、腰带扣和裤子前开口外侧应在一条线上。

（2）除非是在解领带，否则，无论何时何地松开领带结都是极不礼貌的。

（3）精神干净的发型和干净、质优的皮鞋，胜过一套昂贵的西服。

（4）如果腰带、皮鞋质地不同，就必须在颜色上统一。

（5）西服一季可以干洗两次以上，而如果想保持衣服的原形，就一次也不要干洗。

（二）领带的常用打法

生活中不难发现，一条漂亮的领带，一个完美的领结扣，配上笔挺合身的西服，更能够衬托出一位优秀男士的魅力和气质。领带的常用打法，包括简易通式、温莎式和雪比式等。

1. 简易通式打法（见图2-1）。简易通式打法打出的结扣比较小巧，几乎可以跟任何款式和面料的西服搭配。

（1）领带A头比B头长出约50 cm。

（2）A头压住B头。

（3）A头绕过B头。

（4）A头从B后穿出。

（5）A头穿过结扣。

（6）拉紧并与衬衫领口保持服帖。

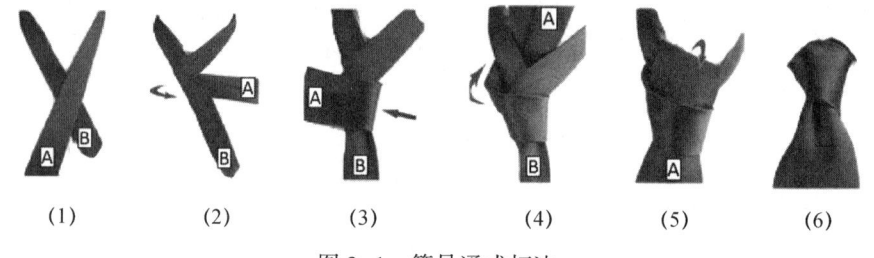

图2-1　简易通式打法

2. 温莎式打法（见图2-2）。温莎式打法打出的结扣比较方，适合与开口式衬衫搭配，属经典打法。

（1）将领带底朝上，B头压住A头。

（2）A头从上方绕过B头。

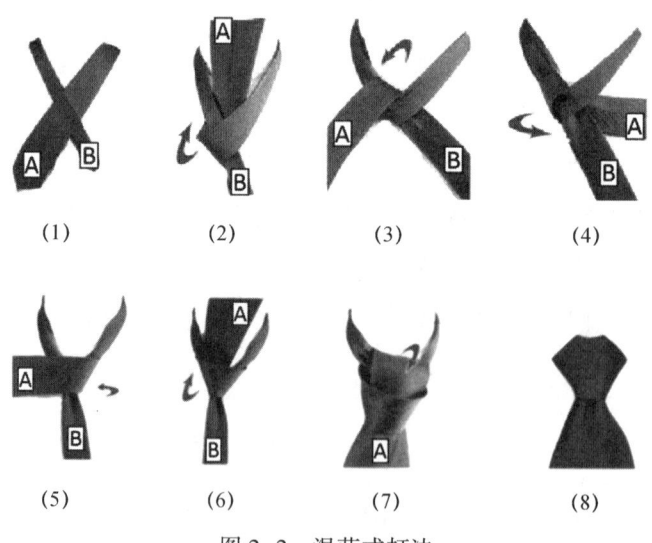

图2-2　温莎式打法

(3) 拉紧。

(4) A 头拉向左侧。

(5) A 头拉向右侧。

(6) A 头从后方向上拉出。

(7) A 头穿过结扣。

(8) 拉紧。

3. 雪比式打法（见图 2-3）。雪比式打法是一种独特的打法，效果优雅。

(1) A 头长出 B 头约 60 cm。

(2) A 头压住 B 头并向上绕出。

(3) 拉紧。

(4) A 头横绕成结扣。

(5) A 头从后方向上拉出。

(6) 将 A 头穿过结扣。

(7) 拉紧。

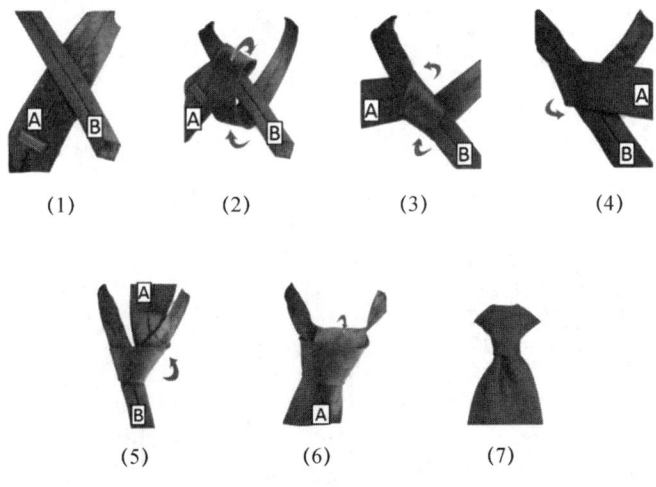

图 2-3　雪比式打法

（三）口袋巾的常用折法

1. Dandy 华丽折法（见图 2-4）。

2. 规整经典折法（见图 2-5）。

3. 现代年轻折法（见图 2-6）。

(1)用拇指和食指捏住口袋巾的中心使它自然下垂。

(2)用手折出自然的几折。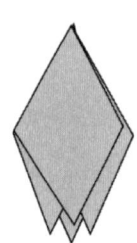

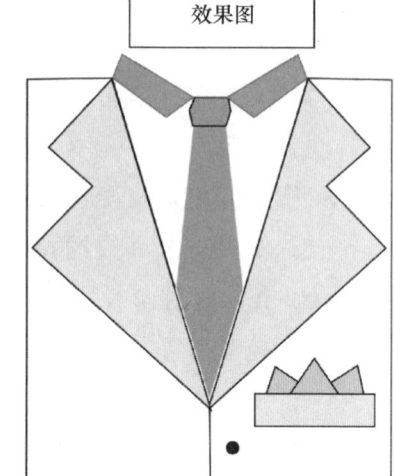

(3)把刚用拇指和食指捏住的口袋巾中心向上对折。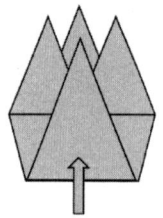

(4)将口袋巾中心和其他三折整理好。完成。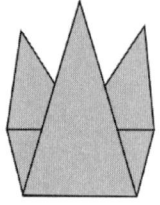

图 2-4　Dandy 华丽折法

(1)将方巾对折两次成方形，再将一角的四层依次拉开一点距离形成四个角。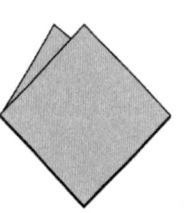

(2)用一只手固定四角，另外一只手将一边向中心折叠。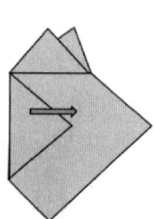

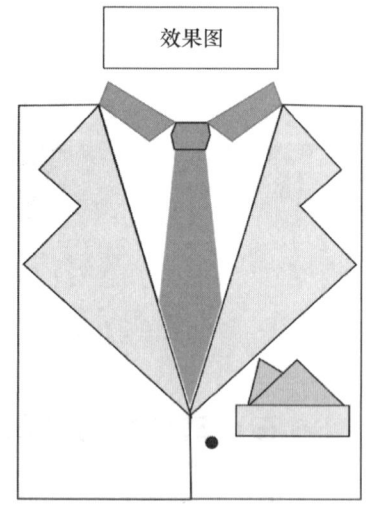

(3)将另外一边也向中心折叠。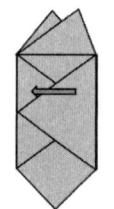

(4)将方巾下面未折叠的部分向后折叠，以方便放入口袋中。完成。将四个角都露出口袋。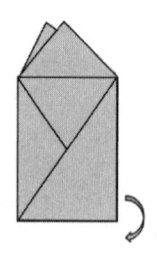

图 2-5　规整经典折法

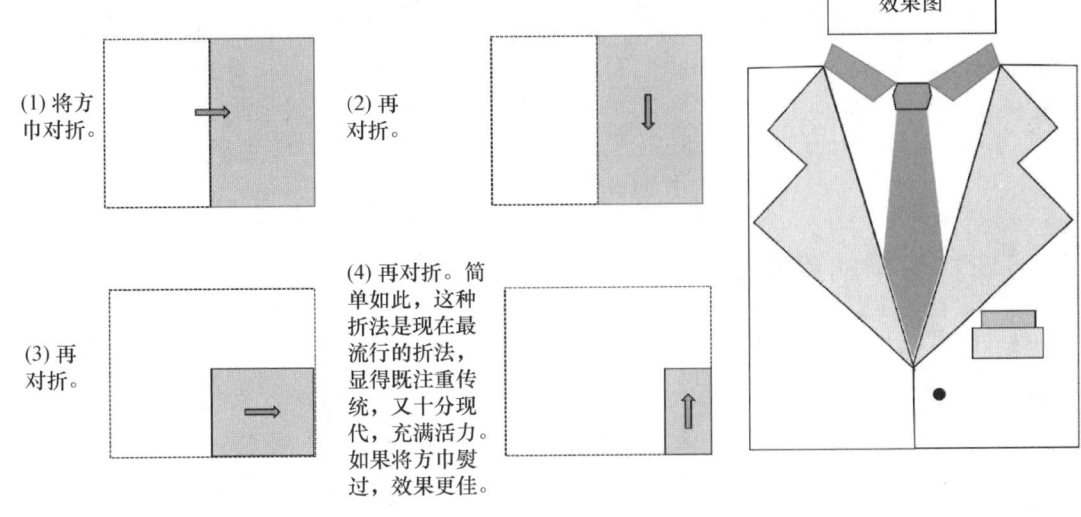

图 2-6 现代年轻折法

着装色彩搭配

"没有不美的色彩,只有不好的搭配。"着装色彩的和谐搭配,往往能产生强烈的美感,给人留下深刻的印象。所以,着装必须讲究色彩搭配。

在各种颜色中,深色往往体现的是庄重保守,而浅淡的颜色体现的是轻快感。暖色调(红、橙、黄等)给人以温和、华贵的感觉;冷色调(紫、蓝、绿等)往往使人感到凉爽、恬静、安宁、友好;综合色(也就是"安全色",如白、黑、灰)给人以平和、稳重、可信的感觉。一般而言,综合色最容易和其他颜色搭配。

作为从业人员(艺术类工作者除外),在工作场合体现的应是"庄重保守"的风格,所以着装颜色上应以深色为佳。体形偏瘦的,比较适合穿着浅淡颜色的衣服,体现的是轻快感、扩张感,能产生丰满的视觉效果;体形偏胖的,适合穿着深色、暗色的衣服,能产生凝重沉稳、收缩空间的视觉效果。此外,人的肤色会随着所穿衣服的色彩发生变化,所以在选择服装的时候,最好和自己的肤色相协调,起到相得益彰的效果。一般肤色较白的人,几乎各种颜色的服装都合适,换句话说,各种肤色的人,穿白色服装都适合;肤色偏黑的人,可以选择色彩明朗、图案较小而柔和、面料悬垂感好的服装,避免穿褐、黑、紫色等暗色调的服装;肤色偏黄的人,可以选择素雅的小碎花或格纹的上衣,避免穿黄色、酱黄色、米色、紫色、铁灰色、青黑色服装,以免使肤色显得更黄;面色

> 粉红的人，适合白色或浅色装，忌穿蓝、绿色等系列的服装，因为粉红色同蓝、绿色是强烈的对比色，会使人的面色红得发紫。总之，服装的颜色是应需而着的，不可千篇一律、贻笑大方。

（四）套裙的着装指导

1. 套裙的选择。套裙，是西服套裙的简称。在许多正式场合，它是从业女性的首选。其上身为一件女式西装，下身是一条半截的裙子。这不仅会使着装者看起来干练而成熟，而且可以得体地体现出从业女性的职业特点、性格特点和女性魅力。

套裙可分为"H"形、"X"形、"A"形和"Y"形四种。根据礼仪规范，选择套裙要注意在面料、色彩、图案、点缀、尺寸、造型和款式上的辨别。一般来说，套裙的面料讲究的是匀称、平整、柔软、悬垂、挺括等，手感、弹性要好，以不易皱、不起毛、不起球为宜；色彩应以冷色调为主，最多不要超过两色，图案和点缀也是宜少不宜多，宜简不宜繁，宜精不宜糙；就尺寸而言，除要求腰、臀围松紧合适（以可自由下蹲为宜）外，裙长应该在膝盖以上 3~6 cm。年长者可以穿稍长于膝盖 3 cm 的套裙。

2. 套裙的穿着与搭配。

（1）穿着端正。上衣最短可以齐腰，上衣的领子要完全翻好，衣袋的盖子要拉出来盖住衣袋。公务场合不宜随意将上衣披、搭在身上，衣扣（西装单排扣最后一粒除外）一律全部系好，不允许部分或全部解开。

（2）注意场合。女士参加各种正式活动，尤其是涉外活动时，一般以穿着套裙为宜。其他情况要根据场合合理搭配服装，如出席宴会、舞会、音乐会时，可以选择穿着礼服或时装；外出观光旅游、逛街购物、健身锻炼时，选择休闲装、运动装等便装最为合适。

（3）协调妆饰。通常穿着打扮讲究的是着装、妆发和配饰要风格统一，相辅相成。穿着套裙时，应适当化淡妆，佩戴少量的配饰或不佩戴配饰。

（4）兼顾举止。穿着套裙时，女士要举止优雅，注意仪态。站立的时候要又稳又正，不可以双腿叉开，站得东倒西歪；就座后，要双腿并拢，不要双腿分开，或跷起一条腿抖动脚尖；走路时步子不要太大，要轻而稳；拿高处物品时，不要踮起脚尖伸直胳膊费力地去拿，或是俯身、探头去拿。

（5）内搭衬裙。穿着套裙时，特别是丝、棉、麻等薄型面料或浅色面料的套裙，要选择内搭一件透气、吸湿、单薄、柔软面料的衬裙，既舒适又能避免因套裙面料过于单薄而引起的尴尬。

（6）搭配衬衫。作为与套裙配套的衬衫，在面料上要求轻薄而柔软，如真丝、麻纱、府绸、涤棉、花瑶等都是可供选择的面料。色彩以单色为佳，配色可使衬衫与所穿套裙形成深浅对比，要么外深内浅，要么外浅内深，以便相得益彰。

3. 鞋袜。穿着套裙时，宜穿长筒袜子或连裤袜。颜色以肉色、黑色最为常用。袜口不可暴露于外，即使在行走时，也不应出现袜口在裙衩之间若隐若现（绝对看不见才行）。穿着套裙时宜穿皮鞋。

4. 细节。

（1）套裙的衬衫在公务场合不适宜直接外穿，特别是紧身薄透的衬衫。

（2）衬衫下摆须掖入裙腰内，不要任其下垂于外，也不宜在腰间打结。

（3）衬衫纽扣除最上一粒扣按惯例不系外，其余纽扣均不得随意解开。

（4）衬裙以单色为宜，且应与外面套裙的颜色相协调，彼此一致或者外深内浅。

小贴士

内衣穿着锦囊

1. 女士内衣的穿着礼节

一套完整的女士内衣一般由胸衣、内裤、丝袜、连体衣等组成。着装时，尺寸要合体、贴身，以穿着后身体线条流畅为宜。内衣颜色不要外泄，且须与外衣颜色和谐统一。在正式场合或在工作岗位上，宜选择穿着与肤色相近的内衣。在公共场合、工作场合忌不加掩饰随意地整理内衣，以免显得不稳重。

2. 男士内衣的穿着礼节

男士建议选择穿着紧身圆领运动式T恤，注意不要将颜色、领口和袖口露出；尺寸要合体、贴身，尤其要避免穿着薄料衬衣、外裤时，由于内衣、内裤尺寸不合适而造成的尴尬。内衣颜色建议以白色、黑色为主，像红色、绿色以及花色的内衣、内裤要慎重选择。衬衣内除背心外，最好不穿其他内衣，如棉毛衫之类。如果天气较冷，衬衣外可以穿上一件毛衣或毛背心，但毛衣不要过于宽松，以免显得臃肿，破坏服装的线条美。

(五) 饰品的佩戴指导

在公务活动及社交活动中,人们除要注意服装的选择外,还可以根据不同场合的要求佩戴戒指、耳环、项链、胸针等饰品。

1. 戒指。戒指一般只戴在左手,而且最好仅戴一枚,至多戴两枚,戴两枚戒指时,可戴在左手两个相邻的手指上,也可戴在两只手对应的手指上。戒指的佩戴往往暗示佩戴者的婚姻和择偶状况。戒指戴在中指上,表示已有了意中人,正处在恋爱之中;戴在无名指上,表示已订婚或结婚;戴在小手指上,则暗示自己是一位独身者;如果把戒指戴在食指上,表示无偶或求婚。

2. 耳环。耳环是女士的主要首饰之一(从事公务的男士不提倡佩戴),使用率仅次于戒指。佩戴时应根据脸形特点来选配耳环,如圆形脸不宜佩戴圆形耳环,因为耳环的小圆形与脸的大圆形组合在一起,会加强"圆"的信号;方形脸也不宜佩带圆形和方形耳环,因为圆形和方形并置,在对比之下,方形更方,圆形更圆。

3. 项链。项链也是深受女士青睐的主要首饰之一(从事公务的男士也不宜佩戴)。项链的种类很多,大致可分为金属项链和珠宝项链两大系列。佩戴项链应和自己的年龄及体型相协调,如脖子细长的女士佩戴仿丝链,更显玲珑娇美;马鞭链粗实成熟,适合年龄较大的女士选用。佩戴项链也应和服装相呼应,如身着柔软、飘逸的丝绸衣衫裙时,宜佩戴精致、细巧的项链,显得妩媚动人;穿单色或素色服装时,宜佩戴色泽鲜明的项链,使服装在饰品的点缀下,颜色显得丰富、活跃。

4. 其他。胸针、手帕、丝巾等,无论男女,都可作为饰品使用,它们与衣服相配既有对比美,又有协调美,显得人更有风度。以下是丝巾(披肩或长围巾)的几种基本叠法。

(1) 正方形丝巾、披肩的斜叠法(见图2-7)。

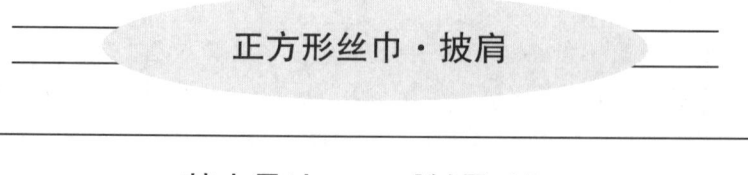

将丝巾反面向上平放,将相对的两个内角内折,使两个内角的顶点在丝巾的中心处恰好相接,然后沿虚线折两次。将与颈部接触的中心部分对折后挂于颈上。

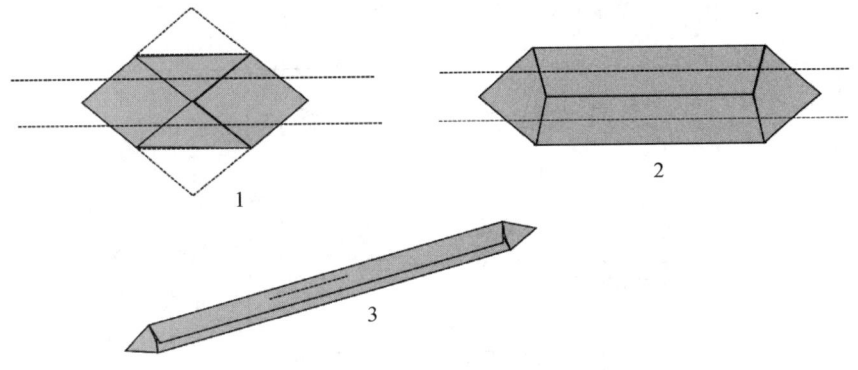

图 2-7 斜叠法

（2）正方形丝巾、披肩的平行叠法（见图 2-8）。

基本叠法　　[平行叠法]

将丝巾对折成一长方形，然后沿虚线按箭头方向叠为三折。

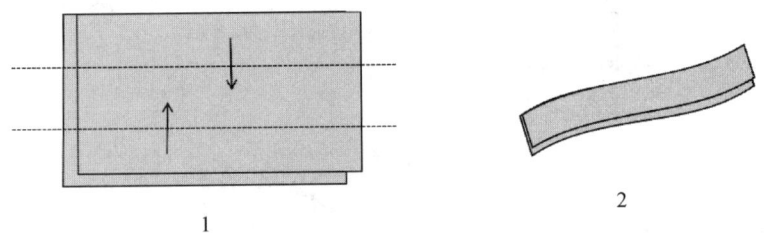

图 2-8 平行叠法

（3）正方形丝巾、披肩的捏褶叠法（见图 2-9）。

基本叠法　　[捏褶叠法]

将丝巾正面向上平放，从两侧开始捏褶儿。捏完褶后，请注意丝巾两端不要露出反面。

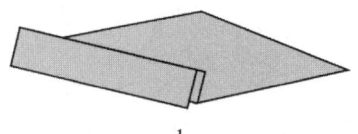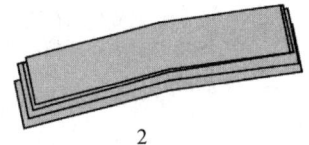

图 2-9 捏褶叠法

（4）正方形丝巾、披肩的三角叠法（见图2-10）。

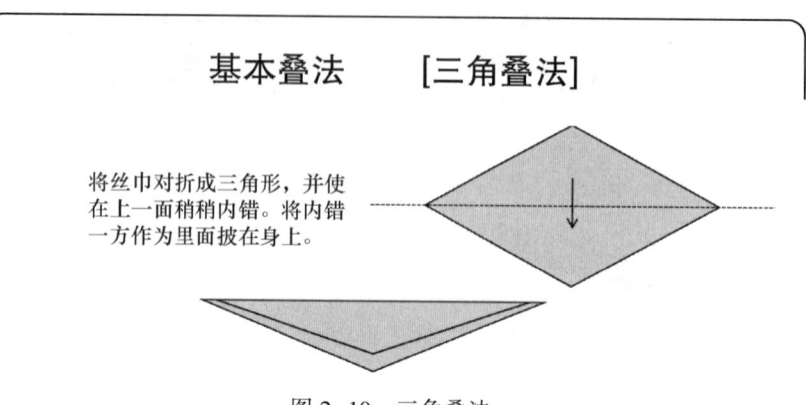

图2-10 三角叠法

（5）正方形丝巾、披肩的长方形叠法（见图2-11）。

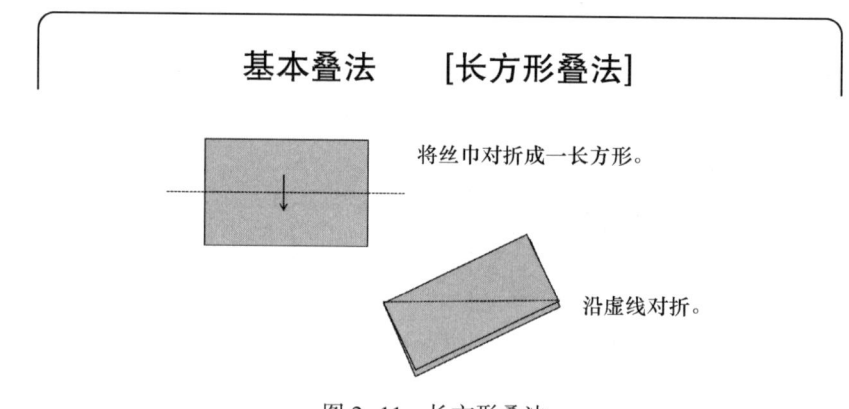

图2-11 长方形叠法

（6）长丝巾、围巾的三折式叠法（见图2-12）。

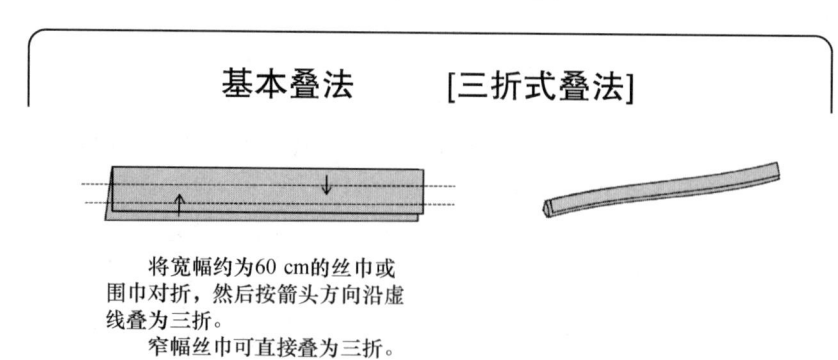

图2-12 三折式叠法

（7）长丝巾、围巾的捏褶叠法（见图2-13）。

基本叠法 　　[捏褶叠法]

长丝巾捏褶儿时可按下述方法简单操作。

将丝巾正面向上，由双手拿好。

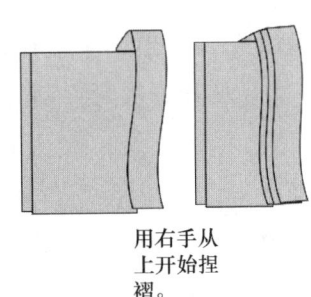
用右手从上开始捏褶。

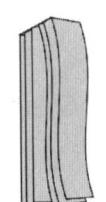
叠完后，请注意使丝巾两侧均为正面。

图 2-13　捏褶叠法

二、仪容修饰指导

仪容是一个人的外表，主要包括头部、面部、手臂及腰身等易暴露的部位（当然还包括全身的衣着——如前所述）。通常情况下，正确而有效的外表修饰，除了按礼仪着装外，还要做到"二勤"，即勤洗理、勤修饰。

（一）勤洗理

人的身体是一架复杂的机器，随时随地都在进行着新陈代谢，所以，我们应该养成坚持不懈、勤于清理的好习惯，使身体时刻保持干净清爽。

1. 勤洗澡。洗澡，在清理全身的同时可以促进皮肤的血液流动，使人皮肤光泽，增加活力。此外，洗澡时可以略施含香料的沐浴液，使身体散发淡淡的清香，令人心情愉悦。

2. 勤洗脸。脸部暴露在外，最易受到外界的污染，且五官时常会产生分泌物，需要及时进行清除。晚上洗脸后可以抹一些润肤露，使皮肤得到休息，更加滋润。洗脸宜用温水或冷水，轻搓轻揉，起到按摩作用，不可以使强力搓洗。

3. 勤洗头。一头润泽的秀发可以增加许多光彩，令人顿生好感。坚持洗头，使人显得干净、利落、有精神。

（二）勤修饰

1. 头发的修饰。

（1）认真梳理。

1）选择适当的工具。梳理头发，应当选用专用的发梳、头刷等梳理工具。其主要标准是不会伤及头发、头皮。外出上班时，商界人士最好随身携带一把发梳，以备不时之用。

2）掌握梳理的技巧。梳理头发，不仅是为了将头发理顺，使之成型，也是为了促进头部的血液循环与皮脂分泌，提高头发与头皮的生理机能。要做到这一点，就必须掌握必要的梳理技巧。如梳头时用力要适度，不宜过重过猛；梳子应向某个方向同向运动，不宜一再循环往复等。

3）避免在公开场合操作。若"当众理云鬓"，在外人面前梳理自己的头发，使残发、发屑纷纷飘落的情景尽落他人的眼底，是极不符合礼仪的。

（2）长短适中。公务人员对头发的修饰，要考虑个人的性别、身高、年龄以及工作的制约因素等。

（3）慎重选择发型。发型的选择，建议选择传统、庄重、保守一些的发型，可通过对个人的发质、脸形、身材、着装、配饰、性格等因素的分析，选择适合自己的发型。

 小贴士

脸形、身材、发质对发型的影响

1. 脸形。人的头发生在头顶，下垂到脸旁，因而发型与脸形相辅相成。选择恰当的发型，既可以为自己的脸形扬长避短，也可以体现发型与脸形的和谐之美。不同脸形的人在选择发型时，可参考以下几点：

（1）圆脸形的人：五官集中，额头与下巴偏短，双颊饱满，可选择垂直向下的发型。顶发若适当丰隆，可使脸形显长。宜侧分头缝，以不对称的发量与形状来减弱脸形扁平的特征。面颊两侧不宜隆发，不宜留发帘。

（2）方脸形的人：面部短阔，两腮突出，轮廓较为平直。在选择发型时，应侧重于"以圆破方"。可采用不对称的发缝、翻翘的发帘等来增加发式变化，并尽量增多顶发。但耳旁头发不宜变化过大，额头不宜暴露，不宜采用整齐平整的发际线。

(3) 长脸形的人：往往会给人以古典感，脸形较美。选择发型时，应重在抑"长"。可适当地保留发帘，在两侧增多发容量，削出发式的层次感，顶发不可高隆，垂发不宜笔直。

(4) "由"字形脸的人：额窄而腮宽，俗称三角形脸。在选择发型时，应力求上厚下薄，顶发丰隆。双耳之上的头发可令其宽，双耳之下的头发，则可限制其发量，前额不裸露在外。

(5) "甲"形脸的人：额宽而颚窄，俗称倒三角形脸。宜选短发型，并露出前额。双耳以下发容量宜适当增多，但切勿过于丰隆或垂直。选择不对称式的发型，效果通常不错。

(6) 六角形脸的人：主要特征是颧骨突出。应避免直发型，并遮掩颧骨。在作短发时，要强化头发的柔美，并挡住太阳穴。作长发时，则应以"波浪式"为主，发廓轻松丰满。

2. 发质。发质一般是指头发的性质。选择发型之前，必须先了解自己的发质，看其有无可塑性。中国人的发质通常被分成硬发、软发、沙发、卷发四种类型。硬发的特点是头发又粗又硬，稠密并富有弹性，在塑造发型时应重点对其"删繁就简"。软发的特点是头发既软又细，不很稠密，弹性也不大，不宜塑造外观平直的发型，如选择"波浪式"发型，往往效果绝佳。沙发的特点是头发干涩稀疏，灰暗无光，并且常呈蓬乱之状，故不宜塑造中、长类型的发型。卷发又叫"自来卷"，主要特点是长短不一，但却自然地呈现出弯曲之态，具有天然之美，几乎可以塑造任何发型。

3. 身材。人的身材有高、矮、胖、瘦之别。一般来说，身材高大者由于身高的优势，在发型方面往往有比较多的选择。身材矮小者宜选短发型，以便利用视觉偏差使自己"显高"。

总之，我们在修饰头发时，不仅要美观大方，而且要自然合适，不宜雕琢痕迹过重，更不可过分，以免俗气。

(4) 细节。不管选定了何种发型，公务人员在工作岗位上都绝对不允许在头发上滥加装饰之物。一般情况下，不宜使用彩色发胶、发膏。男士不宜使用任何发饰。女士在使用发卡、发绳、发带或发箍时，应使之朴实无华。其色彩宜为蓝、灰、棕、黑，并且不带任何花饰。此外，若非与制服配套，在工作岗位上不宜戴各种装饰性的帽子。

2. 面容的修饰

仪容在很大程度上指的就是人的面容。修饰面容，首先要做好面部清洁，使之干净清爽，无汗渍、无油污、无泪痕，无其他任何不洁之物。其次，修饰面容，要注意对不同部位用不同的处理方法和技巧。

（1）清洁。

1）眼睛。及时清除眼部分泌物。若患眼部传染病，应避免参加公务和交际活动。

2）耳鼻。及时清除耳孔、鼻腔中的分泌物，保持清洁，不要让异物堵塞、外溢和外泄。

3）口腔。要注意保持牙齿洁白，口腔无异味。

（2）化妆。所谓化妆，即通过使用美容用品，修饰自己的仪容、美化自我形象的行为。在工作环境和公务礼仪中，职业女性须正确掌握生活淡妆的化妆技巧。生活淡妆又称日妆，用于一般人的日常生活和工作，表现在自然光以及柔和的灯光下，通过恰到好处的渲染，突出面容本来所具有的自然美的一种化妆方法。此类化妆追求的是对面容的轻微修饰与润色，呈现的效果是清淡典雅，自然协调。下面介绍的是关于生活淡妆的一些基本注意事项：

1）眉形。眉毛须在上眼妆之前画好，因为眉毛可以界定眼睛的范围。眉毛无须修整得过于工整老气，也不要改变原来的眉形，维持原来自然的线条即可，重点是拔除眉毛下边眼盖上的杂乱毛发，眉头始于眼头，眉形勿太下垂而造成不愉快的感觉。

2）粉底。脸部肤色修饰是整个化妆的关键。淡妆应选择接近自己肤色，遮盖度适中的粉底，使妆效更自然。因季节变换时肤色会发生变化（冬季肤色较浅，夏季肤色较深），每个人至少应有两种深浅不同的粉底，同时也可以用来修饰脸形。深色粉底会使涂抹部位产生深陷，缩小的效果，而较淡的粉底色用在两颊，其他部分使用浅色粉底，以增加脸部立体感。窄或长脸形，将深色粉底擦在额头和下巴，修饰脸形。以浅色粉底擦在鼻梁中央，深色擦在鼻翼两侧，使鼻子看起来较高挺。

3）眼影。鼻翼、外眼角及眉毛末梢，这三个点通常是在一条线上面，画眼影的重点是眼影应在这条线内画，也就是说，不要超出这条线以下。这是很多人都会犯的错误，画得太下，眼睛看起来有一点忧愁，如果眉毛嫌短，也可以根据这三点成一条直线的原则，补长眉毛。调和颜色种类和明暗度的技巧非常重要，避免一下子擦太多眼影，要一次擦上一点点，慢慢加深。画眼影时，灰色、深色或不发亮的颜色，这些明暗度较低的眼影，可以用来平衡眼部突出的部分，也可以修饰眼睛的形状；白色、淡色、亮色，这些具有较高明暗度的眼影，它们的用途是以对比来强调深陷的部位，或是衬托阴影的部分。例如，要使眼睛深陷，就在整个眼皮上刷上深色眼影，往上晕开，明亮的显光眼影则沿着眉毛下方擦上；若要让眼睛圆一点，则沿着眼皮下陷部位上深色眼影，然后沿着深色眼影擦上明亮的显光眼影。眼影的颜色要从穿着的服装里找出来，若穿着多色彩的服装时，自服装中挑出1~2种颜色，再加一种对比颜色。欲做浅柔的眼部化妆或是较年长者的眼妆，可选择较柔和的对比色或色环中对比色系的旁边色。穿颜色鲜艳服装时，眼影颜色应柔和；穿颜色暗深色的服装时，眼影颜色应活泼。

4）唇部造型与选色。唇部化妆，应先以唇线笔将理想的唇廓描出（注意唇峰的确定），再擦上唇膏。唇膏和指甲油的颜色应与服装、眼影及腮红协调，以同色系为宜，唇形自然，给人明朗愉快的感觉。使用棕红色或褐红色唇膏，极适合日间上班装扮，最能表现出明朗的健康美。

5）腮红。腮红擦在颧骨上方，可以强调颧骨轮廓，有一个不会出错的法子，叫作"微笑的苹果"，只要擦在微笑时，脸颊上出现的苹果形状上就对了。圆形脸腮红拉长有助于平衡脸形；上小下方的梨形脸，由于额头显小，可以拉长腮红修饰；瓜子脸、心形脸及长椭圆形脸，腮红不必拉得太长，以免显得脸太窄。

总之，对于公务活动来讲，从业人员进行化妆的重要意义不仅是为了突出、表现个人，更重要的是对自己的交往对象表示尊重和敬意。通过化妆，对自己的容貌进行必要的修饰，扬长避短，浓淡适宜，整体协调，以便自己光彩照人、精神焕发，从而在公务活动中更加自尊、自爱和自信。

三、言谈指导

（一）语言文明

语言是社会交际的工具，是人们表达意愿、思想感情的媒介和符号。语言也是一个人道德情操、文化素养的反映。在公务活动中，如果能做到言之有礼，谈吐文雅，就会给人留下良好的印象；相反，如果满嘴脏话，甚至恶语伤人，就会令人反感讨厌。

言之有礼，谈吐文雅，主要有以下几层含意：一是态度诚恳、亲切。说话本身是用来向人传递思想感情的，所以，说话时的神态、表情都很重要。说话时态度诚恳和亲切，才能使对方对你说的话产生表里一致的印象。二是用语谦逊、文雅。如称呼对方为"您""先生"或"女士"等；用"贵姓"代替"你姓什么"，用"不新鲜""有异味"代替"发霉""发臭"等。如你在一位陌生人家里做客需要用厕所时，则应说："我可以使用这里的洗手间吗？"多用敬语、谦语和雅语，能体现出一个人的文化素养以及尊重他人的良好品德。三是声音大小要适当，语调应平和沉稳。说话时咬字要清晰，音量要适度，以对方听清楚为准，切忌大声喧哗；语调要平稳，尽量不用或少用语气词，使听者感到亲切自然。

语言文明看似简单，但要真正做到并非易事，需要平时多加学习，加强修养。

（二）言谈的具体要求

1. 说话不失"分寸"。要让自己说话不失"分寸"，除提高文化素养和思想修养外，必须注意以下几点：

（1）说话时要认清自己的身份。任何人在任何场合说话，都有自己的特定身份。这种身份，也就是自己当时的"角色定位"。例如，在自己家里，对子女来说你的身份是父亲或母亲，对父母来说你的身份又变成了儿子或女儿。在单位里，如果用对小孩子说话的语气对领导、同事或自己的服务对象说话就不合适了，就如同在家里，用对小孩子说话的语气对长辈说话一样，是不礼貌和有失"分寸"。

（2）说话要尽量客观。这里指的是尊重事实，实事求是地反映客观实际。有些人喜欢主观臆测，信口开河，这样往往会把事情办糟。当然，客观地反映实际也应视场合、交谈对象而定，注意表达方式。

（3）说话要有善意。所谓善意，就是与人为善。说话的目的，就是要让对方了解自己的思想和感情。俗话说："好话一句三冬暖，恶语伤人恨难消。"在公务交往中，要把握好这个"分寸"，才能与人愉快地交谈。

2. 寒暄与问候。

（1）寒暄，即应酬。寒暄的主要用途，是在人际交往中打破僵局，缩短人际距离，向交谈对象表示自己的敬意，或是借以向对方表示乐于与之结交之意。选用适当的寒暄语，往往会为双方进一步的交谈做好铺垫。反之，在本该与对方寒暄的时刻，若一言不发，则是极其无礼的。当被介绍给他人之后，若只向他点点头，或是只握下手，通常会被理解为不想与之深谈，不愿与之结交。碰上熟人，若视而不见，不置一词，难免显得自己妄自尊大。

在不同时候，适用的寒暄语各有特点。跟初次见面的人寒暄，最标准的说法是："您好""很高兴能认识您""见到您非常荣幸"。比较文雅一些的话，可以说"久仰""幸会"。要想随意一些，可以说："早听说过您的大名""某某人经常跟我谈起您"，或是"我早就拜读过您的大作""我听过您作的报告"，等等。跟熟人寒暄，用语则不妨显得亲切、具体一些，可以说："好久没见了""又见面了""您的气色不错""您的发型真棒""您的小孙女好可爱呀""今天的风真大""上班去吗?"寒暄语不一定具有实质性内容,而且可长可短,需要因人、因时、因地而异,但应删繁就简,带有友好之意,敬重之心,具备简洁、友好与尊重的特征。

(2)问候,即人们在相逢之际打招呼,互问安好。在多数情况下,问候与寒暄二者应用的情景都比较相似,都是作为交谈的"开场白"。从这个意义上讲,二者之间的界限常常难以确定。问候多见于熟人之间打招呼,问候语也具有非常鲜明的民俗性、地域性的特征。西方人爱说:"嗨!",中国人则爱问:"去哪儿?""忙什么?""身体怎么样?""家人都好吧?"……为了避免误解,统一而规范的公务问候应以"您好""忙吗"为问候语,不要使用牵涉到个人私生活、个人禁忌等方面的话语。

3. 称赞与感谢。什么样的人最招人喜欢?懂得赞美别人的人最招人喜欢。什么样的人最有礼貌?得到他人帮助后,知道及时表示感谢的人最有礼貌。称赞与感谢,都有一定的技巧。如不认真学习和遵守,自行其是,不但可能会显得虚伪,而且还可能会词不达意,招致误解。

(1)赞美别人,应有感而发,诚挚中肯。因为它与拍马屁、阿谀奉承,终究是有所区别的。

1)赞美别人的第一要则——要实事求是,切忌虚情假意,乱给别人戴高帽子。夸奖一位不到40岁的女士"显得真年轻",还说得过去。要用它来恭维一位气色不佳的80岁的老太太,就显得过于做作了。离开真诚二字,赞美将毫无意义。

2)赞美别人的第二要则——需要因人而异。男士喜欢别人称赞他幽默风趣,很有风度;女士渴望别人夸自己年轻、漂亮;老年人乐于别人欣赏自己知识丰富,身体保养得好;孩子们爱听别人表扬自己聪明、懂事。适当地道出他人内心之中渴望获得的赞赏,各得其所,善莫大焉。这种"理解"最受欢迎。

3)赞美别人的第三要则——话要说得自然,不露痕迹,不要听起来过于生硬,更不能"一视同仁,千篇一律"。当着一位先生的面夸赞他的夫人,如果知道这位先生的领带是其夫人选定的,夸上一句:"某先生,您这条领带真棒!"就会产生截然不同的"收益"。在人际交往中还应注意,不要"老王卖瓜,自卖自夸",应当少夸奖自己,多赞美别人。

(2)感谢他人。"谢谢",虽然只有两个字,但如运用得当,却会让人觉得意境深远,魅力无穷。

在他人给予自己关心、照顾、支持、鼓励与帮助时,表示必要的感谢,不仅是公务活动中应当具备的教养,也是对对方为自己的"付出"给予的最直接的肯定。这种做法,不是虚情假意、可有可无的,而是必需的。在这方面不宜"讷于言而敏于行"，以使对方感到伤感、失望和深深的抱怨。感谢，也是一种赞美！对它运用得当，可以表示对他人的恩惠领情不忘，知恩图报。在人际交往或公务活动中，需要我们对他人说一声"谢谢"的情况非常多：得到他人夸奖的时候，应当说"谢谢"，这既是礼貌，也是一种自信；旁人称赞自己的衣服很漂亮时，说声"谢谢"最得体；获赠礼物与受到款待时，也要郑重其事地道谢；得到领导、同事、朋友、邻居们的关照后，一定要当面说一声"谢谢"；在公共场合，得到了陌生人的帮助，也应该当即致以谢意。

在具体操作中，感谢他人有一些常规可以遵循：

（1）在方式方法上，包括口头道谢、书面道谢、托人道谢、打电话道谢。一般来讲，当面口头道谢效果最佳。专门写信道谢，如获赠礼物、赴宴后这样做，也有很好的效果。打电话道谢，时效性强一些，且不易受干扰。相比之下，托人道谢，效果会差一些。

（2）在场合方面，有些应酬性的感谢可当众表达。表示感谢时，通常应当加上被感谢者的称呼，如"马小姐，我专门来跟您说声'谢谢'""许总，多谢了"。越是这样，显得越是正式。表示感谢，有时还有必要顺便提下致谢的理由，如"易先生，谢谢您上次在制作广告方面给予我的帮助"，免得对方感到茫然不知所措。

总之，表示感谢，最重要的莫过于要真心实意。为使被感谢者体验这一点，务必要做得认真、诚恳、大方。话要说清楚，字要说清晰；表情要加以配合，要正视对方双目，面带微笑。必要时，还须与对方握手致意。

4. 争执与辩论。在公务交往中，特别是在某些正式的场合，难免会出现为了单位利益同交往对象针锋相对的场面。这也是人们所说的争执与辩论，通常它也称争辩。一般来说，为大事应当进行争辩，并且应当据理力争；为小事则宜求同存异，不必非"争"不可。

（1）争辩须知。即使是势在必行，在进行必要的争辩时，也须先礼后兵，礼让三分。公务礼仪要求，在进行争辩时，应考虑的头等大事，是它有没有实际意义。为此，须静思三个细节性问题：一是自己争辩胜利后，对自己是利大还是弊大？不妨"两利相权取其大，两害相权取其轻"；二是自己争辩的欲望，是出自理智抑或情感，若为情感而冲冠一怒，则毫无必要；三是自己对争辩对手有无敌意或成见，如果有，则务必克制、冷静。在进行争辩时，应当切记对事不对人，勿忘常存敬人之心。争辩不是争吵，在争执辩论的过程中，依旧要文明礼貌，始终如一地尊重交往对象，维护其自尊心，对对方口下留情，常存理解与同情之心。争辩之中，应当做到有备而来，慎重应战，掌握一定的技巧，做好充分的准备。

（2）争辩方法。在争辩时，可以先声夺人，也可以后发制人。但不论"出场"先后，都应在阐述自己的观点时，注意以下三点：一是语气要自然、果断，这是维护自尊与自信的需要。有理不在言高，"发言"快慢相间，舒缓有致，便不怒而威。二是说理要简单、明了，没有必要东拉西扯，高谈阔论，用简单的话将复杂的道理讲清楚。三是要多摆事实，以"例"服人。在争辩中，"摆事实，讲道理"，常被联系到一块儿，实在是大有道理的。首先，证明对手的论据是不真实、不准确、不能够支持其论点的。其次，证明对手的思路，即论证的过程，有失偏颇，存在漏洞。再次，证明对方的观点有百害而无一益，或者至少是害大于益。最后，通过举例对比，说服对方。

5. 规劝与批评。规劝，即在交谈中对他人郑重其事地加以劝告，劝说其改变立场，改正错误。批评是对他人的缺点提出意见。规劝与批评都是至交与诤友所为。遇事而进言，乃友人之本分。指出他人的缺点与错误，找出其薄弱环节，意在使之今后扬长避短，更好地为人处世。这是对"过失者"最大的关心，最大的爱护，也是对其最负责任的表现。

在公务活动中，在规劝与批评他人时，应注意以下几点：

（1）表达要温言细语，勿失尊重。有人笃信"良言苦口利于病，忠言逆耳利于行"之说，在批评规劝时，什么话难听，就非跟人家说这些话不可。经常一开头，就让被批评者心不服、气不顺，产生逆反心理，拒绝进行合作。甚至有的被批评者"奋起反击"，结果双方势同水火，反目成仇。这种情况的发生，关键在于批评者开"苦口"的方法不得当。人都需要被尊重，在批评规劝他人时也别忘了这一点。在批评规劝他人时，完全可以把同一种意思表达得中听一些。别忘记，良药未必都要"苦口"，忠言也不一定非得"逆耳"。把规劝批评别人的话讲得动听些，利己又利人，何乐而不为呢？

（2）尽可能不要当众规劝批评别人。当众批评规劝别人，难免会让其自尊心备受伤害。当着部下的面训斥一名部门经理，当着孩子的面批评他的父亲，都会让后者长时间地"抬不起头来"，或许还会因此而对批评者心存怨恨。除非绝对必要，不要在会议上、写字间内当众批评他人。如果有条件，可找对方单独交谈，而不要在他人面前交谈，哪怕规劝批评的话语说得重一些，也易于被对方接受。还须说明的是，在外人面前规劝同事、批评下属，有时会有"借题发挥""指桑骂槐"之嫌。

（3）规劝与批评需要一分为二。美国著名公关专家卡耐基曾说："当我们听到别人对我们的某些长处表示赞赏后，再听到他的批评，我们心里时常就好受得多。"

规劝批评别人时，先肯定，后否定，在肯定的基础上局部地否定，既顾全了被批评者的自尊心，又往往使之有台阶下，是一种很好的办法。如批评他人之前，先进行一番自我批评；在批评下属前，自己先承担一定责任；规劝年轻人时，表示自己当初也曾"年轻过"。这种方法比起标榜自己"一贯正确"，往往更容易被他人接受。

6. 拒绝与道歉。拒绝，就是不接受。从语言方面来说，拒绝既可能是不接受他人的建议、意见或批评，也可能是不接受他人的恩惠或赠予的礼品。从本质上讲，拒绝即对他人意愿或行为的间接性否定。

在公务交往中，有时尽管拒绝他人会使双方一时有些尴尬难堪，但需要拒绝时，就应将此意以适当的形式表达出来。通常，拒绝应当机立断，不可含含糊糊，态度暧昧。别人求助于自己，而这个忙不能帮时，就该当场说明。当时拍了胸脯，此后却一拖再拖，东躲西藏，最后才说没办法，既误事，又害人。

从语言技巧上说，拒绝有直接拒绝、婉言拒绝、沉默拒绝、回避拒绝四种方式：

（1）直接拒绝。就是将拒绝之意当场讲明。采取此方式重点的是应当避免态度生硬。一般情况下，直接拒绝别人，需要把拒绝的原因讲明白，也可向对方表达自己的谢意，或为之向对方致歉。如有外商在商务交往中送了现金，按规定不能接受，不妨采用婉转的语气来拒绝馈赠，可以说："某先生，非常感谢您的美意，但我公司规定，在商务活动中不能接受他人赠送的礼金。对不起，您的钱我不能收。"这样对方就不好强人所难了。

（2）婉言拒绝。就是用温和婉转的语言表达拒绝之意。与直接拒绝相比，这种方式更容易被接受。因为在更大程度上，顾全了被拒绝者的尊严。如一位男士送昂贵的礼品给一位关系一般的小姐，这非同寻常。可以婉言相拒，说："它太贵重了。如果我需要的话，会让我男朋友买给我，这个留着送你女朋友吧。"这么说，既暗示了自己已经"名花有主"又提醒了对方要注意分寸。

（3）沉默拒绝。就是在面对难以回答的问题时，暂时中止"发言"。当他人的问题很棘手甚至具有挑衅、侮辱的意思时，不妨以静制动，一言不发，静观其变。这种不说"不"字的拒绝，所表达出的无可奉告之意，常常会产生极强的心理上的威慑力，令对方不得不在这一问题上"遁去"。

（4）回避拒绝。就是避实就虚，对对方不说"是"，也不说"否"，只是搁置此事，转而议论其他事情。遇上他人过分的要求或难答的问题时，均可采用此方式。

有道是"知错就改"，人不怕犯错误，却怕不承认过失，明知故犯。在人际交往中，倘若自己的言行有失礼不当之处，或是打扰、麻烦、妨碍了别人，就要及时向对方道歉。如因为不了解实际情况，而当众错怪了部下，就应当胸襟坦荡一些，在确定自己错了之后，应当马上以适当的方式向部下真心实意地道歉，这样才会被原谅。道歉可以冰释前嫌，消除他人对自己的厌恶感，也可以防患于未然，为自己留住知己，赢得朋友。

7. 细节。

避免使用礼貌忌语以及易引起他人误解和不快的语言。礼貌忌语如粗话脏话，必须坚决杜绝。在交谈时还要注意回避对方忌讳的话题，以免引起误会，如不干涉对方的私生活，不询问对方单位的机密事宜等。在探望病人时，应说些宽慰的话，如"你的精神不错""你的气色比前几天好多了"等。在日常生活中，如遇到矛盾冲突时，应冷静处置，不用指责的语言，多用谅解的语言。

四、行为指导

行为举止在心理学上称为"形体语言"，是指人的肢体动作，包括面部表情、手势、坐姿、站姿、走姿等，是风度的具体体现。形体语言被视为无声的语言、第二语言或副语言，它真实地反映了一个人的素质、受教育的水平及能够被人信任的程度。对于从业人员来说，遵守行为举止的礼仪规范，关键是文明、高雅、敬人、有度。

（一）正确使用体态语言

1. 眉毛。眉毛是表达人们丰富情感的器官之一。如眉毛舒展，表示愉快；眉头紧锁，表示遇到麻烦或表示反对；眉梢上扬，表示疑惑、询问；眉尖上耸，表示惊讶；竖起眉毛，表示生气。

2. 眼睛。眼睛是人体传递信息最有效的器官。在公务活动中，目光正视对方的两眼与嘴部三角区，表示对对方的尊重。但凝视的时间不能超过 4~5 s，因为长时间凝视对方，会让对方感到紧张、难堪，也是极不礼貌的。如果面对熟人、朋友、同事，可以用从容的眼光来表达问候、征求意见，这时目光可以多停留一些时间。切忌目光迅速移开，不要给人留下冷漠、傲慢的印象。

3. 嘴巴。嘴巴可以表达生动多变的感情。如紧闭双唇，嘴角微微后缩，表示严肃或专心致志；嘴巴张开成○形，表示惊讶；噘起双唇，表示不高兴；撇撇嘴，表示轻蔑或讨厌；咂咂嘴，表示赞叹或惋惜。

4. 手势。人们在交往时，手势是语言最好的辅助，如跷起拇指或鼓掌表示钦佩、赞扬；连连摆手表示反对；握紧拳头表示愤怒、焦急；招手表示叫人过来；挥手表示再见或请人走开；挠头表示困惑，用力挥手或拍额头表示恍然大悟。

（二）明了手势规范

在表达感情时，脸部和手脚的动作总是密切配合的，因此我们在公务活动中既要学会察言观色，又要善于利用体态语言表达情感。通常情况下，手势的运用要注意以下三点。

1. 合乎标准和惯例。不同手势表达不同的含义，要注意不同国家、不同地区、不同民族的区域性差异，由于文化习俗的不同，手势的含意也有很大差别，甚至同一手势表达的含义也不相同。

（1）跷起拇指。一般都表示顺利或夸奖别人（但要注意例外）。与别人谈话时将拇指翘起来反向指向第三者，是对第三者的嘲讽；指向自己的胸部或鼻尖，则有自高自大、不可一世之意。

（2）鼓掌示意。表示欢迎、祝贺和支持。对于公务活动而言不宜使用"鼓倒掌"。

（3）"OK"手势。拇指、食指相接成环形，其余三指伸直，掌心向外。通常表示"同意""顺利""很好"的意思（要注意例外）。

（4）V形手势。这种手势通常情况下表示"胜利"。但如果掌心向内，就变成了侮辱人的手势。

（5）挥手。挥动举起的手臂，是见面或告别时的礼节，也是感动、兴奋、激动的表示。挥手一般应用在人多拥挤或相距较远的场合。作为礼节的挥手，一般是举起右手轻轻地左右摇摆，要面带微笑地迎着对方，不可左顾右盼。年轻者和身份低者不宜主动向年长者和身份高者行挥手礼，只有当对方首先向你挥手示意，而你又无法立即来到他们的面前时，才能挥手还礼。以挥手表达自己的心情时，可根据心情的激动情况挥动一只手或者是两只手。

（6）握手。握手是人们见面和离别时的礼节，也是友好、祝贺、感谢、鼓励的表示。握手时，要面带笑容，眼睛凝视对方，身体微微前倾，伸右手与对方右手相握，时间3~5 s即可，表现得友好、诚恳、重视。一般来说，主人、年长者、身份高者、女士先伸手时，才可伸手去握。男士同女士握手时只需轻轻握住手指部分，不可长时间或用力。握手时，不可戴手套（女士除外），不可将另一只手插在口袋里，不可坐着，不可东张西望，不可敷衍了事。如果是服务人员，通常不要主动伸手和服务对象相握。

（7）双手抱头。很多人喜欢用单手或双手抱在脑后，这一体态的本意是放松。但在别人，特别是在服务对象面前，这种行为会给人一种目中无人的感觉。

（8）手插口袋。在工作中，通常不允许把一只手或双手插在口袋里。这种表现，会让人觉得你在工作上不尽力，忙里偷闲。

2. 手势宜少不宜多。在公务场合，从业人员需表现出精明强干、含蓄稳重、处变不惊，虽然可以运用一些得体的手势来增强表达能力，但总的来说还是少用手势为妙。

3. 避免出现的手势。在公务活动中，有些手势会让人反感，严重影响形象。如当众挠头皮、掏耳朵、抠鼻子、咬指甲、挖眼屎、剔牙齿、抓痒痒、摸脚丫等，均是极不卫生的手势。而在大庭广众之下，双手乱动或是抡胳膊、抱大腿、拢脑袋、用手指在桌上乱写乱画等都是禁止使用的手势。在别人面前把两只手背在背后、把一只手插进衣袋或手夹香烟、双手插袋、勾动手指招人、对别人指指点点都是十分失礼的。

（三）关于体位的礼仪规范

1. 站姿。优美的站姿能衬托出一个人的气质和风度。站姿的基本要求是挺直、舒展、线条优美、精神焕发。标准的站姿会使人看起来稳重、大方、俊美、挺拔。

（1）不同场景的站姿要求。

1）庄严的场合。在升国旗、奏国歌、接受奖品、接受接见等庄严的场合，必须采取"肃立"的姿势。"肃立"类似标准站立姿态，但神情严肃，中途不能乱动。眼睛可以随物慢慢移动，或目视有关人员。在类似场合，站姿一定要规范。站累了的时候，单腿可以后撤半步，身体重心可以前后移动，但双腿必须保持直立。

2）演讲时。为减少身体因较长时间对腿产生的压力，可以用双手支撑在讲台上，两腿轮流放松。

3）门迎、侍应时。双腿可平分站立，双手可以是前握式，右手在上（男士左手在上）握住另一只手手背，垂放于腹前并稍微上提，注意肩膀向后打开，保持良好的精神状态；也可以是手背式，两手背后交叉，右手放到左手的掌心上，但要注意收腹。

4）礼仪小姐。比门迎、侍应要更趋向艺术化，双腿不能分开站，一般可以采用立正的姿势或者丁字步。重心可以放在前面的左脚上，也可以同时放在左右腿上，要始终保持双肩后开。双手端拿物品时，上手臂不应张开，而应靠近身体两侧，但不必夹紧，不宜翘起兰花指，以免有做作之嫌。下颌微收，面部肌肉松弛，略含微笑，给人以优美亲切的感觉。

（2）应避免的站姿。两脚分叉分得太大，两腿交叉而站，一个肩高一个肩低，松腹、含胸、屈膝，脚在地上不停地画弧线，双腿交叉斜靠在马路旁的树干、招牌、墙壁或栏杆上，和别人勾肩搭背地站着。

（3）良好站姿的练习。站，实际是坐和行的基础，也是最基本的体位姿势，所以显得非常重要。练习良好站姿，其要领是把握好平、直、高。

1）平。头和两个肩膀摆平摆正，两眼平视。最好经常通过镜子来观察、纠正和掌握。

2）直。腰直、腿直，后脑勺、背、臀、脚后跟成一条直线。可以靠墙壁站立，后脑勺靠墙，下巴自然微收；腿膝尽可能绷直，往墙壁贴靠；脚后跟顶住墙，把手塞到腰与墙之间，如果刚好能塞进去就可以了；如果空间太大，可把手放在背后，弯下腿，慢慢蹲下去，蹲到一半时，多余的空间就会消失，然后再站直，体会正确直立的感觉。

3）高。重心上拔，尽可能使人显得高挑。练习方法是挺胸收腹，脖子向上拉直。在墙上吊一个物体，每当挺直上拔时，头顶刚好能碰到。

只要按照上面的要领反复练习，平时再注意点，形成习惯，就一定会有一个良好的站立姿态。

2. 走姿。走姿是站姿的延续动作，是指人们在行走过程中形成的姿势。无论是在日常生活中还是在公务场合，走姿往往是最引人注目的身体语言，也最能表现一个人的风度和活力。

（1）走姿的基本要求。走路时上身基本保持站立的标准姿势，挺胸收腹，腰背笔直；两臂自然下垂，以身体为中心，前后自然摆动。前摆约35°，后摆约15°，手掌朝向体内；起步时身子稍向前倾，重心落在前脚掌，膝盖伸直；脚尖向正前方伸出，行走时双脚踩在一条线上为佳（所谓猫步）。头要抬起，目光平视前方。上身挺拔，腿部伸直，腰部放松，脚步要轻并且富有弹性和节奏感。女士还要步履匀称、轻盈、端庄、文雅，以显温柔之美。

（2）特殊情况下的走姿要求。

1）陪同引导。在陪同引导对方时，应注意方位、速度以及对被陪同人员的关照等，如双方并排行走时，陪同引导人员应居于左侧。如果双方单行行走时，要居于左前方1 m左右的位置。当被陪同人员不熟悉行进方向时，陪同人员应该走在前面、外侧，行走的速度要考虑到和对方相协调，不可以走得太快或太慢。要处处以对方为中心，在经过拐角、楼梯或道路坎坷、照明条件欠佳的地方，都要提醒对方留意。同时注意在请对方开始行走时,要面向对方,稍微欠身;在行进中和对方交谈或答复提问时,头部和上身要转向对方。

2) 上下楼梯。楼梯上的来往人员很多,所以不要停在楼梯上休息或站在楼梯上和人交谈。上下楼梯、自动扶梯的时候,坚持"右上右下"原则,不要并排行走,不要和别人抢行,注意礼让。如果是陪同客人上下楼,客人熟悉路线时,客人在前,陪同在后;客人不熟悉路线时,陪同在前,客人在后。

3) 进出电梯。如果电梯无人驾驶,工作人员须"先进后出",以方便控制电梯;如果电梯有人驾驶,工作人员应当"后进后出"。在乘电梯时如碰到不相识的客人,要以礼相待,请对方"先进先出"。进出电梯时,应该侧身而行,免得碰撞别人。进入电梯后,要尽量站在里面。人多的话,最好面向内侧,或与别人侧身相向。下电梯前,应该提前换到电梯门口。

4) 进出房门。第一,进入房间前要先通报。轻轻叩门或按铃,向房内的人进行通报。第二,出入房门,务必用手开门或关门,并且始终面向对方。第三,和别人一起先后出入房门时,为了表示礼貌,应当请对方先进门、先出门。第四,当陪同引导别人时,还有义务在出入房门时替对方拉门或是推门,在拉门或推门后要使自己处于门后或门边,以方便别人的进出。

(3) 特定场景的走姿。

1) 走进会场、走向话筒、迎向宾客时,步伐要稳健、大方。

2) 进入办公区、拜访别人时,脚步应轻而稳。

3) 办事联络时,步伐要快捷、稳重,以体现效率、干练。

4) 参观展览、探望病人时,脚步应轻而柔,不要出声响。

5) 参加喜庆活动时,步态应轻盈、欢快、有跳跃感。

6) 参加吊丧活动时,步态要缓慢、沉重。

(4) 细节。关于走姿的练习,可以试着将一本书放在头顶,放稳后,将双手放在身体两侧,用前脚慢慢地从基本站立姿势起步走。这样虽有点不自然,但却是一种很有效的方法。走路时要摆动大腿关节部位,而不是膝关节,这样才能使步态轻捷矫健。

3. 坐姿。坐姿,即人在就座之后呈现的姿势。优雅的坐姿传递着自信、友好、热情的信息,同时也显示出高雅庄重的良好风范。在公务礼仪中,正确的坐姿一般要兼顾深浅、角度、舒展三个方面的问题。

(1) 入座的基本要求。

1) 在别人之后入座。出于礼貌,和客人一起入座或同时入座时,要先请对方入座,自己不要抢先入座。

2)从座位左侧入座。如果条件允许,在就座时最好从座椅的左侧入座。这样做是一种礼貌,而且也容易就座。

3)向周围的人致意。就座时,如果附近坐着熟人,应该主动打招呼。即使不认识,也应该先点点头。在公共场合,要想坐在别人身旁,须征得对方的允许。

4)以背部接近座椅。在别人面前就座,得体的做法是:先侧身走近座椅,背对着站立,右腿后退一点,以小腿确认一下座椅的位置,然后随势坐下。必要时,用一只手扶着座椅的把手坐下。

(2)离座的基本要求。

1)事先说明。离开座椅时,如果有人坐在身边,应该用语言或动作向对方先示意,随后再站起身来。

2)注意先后。和别人同时离座时,要注意起身的先后次序。辈分或职位高的先离座,双方身份相似时,可以同时起身离座。

3)起身缓慢。起身离座时,动作要轻缓,不要弄响座椅,或将座椅垫、椅罩等弄掉在地上。

4)从左侧离开。离座起身后,应该从左侧离座。

(3)入座后的姿势。入座后,坐姿要优雅舒适,女士坐姿示意图如图2-14所示。

图2-14 女士坐姿示意图

1)双脚内收式。适用于一般场合,男女都适合。要求是:两条大腿首先并拢,双膝可以略为打开,两条小腿可以在稍许分开后向内侧屈回,双脚脚掌着地。

2)双腿叠放式。适合穿短裙的女士采用。要求是:将双腿一上一下交叠在一起,交叠后的两腿间没有任何缝隙,犹如一条直线。双脚斜放在左右一侧。斜放后的腿部与地面成45°角，叠放在上的脚的脚尖垂向地面。

3）前伸后屈式。女性适用的一种坐姿。要求是：大腿并紧后，向前伸出一条腿，并将另一条腿屈后，两脚脚掌着地，双脚前后要保持在一条直线上。

4）"正襟危坐"式。适用于最正规的场合。要求是：上身和大腿、大腿和小腿，都应当形成直角，小腿垂直于地面。双膝、双脚包括双脚的根部，都要完全并拢。

5）双脚交叉式。适用于各种场合，男女都可选用。双膝并拢，双脚在踝部交叉。需要注意的是，交叉后的双脚可以内收，也可以斜放，但不要向前方远远地直伸出去。

6）垂腿开膝式。多为男性所用，适用于比较正规的场合。要求是：上身和大腿、大腿和小腿都成直角，小腿垂直于地面。双膝允许分开，分的幅度不超过肩宽。男士坐姿示意图如图2-15所示。

图2-15　男士坐姿示意图

7）坐好后，上身的姿势也很重要，须注意：

①头部位置要端正。不要出现仰头、低头、歪头、扭头等情况。整个头部应当如同一条直线一样，和地面相垂直。与别人交谈和回答别人问题时，须抬起头，面向正前方，或面部侧向对方。

②身体直立。坐好后，身体也要端端正正。一是椅背的倚靠。倚靠主要是用来休息，所以因工作需要而就座时，上身不应当完全倚靠着座椅的背部，最好一点都不倚靠。二是椅面的占用。在尊长面前，最好不要坐满椅面，坐好后占椅面的3/4左右，最合乎礼节。三是身体的朝向。交谈的时候，为表示重视，不仅应面向对方，同时应将整个上身朝向对方。

③手臂的摆放。入座后，手臂的正确摆放位置主要有五种：一是放在两条大腿上。双手各自扶在一条大腿上，也可以双手叠放或相握后放在两条大腿上。二是放

在一条大腿上。侧身和人交谈时,通常要将双手叠放或相握地放在自己所侧一方的大腿上。三是放在皮包文件上。当穿短裙的女士面对男士而坐,身前又没有屏障时,可以把自己随身携带的皮包或文件放在并拢的大腿上。随后,将双手放在上面。四是放在身前桌子上。双手平扶着桌子边沿,或双手相握置于桌上。五是放在椅子扶手上。正身而坐时,将双手分别放在两侧扶手上。侧身而坐时,将双手叠放或相握后,放在侧身一侧的扶手上。

(4) 不同场合的坐姿。

1) 比较轻松、随意的场合,可以坐得比较舒展、自由。

2) 谈话、谈判、会谈时,一般比较严肃,适合"正襟危坐"。要求上身挺直,臀尖落座在椅子的中部,双手放在桌上,或将一只手放在扶手上。

3) 女士在社交场合,为了使坐姿更优美,可以采用略侧向的坐法,头和身子朝向对方。注意在落座时,应把裙子向腿下理好、掖好,以免不雅。

4) 倾听他人教导、指示时,对方是尊者、贵客,坐姿除要端正外,还应坐在椅座的前半部或边缘,身体稍向前倾,对对方表现出一种积极、重视的态度。

(5) 禁忌的坐姿。在别人面前落座时,一定要遵守律己敬人的基本规定,不要采用犯规的坐姿,如双腿叉开过大,将一条小腿架在另一条大腿上,双腿直伸出去,将腿放在桌椅上,抖腿,脚尖指向他人,脚蹬踏他物,用脚脱鞋袜,手乱放等,都是非常失礼的行为。

第六章
办公礼仪

办公礼仪，通常是指从业人员在执行公务或俗称"上班"时间内，应遵守的基本礼仪规范。规范办公礼仪的目的，是树立单位良好形象，促使工作人员勤勉工作，提高工作效率，更好地履行工作职责。与其他方面的礼仪相比，办公礼仪是公务礼仪的核心内容，是每一名工作人员都必须认真掌握的十分重要的礼仪规范。

第一节 工作礼仪

工作既是为了生活，也是为社会做贡献。职场中每个人都希望在一个舒适、宽松的环境里工作，而这种环境要靠所有工作人员共同努力创造和维护。因此，每个人都应该遵守工作礼仪。具体而言，就是遵循服饰美、语言美、交际美、行为美的基本要求。

一、服饰美

在工作中，从业人员的穿着打扮是不宜随心所欲的。服饰美，便是对从业人员服饰要求的具体规范，主要包括以下几点。

（一）服饰整洁

1. 忌脏——服饰上不允许有异物、异味。

2. 忌破——必须及时修补和更换残破服饰，修补过的服饰最好不露痕迹。

3. 忌皱——服饰应及时熨烫后再穿，不宜出现较多的皱褶。

4. 忌乱——乱穿、乱戴（装饰品）、乱搭配（配饰、花色等）的服饰会显得杂乱无章，不宜穿戴上岗。

（二）服饰美观

1. 色彩要少——最多不超过三色。通常应力求庄重、素雅而大方，花色不要过于鲜艳抢眼。

2. 质地要好——忌穿劣质低档面料的服饰上岗。

3. 款式要优雅——忌穿款式过于前卫、招摇或与工作场合不相适宜的服饰上岗。

4. 做工要精——虽不一定要选高档名牌货，但也不能出掉线、漏缝、脱扣等洋相。

（三）服饰雅致

1. 忌炫耀——不要佩戴高档珠宝、数量过多的金银首饰上岗。在款式上不要过分奇特，也不应在搭配上过于特殊。

2. 忌暴露——工作场合，不允许穿着过分暴露或可透视到内衣的服饰。特别是女性，胸、肩、背、腰、脚趾、脚跟不可外露。

3. 忌短——衣着过分肥大或短小，都是不得体的。在庄重严肃的场合，不允许穿西装短裤、超短裙等过"短"的服装。

4. 忌紧身——应避免使自己的正装过于紧身或穿紧身衣上岗。

二、语言美

语言是工作中使用的基本工具之一，从业人员既要重视自己"说什么"，又要重视自己"怎么说"，也就是语言的具体内容和具体表达方式。具体规范主要包括以下几点：

（一）正确运用礼貌语和文明语

问候、请托、感谢、道歉及道别时使用礼貌语。工作中使用普通话和文雅词，语气要热情、和蔼、友善、耐心和平等。

(二) 正确选择谈话内容

谈话的内容是关系到交谈成败的决定性因素。基层工作人员所选择的交谈内容，往往被视为个人品位、志趣、教养和阅历的集中体现。交谈内容的选择应当遵守一定的原则和要求。不发牢骚，不对他人评头论足，不谈论个人薪金，不打听和探究别人隐私，不在上班时间聚众闲聊，如遇到爱在背后议论者应笑而不答。

(三) 语义明确

1. 发音要标准，吐字要清晰。交谈时要让对方听清自己的话，忌用方言、俚语，而应以普通话作为正式标准用语。

2. 所说之话要含义明确。不可产生歧义，模棱两可，以免产生不必要的误会。

三、交际美

交际美，即妥善地协调自己的各种人际关系，高度重视自己的每位交往对象，得以内求团结，外求发展。具体规范主要包括以下几点：

(一) 内部交际

内部交际，即本单位、本部门的各种人际关系。进行内部交际时，应当讲究团结，严于律己，宽以待人，并且善于协调各种不同性质的人际关系。

1. 与上级的交往。从业人员在工作中应处理好自己与上级的关系。一是要服从上级，恪守本分；二是要维护上级的威信，讲究方式，体谅上级；三是要尊重上级，支持上级，注意小节。

2. 与下级的交往。与下级进行交往时，切不可居高临下，虚张声势。一是要善于"礼贤下士"，尊重下级，努力做到知人善任、言而有信和宽宏大量；二是要善于体谅下级，关心支持下级，重视双方的沟通，为下级提供发展舞台。

3. 与平级的交往。处理与平级同事的人际关系，一是要相互团结，不搞小团体，彼此尊重、以诚相待，不揭短、不揭隐私、不议是非；二是要相互配合，不讽刺挖苦、彼此拆台；三是要一视同仁，同事间提倡平等相待，切忌意气用事，过分亲密或过分疏远。

(二) 外部交际

外部交际，即与本单位以外的人士进行交往应酬。进行外部交际时，既要与人为善，广结善缘，努力扩大自己的交际面，又要维护好单位与个人的形象。

1. 与来本单位公干或私访的人交往。一是要待人热诚，不允许冷言冷语；二是要主动服务，不允许漠不关心；三是要不厌其烦，不允许缺乏耐心；四是要一视同仁，不允许亲疏有别。

2. 与社会各界人士的交往。一是要掌握分寸，防止表现失当；二是要公私有别，防止假公济私；三是要远离财色，防止腐败变质；四是要正视权力，防止权钱交易；五是要广交朋友，防止拉帮结派。

四、行为美

行为美，即在实际工作中做到勤勉工作、爱岗敬业、忠于职守、一心一意做好本职工作。具体规范主要包括以下几点：

（一）忠于职守

1. 具有岗位意识。热爱本职工作，坚守工作岗位。吃苦耐劳，勤奋努力。

2. 具有责任意识。按照职责分工，主动负责，尽职尽责，努力工作，不诿过给同事，不敷衍了事。

3. 具有时间意识。自觉遵守法定作息时间，工作时做到人到心到，精神饱满。坚持准时上下班，不迟到、不早退，更不能旷工、怠工、磨洋工。

（二）钻研技术

1. 精通专业。干一行通一行，争取成为本职工作的行家里手、专业尖子、技术能手。

2. 掌握现代知识。要开阔视野，除干好本职工作外，重视知识更新，坚持与时俱进，努力学习新知识新技术。

第二节 电话礼仪

现代社会是一个信息社会，电话是当前社会生活中最普及的信息传递工具之一，更是各级各类企事业单位使用最频繁的通信工具。然而，使用电话进行沟通，不仅仅是信息传递的过程，它还在很大程度上体现着通话者的个人修养和工作态度，进而反映出本单位、本部门的整体形象。因此，每位工作人员在接打电话时都应遵守和掌握一定的礼仪规范，即电话礼仪。

一、接听和拨打电话的礼节

电话礼仪主要涉及通话时间、通话长度、通话内容、通话过程等诸方面的内容。接打电话时应注意细节,如说话的声音、表达方式、接听技巧等。

(一) 接听电话的礼节

1. 接听电话要及时。铃响三声后接,既不宜早接——对方尚未准备好,也不宜晚接——有怠慢之嫌。电话接通后,应说:"您好,这里是×××单位,我是×××,请问您有什么事?"终止通话时,须先说一声"再见"。

2. 不因人而改变通话语气。不要因为对方的身份而改变自己的通话语气,应该自始至终使用亲切平和的声音平等待人。

3. 如果对方指明的接话对象正在会议中,勿将电话转接至会场。如果指定的通话对象正在参加会议,不要将电话转接到会场中。可以将电话内容全部据实记录下来,一般等会议完毕之后再转交。特殊紧急情况除外。

4. 认真记录电话内容。掌握5W1H技巧,即When何时,Who何人,Where何地,What何事,Why为什么,How如何进行。电话记录要既简洁又完备。

5. 不同时接听两个电话。在接听公务电话的同时,常常会遇到手机来电话的情况,如果同时拿起两个电话讲话,很容易造成声音互相交错,结果两边都无法听清楚。因此,遇到这种情况时应该选择先接听更重要的电话。

6. 如电话中断,不宜去做其他事,应该稍等片刻。一般情况下,对方会在短时间内重拨过来。

7. 挂电话前的礼貌。通话结束前,说一声"再见",再挂电话,不可只管自己讲完就挂断电话。

(二) 拨打电话的礼节

1. 择时通话。通常上午8:30—11:30、下午3:00—4:30是所有单位的"黄金"时段,打电话的时段应该尽量选择在这些有效时间段。一般避开临近下班的时间,公务电话应尽量打到对方单位,若确有必要往对方家里打时,应注意避开吃饭或休息时间。

2. 通话语。通话前先通报自己的姓名、身份,如"您好,我是×××单位的×××,我找贵单位的×××"。必要时,应询问对方是否方便,在对方方便接听电话的情况下再开始交谈。如果打错了电话,要向对方说:"对不起,打错了""打扰您了"

等，切勿直接挂断电话，不作任何解释。

3. 通话中途如果中断了，要主动打过去并且道歉。一般来说，无论什么原因电话中断，主动打电话的一方应负责重拨。

4. "通话3分钟原则"。国际上有"通话3分钟原则"，即一次通话的时间应该控制在3 min以内。通话时间要简短，长话短说，废话不说。做到"事先准备，简明扼要，适可而止"。说话时含含糊糊、口齿不清楚，很容易让通话对象感到不耐烦。尤其需要注意的是，不要在通话的同时，嘴里含着食物或其他东西。

5. 通话完毕时应道"再见"。结束电话交谈时，通常由打电话的一方提出，然后彼此客气地道别。要等对方挂断电话之后，发话人再放下话筒，并且话筒应该轻放。

（三）使用移动电话的礼节

1. 公务场合一般只提供办公室座机号码。最好不要问对方住宅座机或手机号码。

2. 不制造噪声。工作场合或进入公共场合时，应自觉将手机响铃方式改为振动模式。

二、接打电话的细节

（一）用语要规范

打电话时要说普通话，语调要平静柔和，发音要清晰，吐字要准确，话筒和嘴的最佳距离应保持3 cm左右，避免声音过大或过小。

（二）态度要和蔼、热情

要有一定的耐心，把握语速的急缓，使用正常的语速，不要过快或过慢。同时适当地改变语调会取得更好的效果，既能表达重点，又能增添话语的感情色彩与活力，同时有助于对方了解你的意图。

（三）确认通话对象

电话接通之后，要先确认通话对象，避免由于通话对象不对而闹出笑话或尴尬。

（四）征询通话者是否方便接听电话

电话接通后，要征询通话者现在是否方便接听电话。如果通话对象正在开会、接待外宾或者有急事正要出门，则应该晚一点儿再打过去。

（五）不要忘记最后祝福和感谢

祝福和感谢是电话即将结束时必须有的步骤，用轻柔的声音给予对方简单的祝福，能够给对方留下美好的印象。通话完毕时应道"再见"，并由对方挂断电话后，再轻放话筒。

第三节　会务礼仪

会务是党政活动、商务洽谈、布置工作、沟通交流的重要方式。从业人员在工作中可能会出席或组织各类会议，因此应了解和遵循会务礼仪。会务礼仪的关键性内容包括会务性工作、会场的排座以及出席会议的礼仪等。

一、会务性工作

正规的会议，均须进行缜密而细致的组织工作，需要所有涉及人员通力合作。具体而言，会议的组织工作在其进行前、进行时与进行后各有不同的要求，均可称为会务工作。负责会务工作的人员在具体工作中一定要遵守常规、讲究礼仪、细致严谨、做好准备。

（一）会议之前

在会议的组织工作中，会前的组织工作最为关键。

1. 会议的筹备。会议的筹备应围绕会议主题，组织人员将领导议定的会议的规模、时间、议程等予以落实。通常要组建专门的班子团队，明确分工，责任到人。

2. 通知的拟发。按常规，举行正式会议均应提前向与会者下发会议通知。它是由会议的主办单位发给所有与会单位或全体与会者的书面文件，同时还包括向有关单位或嘉宾发出的邀请函件。基层公务人员在这方面主要应做好两件事：

（1）拟写通知及邀请函。会议通知一般应由标题、主题、会期、出席对象、报到时间、报到地点以及与会要求七项要点组成。拟写通知时，应保证内容要素齐全，表达规范。

（2）及时送达。及时下发会议通知并设法保证通知被及时送达。下发通知后，应与与会单位确认是否收到通知。

3. 常规性准备。负责会务工作时，须对会议所涉及的具体工作和细节问题做好充分的准备。

（1）做好会场的布置。根据会议规模选择合适的举办场地，结合会议型式摆放会场桌椅，对开会时所需的各种音响、照明、投影、摄像、摄影、录音、空调、通风设备和多媒体设备等，应提前进行调试检查。

（2）根据会议的规定，与外界做好沟通协调。如向有关新闻媒体、公安机关等部门进行通报。

（3）会议用品的采办。会议用品，如纸张、本册、文具、文件夹、姓名卡、座位签、饮品以及声像用具等，都需要提前准备好。

（二）会议期间

1. 例行服务。会议举行期间，一般应安排专人（受过接待礼仪培训的人员优先），在会场内外负责迎送、引导、陪同与会人员。对与会的贵宾以及老、弱、病、残、孕者，往往还须进行重点照顾。对于与会者的正当要求，应有求必应。

2. 会议签到。为掌握到会人数，严肃会议纪律，凡大型会议或重要会议，通常要求与会者在入场时签名报到。会议签到的通行方式有三种：一是签名报到；二是交卷报到；三是刷卡报到。负责此项工作的人员，应及时向会议的负责人报告实际到会人数。

3. 餐饮安排。举行较长时间的会议，一般会为与会者安排会间的工作餐。如果必要，还应为外来的与会者在住宿、交通方面提供力所能及、符合规定的便利条件。

4. 现场记录。凡重要的会议，均应进行现场记录，具体方式包括笔记记录、录音、录像等。可单用某一种，也可交叉使用。

负责手写笔记会议记录时，对会议名称、出席人数、时间地点、发言内容、讨论事项、临时动议、表决选举等基本内容要力求记录得完整、准确、清晰。

5. 编写简报。有些重要会议，往往在会议期间要编写会议简报。编写会议简报的基本要求是快、准、简。快，是要求讲究时效；准，是要求准确无误；简，则是要求文字简练。

（三）会议之后

会议结束后，应做好后续性工作，主要包括三项。

1. 形成文件。文件包括会议决议、会议纪要等。一般要求尽快形成，会议结束后及时下发或公布。

2. 处理材料。根据工作需要以及保密制度的规定，会议结束后，应将与会议有关的一切图文、声像材料进行细致的收集、整理。收集、整理会议材料时，应遵守规定与惯例，按照要求将材料进行汇总、归档、回收和销毁处理。不能在清洁会场时全部当作垃圾处理。

3. 协助返程。大型会议结束后，主办单位一般应为外来的与会者提供一切返程的便利。

二、会场的排座

举行正式会议时，通常应事先将与会者的座次安排好，尤其是身份重要者的具体座次。越是重要的会议，座次排定往往越受到社会各界的关注。在实际操办会议时，座次排定会根据会议的具体规模有所不同。

（一）小型会议

小型会议，一般是指参加者较少、规模不大的会议。它的主要特征是全体与会者均应排座，不设立专用的主席台，小型会议排座（样例）如图 2-16 所示。小型会议的排座，目前主要有以下三种具体形式：

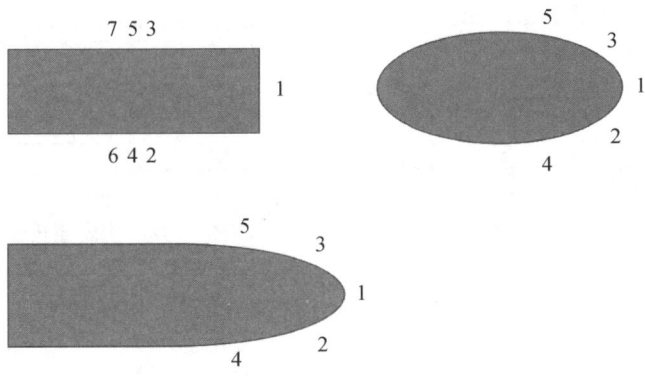

图 2-16　小型会议排座形式（样例）

1. 自由择座。基本做法是不排定固定的具体座次，而由全体与会者完全自由地选择座位就座。

2. 面门设座。一般以面对会议室正门之位为会议主席之座，其他的与会者可在其两侧自左而右地依次就座。

3. 依景设座。所谓依景设座，是指会议主席的具体位置，不必面对会议室正门，而是应当背依会议室之内的主要景致，如字画、讲台等。其他与会者的排座，则略同于前者。

（二）大型会议

大型会议，一般是指与会者众多、规模较大的会议。它的最大特点是会场应分设主席台与群众席。

1. 主席台排座。大型会场的主席台一般应面对会场主入口。主席台上就座的人，通常应面向群众席。在主席台就座的每一名人员面前的桌上放置双向的桌签。

主席台排座，具体又可分为主席团排座、主持人席位、发言者席位三个方面：

（1）主席团排座。主席团，是指在主席台上正式就座的全体人员。目前排定主席团座次的基本规则有三条：一是前排高于后排；二是中央高于两侧；三是左侧高于右侧。

具体来讲，主席团的排座又有单数（见图2-17）与双数（见图2-18）的区分。

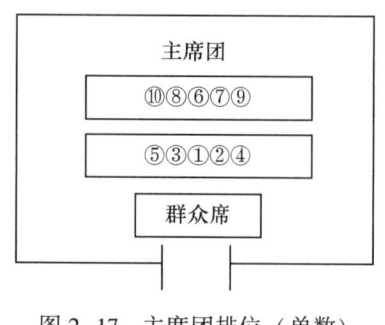

图2-17 主席团排位（单数）

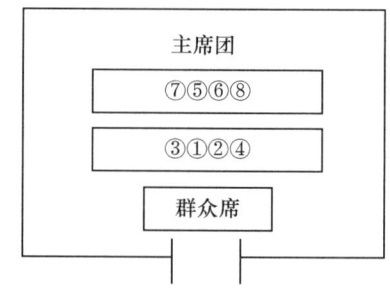

图2-18 主席团排位（双数）

（2）主持人席位。会议主持人的席位有三种位置可供选择：一是前排正中，二是前排两侧，三是在前排按其身份排座。

（3）发言者席位。在正式会议上，发言者不宜就座于远处发言。发言者席位又称发言席，常规位置有两种：一是主席团的正前方（见图2-19）；二是主席团的右前方（见图2-20）。

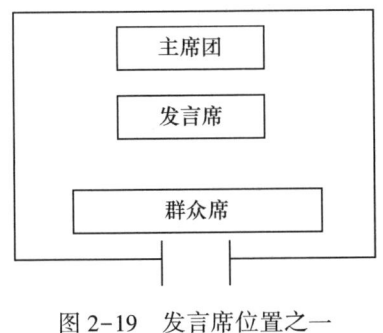

图 2-19　发言席位置之一

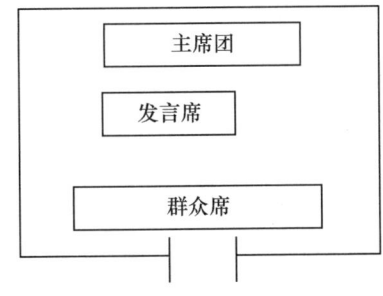

图 2-20　发言席位置之二

2. 群众席排座。在大型会议上，主席台之下的一切座席均称为群众席。群众席的具体排座方式有两种：

（1）自由式择座。即不进行统一安排，由与会者自由择位而坐。

（2）按单位就座。与会者在群众席上按单位、部门或者地位、行业就座。具体依据可以按与会单位、部门的汉字笔画数、汉语拼音首字母前后顺序以及约定俗成的顺序。按单位就座时，若分为前排后排，一般以前排为高，以后排为低；若分为不同楼层，则楼层越高，排序便越低。

在同一层排座时，又有以下两种方式：一是以面对主席台为基准自前往后进行横排（见图 2-21）；二是以面对主席台为基准自左而右进行竖排（见图 2-22）。

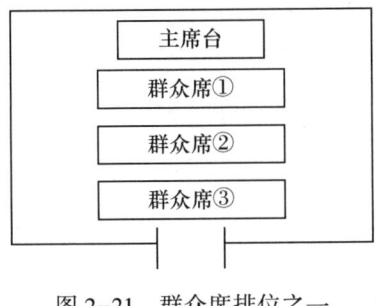

图 2-21　群众席排位之一

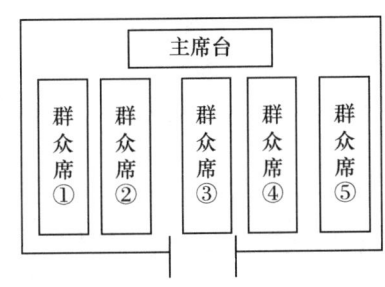

图 2-22　群众席排位之二

（三）签约仪式

签约主宾席排位安排原则是"主左客右"，如图 2-23 所示。

三、出席会议的礼仪

（一）会议发言人的礼仪

会议发言有正式发言和自由发言两种，前者一般是作报告，后者一般是讨论发言。

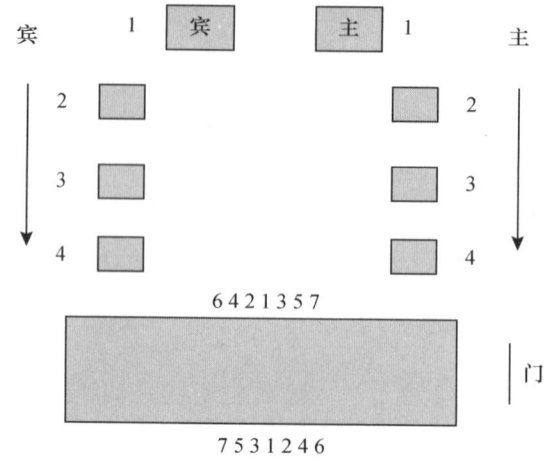

图 2-23　签约主宾席排位

正式发言者，应衣冠整齐，走上主席台应步态自然，刚劲有力，体现自信的风度与气质。发言时应口齿清晰，讲究逻辑，简明扼要。如果是书面发言，要时常抬头扫视一下会场，不能低头读稿，旁若无人。发言完毕，应对听众的倾听表示谢意。

自由发言则较随意，应注意发言要讲究顺序和秩序，不能争抢发言；发言应简短，观点应明确；与他人有分歧，应以理服人，态度平和，听从主持人的指挥。如果有会议参加者对发言人提问，应礼貌作答，对不能回答的问题，应机智而礼貌地说明理由，对提问人的批评和意见应认真听取，即使提问者的批评是错误的，也不应失态。

（二）会议参加者的礼仪

会议参加者应衣着整洁，仪表大方，准时入场，进出有序，依会议安排落座。开会时应认真听讲，不要玩手机、私下小声说话或交头接耳，发言人发言结束时，应鼓掌致意。中途退场应轻手轻脚，不影响他人。

（三）主持人的礼仪

会议的主持人，一般由具有一定职位的人来担任，其礼仪表现对会议能否圆满成功有着重要的影响。

主持人应衣着整洁，大方庄重，精神饱满，切忌不修边幅，邋里邋遢。走上主席台应步伐稳健有力，行走的速度因会议的性质而定。主持人入席后，如果是站立主持，应双腿并拢，腰背挺直；持稿时，右手持稿的底中部，左手五指并拢自然下垂；双手持稿时，应与胸齐高；坐姿主持时，应身体挺直，双臂前伸，两手轻按于桌沿，主持过程中，切忌出现搔头、揉眼、拦腿等不雅动作。主持人应言谈口齿清楚，思维敏捷，简明扼要。主持人应根据会议性质调节会议气氛，或庄重、或幽默、或沉稳、或活泼。主持人不能与会场上的熟人打招呼，更不能寒暄闲谈，会议开始前，可点头、微笑致意。

第七章
接待礼仪

对于事业单位和行政机关来说,"为人民服务"已成为清晰可见、可操作、可执行的具体行为规范——为服务对象提供优质服务,服务对象就是具体的"顾客"。

对基层工作人员而言,接待工作是不容忽略的日常性工作之一。无论是接待远道而来的贵宾、部门间来访的工作人员还是来访群众,基层工作人员在具体的接待工作中要自觉遵守公务礼仪中的接待礼仪,既要一视同仁,又要有所区分。

就基层工作人员所从事的具体的接待工作来看,所涉及的接待礼仪内容丰富。本章所涉及的主要包括门房收发、住宿餐饮以及车队司机在公务活动中的接待礼仪。可以将其具体分为来宾(需要接车、接机,一路陪同的来宾)接待与日常接待(工作时间来访者)两大类型。在具体操作层面上,要注意二者有所不同,接待礼仪也有所区别。

第一节 接待准备

党政机关事业单位在接待中要严格遵守中共中央政治局关于改进工作作风、密切联系群众的八项规定,厉行勤俭节约,注重实际效果。

一、接待计划

接待计划，是指接待方对来宾接待工作所进行的具体规划与安排。制订好接待计划，可以使接待工作在具体操作时按部就班，有备无患。正规的接待计划应包括以下内容：

（一）接待方针

接待方针，是指接待工作的指导思想与总体要求。从总体上讲，要提倡互相尊重、平等相待、礼待宾客。从具体上讲，在接待身份不同的来宾时，着重点应各有侧重。例如，接待少数民族客人，应强调尊重其特有的风俗习惯；接待宗教界人士，则应强调遵守党的宗教政策。

（二）接待日程

接待日程，即接待来宾的具体日程安排。一般情况下，尽量简化接待工作。接待日程的具体安排应完整周全、疏密有致。接待日程通常应由接待方负责制定，但须宾主双方事先有所沟通，并对来宾一方的要求充分予以考虑。接待日程一旦最后确定，应立即向来宾通报。

（三）接待规格

接待规格，是指接待工作的具体标准。接待规格的基本内容包括接待规模、接待方主要人员的身份、接待费用预算。确定接待规格时要执行国家的相关制度。

（四）接待费用

在接待工作的费用支出上，务必严格遵守国家及上级部门的有关规定。要坚决压缩一切不必要的接待开支。

（五）饮食住宿

制订接待计划时，要特别关注来宾饮食住宿方面的问题。具体安排来宾食宿时，大致应注意三点：一是遵守有关规定；二是尊重来宾习俗；三是尽量满足来宾需求。

（六）交通工具

出于方便来宾的考虑，对其往来、停留期间所使用的交通工具，接待方须按照规定予以一定的协助。

（七）安保宣传

接待重要来宾时，安全保卫与宣传报道两项具体工作通常也应列入计划之内。不但需要制定预案，思想上高度重视，而且还需要注重细节，从严要求。就宣传报道而言，根据工作需要、新闻价值、社会效果决定是否报道，进一步压缩报道的数量、字数、时长。

二、接待规格

如果是上级领导派一般工作人员前来口授意见、兄弟单位领导派人来商谈要事，或下级单位因重要事宜派人来访，应按有关规定接待。

如果是上级领导来本地了解情况、路过本地，或是外地学习、参观团前来等，要尽量减少陪同人员，按规定安排好食宿或调查研究的对象，陪同任务主要由有关工作人员完成，本地领导出面陪坐一次即可。

在实际工作当中，最常采取的是对等对待的规格，即陪同人员和客人的职务、级别基本一样。

第二节　礼宾接待礼仪

在接待礼仪中，最重要的就是要安排好礼宾次序，做好迎送、陪同等工作。

一、礼宾次序

礼宾次序，又称礼宾序列，是指在同一时间或同一地点接待来自不同国家、不同地区、不同团体、不同单位、不同部门、不同身份的多方来宾时，接待方应依照约定俗成的方式，对来宾的先后顺序或位次进行具体排列。

目前，我国官方活动中所执行的礼宾次序基本排列方式主要有以下五种：

（一）按职务排列

在正式场合接待多方来宾时，往往会依据来宾行政职务的高低进行排列。对于担任同一行政职务者,可按其资历即任职的时间排列。对于已不再担任行政职务者,则可参照其原职进行排列,但讲究将其排在担任现职者之后。若是接待团体来宾,则是以团长或领队职务的高低作为排列的基本依据。

(二) 按举办国家的字母规则排列

举行涉外性质的大型国际会议或国际体育比赛时,按国际惯例,可依据参加者所属国家或地区名称的首位拉丁字母的先后顺序进行排列。若名称的首位字母相同,则可依据第二位字母的先后顺序进行排列,以此类推。

(三) 按抵达时间排列

对于驻外机构的负责人或各类非正式活动的参加者,可依据其正式抵达现场的时间进行排列。此种方式,平常也称"先来后到"。

(四) 按报名先后排列

举办大型招商会、展示会、博览会等商贸类活动,或上述三种方式难以采用时,可依据来宾正式报名参加活动的时间进行排列。

(五) 不做排列

此种方式又称"不排名"。实际上,它是在难以用其他方式进行排列时,采用的一种特殊的变通方式进行排列。

为避免接待对象产生疑问或不满,接待方不管采用哪一种礼宾排列方式,均须以适当的形式提前向接待对象进行必要的通报。

二、迎送、陪同礼仪

(一) 来宾的迎送

接待正式来访的重要客人,有时可酌情为其安排迎接、送别活动,以示对对方的重视与尊重。基层工作人员负责迎送活动时,主要需要注意两方面的问题。

1. 限制迎送的规模。目前,按照简化接待礼仪的要求,有必要对迎送规模加以限制。在接待内宾时,通常不应安排专门的迎送仪式。即便有必要组织一般性迎送时,也应务实从简,在参加人数、车辆档次与数量上严格限制。

2. 明确时间与地点。对于远道而来的客人，东道主一方一般会安排专人负责迎来送往。负责迎送来宾者须提前与对方商定双方会合的时间与地点。对于迎送来宾的具体时间与地点，双方不仅要先期确定，而且通常还应讲究主随客便。必要时，在来宾正式动身前，接待人员还须再次与对方进行确认。

（二）来宾的陪同

来宾来访期间，东道主方在必要时往往会指定专人负责陪同。一般来讲，陪同客人时须注意以下三点。

1. 全程照顾客人。客人来访期间，陪同人员要从始至终对客人加以关注。在不妨碍客人个人自由的前提下，对对方提供主动、周到的照顾。

2. 为客人提供便利。对于客人停留期间所提出的一切合理而正常的要求，陪同人员均应想方设法尽力满足，并主动为客人的工作、生活提供一切便利。

3. 坚守岗位。任何情况下，陪同人员均须坚守岗位，不得以任何借口离岗。平时，陪同人员不仅要自觉做到在规定的时间之前到岗，还应做到随叫随到。陪同人员等待客人是正常的，而让客人等陪同人员则是不应当的。

（三）操作须知

1. 须提前确定客人的身份、人数、来意、大致停留时间，以及到达时间、所乘交通工具等情况，安排有关人员和车辆前往接站，并安排食宿。

2. 见到来宾后，接站人员要热情迎上前，并致简短的欢迎词，然后请客人上车。客人住下后，工作人员要和客人根据其具体来访意图商议确定活动日程。同时，还要根据单位领导的意见通知有关领导与客人会面。接待人员要事先安排好会见场所，并向该领导介绍客人的情况。

3. 陪同客人走路时，一般要请客人走在自己的右边。主陪人员要和客人并排走，不能落在后面；其他陪同人员应走在客人和主陪人员身后。在走廊里，应走在客人左前方几步。转弯、上楼梯时，要回头以手示意，有礼貌地说声"这边请"。乘电梯时，如果有人驾驶，要请客人先进；如果没有人驾驶，应自己先进，然后让客人进，到达时要让客人先出。到达接待室或领导办公室时，要对客人说"这里就是"或"这里是×××办公室"。如果是领导办公室，要先敲门，得到允许时再进。门如果是向外开的，应该请客人先进去；向里开的，自己先进去，按住门，再请客人进。

4. 上车时要打开车门，并用手示意，请客人先上，等客人坐稳后再上。一般应请客人坐在后排座的右侧，自己坐在左侧。如果客人有领导陪同，就请领导坐在客人左侧，自己坐在前排司机的旁边。如果客人或领导已经坐好，就不必再要求按这个顺序调换。在客人进座后，不要从同一车门随后而入，而应该关好门后从另一侧车门进座。下车时，自己先下，为领导或客人打开车门，请他们下车。

5. 当客人和领导见面时要进行介绍。介绍时一般先把领导介绍给客人；把年纪较轻，职位较低的人介绍给年纪较大、职位较高的，把男士介绍给女士。介绍内容包括被介绍人的姓名、所在单位和职务。

6. 乘车座次的安排。乘坐车辆，特别是轿车，座次的安排很有讲究。轿车排座时，必须注意不同数量座位的轿车，排位方法各不相同。同一种轿车上，驾车者的身份不同，排座也不一样。位于轿车前排的副驾驶座，在由专职司机驾车时，一般被称为"随员座"，是属于陪同、秘书、翻译或是警卫人员的专座。参加社会性质的活动时，让妇女或儿童坐在那个位置，就不合适了。

（1）双排五座轿车。这种轿车在国内最为普遍。当主人亲自驾车时，座次由高到低依次是：副驾驶座、后排右座、后排左座、后排中座。当专职司机驾车时，座次由高到低依次是：后排右座、后排左座、后排中座、副驾驶座。双排五座轿车的座次如图2-24所示。

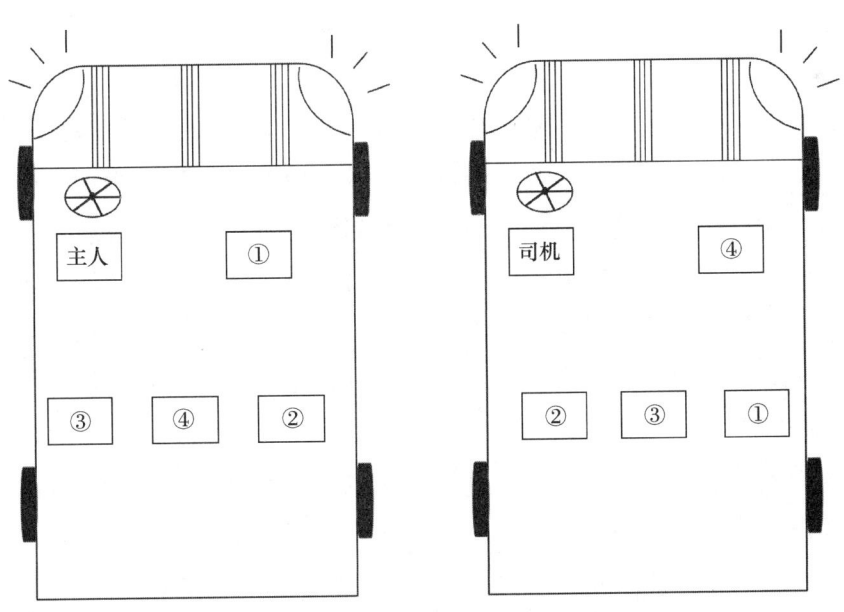

图2-24 双排五座轿车的座次

（2）多排座轿车。多排座轿车特指四排或四排座以上的轿车，不管由谁驾车，座次由高到低都是按照由前至后,自右至左,依距离前门距离远近排定,如图2-25所示。

(3) 吉普车的座次。吉普车几乎都是四座车,不管由谁驾驶,吉普车上座次由高至低依次是:副驾驶座、后排右座、后排左座。

(4) 乘坐轿车时,应先请来宾、尊长、女士上座,这是给予对方的一种礼遇。但也不要忘了要尊重客人本人的意愿和选择。上下轿车时,可以请来宾、尊长、女士先上车,后下车。

(5) 乘坐火车时,则是朝前方、靠窗的位置为最上席。如果是二人座,则是"里上外下"。如果是三人座,最外侧的座位是次上席,中间座位的是末席。三人座时,如果尊者是一对夫妇,就不必非得遵循"里上外次中下"的顺序。

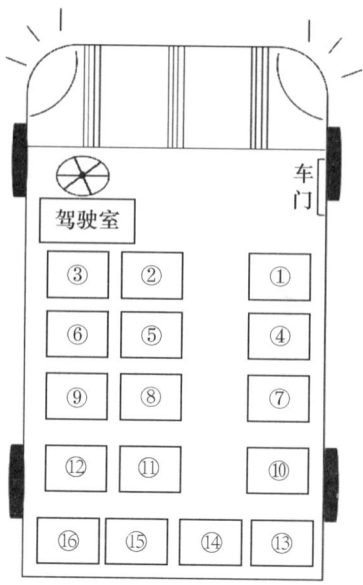

图2-25 多排座轿车的座次

四、日常接待

日常接待时,对于来访者,接待人员要起身握手相迎;对于上级、长者、一般来访者,都应起身上前迎候;对于同事、员工,除第一次见面须起身问候外,其他情况可以不起身。

如果来访者是预先约定好的重要客人,应根据来访者的地位、身份等确定相应的接待规格和程序。在办公室接待一般的来访者,谈话时应注意少说多听,最好不要隔着办公桌和来访者说话。对来访者反映的问题,要作简短的记录。

如果自己有事暂不能接待来访者,应安排秘书或其他人员接待来访者,切不可冷落了来访者。应尽量让来访者把话说完,认真倾听他的叙述。对来访者的意见和观点不要轻率表态,应思考后再作答复。对一时不能作答的,要约定一个时间再联系。

正在接待来访者时,有电话打来或有新的来访者,应尽量让秘书或其他人接待,以避免接待被中断。如果要结束接待,可以婉言提出借口,如"实在对不起,我还要参加一个会,这次就先谈到这儿吧"等,也可用起身的身体语言告诉对方就此结束谈话。

上级来访,接待要周到。对领导交代的工作要认真听和记;领导了解情况,要如实回答;如领导是来慰问的,要表示诚挚的谢意。领导告辞时,要起身相送，互道"再见"。下级来访，接待要亲切热情。除遵照一般来客礼节接待外，对反映的问题要认真听取，一时解答不了的要客气地回复。来访结束后，要起身相送。

第三节　不同岗位的接待礼仪

接待礼仪涵盖很多内容，本节仅列举几个和我们日常工作最相关的岗位所涉及的服务礼仪。

一、餐厅、招待所接待人员礼仪

餐饮服务是接待工作中的重要一环。餐厅服务员的上乘表现，会给客人留下良好的印象，反之亦然。因此，餐厅服务员要注意自己的仪容仪表，端正服务态度，运用娴熟的服务技巧，赢得客人的满意。餐厅服务员上班前应把自己打扮得干干净净，容光焕发。男士要梳理好头发、刮胡子修面、修剪指甲等。女士应按规定蓄留头发，修剪指甲，不要戴项链、戒指、耳环等饰物。上班时穿上统一标志服，包括衬衣、领带、领花、胸花等。服装的颜色和图案应与餐厅内的布置、陈设、台布等相协调。

（一）"五声"

餐厅服务员在工作中要做到"三语""五声"，即用好尊敬语、问候语、称呼语；客人来时有迎客声，遇到客人时有称呼声，受人帮助时有致谢声，麻烦客人时有道歉声，客人离开时有送客声。

餐厅服务员对来餐厅就餐的客人要一视同仁，热情接待，同时又应根据来客的不同特点，给予周到的服务。如对携带小孩就餐的客人，可提供儿童专用椅；来客若是一对情侣，宜引领他们到餐厅的优雅处；对年老体弱者，应主动上前搀扶，并尽可能把他们安排在清静且便于出入的位置；对于少数民族客人、港澳台同胞、海外侨胞和外国客人，要按他们的风俗习惯，作出相应的安排。

（二）"四勤"

餐厅服务员在工作中要做到"四勤"，即眼勤、嘴勤、手勤、腿勤。所谓眼勤，是指服务员应当眼观六路，耳听八方，看客人需要什么帮助；所谓嘴勤，是指服务员要讲究礼貌，有问必答；所谓手勤，是指服务员要不分分内分外事，积极主动工作；所谓腿勤，是指服务员要在自己的工作区域勤走动，得知客人需要什么东西，及时提供。

作为一名"四勤"服务员，看到客人的筷子或刀、叉等餐具掉在地上，会立即上前捡起拿走，再给客人提供干净的；如果客人不小心碰翻了酒杯、汤碗，会赶快帮助客人擦干；看到客人酒杯中的酒剩下不到1/3了，会马上走过去斟上；发现外国客人不会用筷子，会走过去亲切地讲解筷子的使用方法或换上刀叉……

餐厅服务员为客人上菜时，要掌握好上菜的速度。应根据客人的要求速上或缓上。每上一道菜，应报菜名并简单介绍其特色。宾主致词敬酒时，要暂停上菜，但要注意斟酒。

斟酒时要讲礼仪，先主宾，后主人，然后按顺时针方向逐个进行。上菜时从客人左侧上，斟酒时则应站在客人右侧。斟酒时，左手托酒杯，右手握着酒瓶的中下部，标签朝向客人，瓶口与杯口相距 1~2 cm。酒不必斟满，以免溢出来，白酒通常以八成左右为宜。

客人餐毕起身，服务员应热情送客。收台工作应等客人全部离去后进行，不可操之过急，否则是失礼的行为。

（三）细节

1. 行礼。接待工作中，员工优美、职业的动作是要经过专业培训的。客人从对面走来时，员工要向客人行礼，必须注意以下三点：

（1）放慢脚步，离客人大概 2 m 远的时候，面带微笑目视客人，轻轻点头致意，并说"您早！""您好！"等礼貌用语。

（2）行鞠躬礼时，要停步，躬身 15°~30°，眼睛看对方的脚部，并致问候。边走边看边躬身是不礼貌的。

（3）在工作中，可以边工作，边致礼。有注目礼、举手礼等。

2. 接待人员在工作期间的注意事项。

（1）工作时不准吸烟。

（2）工作时间不得接打私人电话。因为私人电话而让客人等待，浪费客人的时间，无论如何都是不礼貌的。

（3）尊重老人、妇女、残疾人，以及来自其他国家、民族宾客的风俗习惯。入座、进出门厅、上下电梯、乘坐车辆，要让老人、妇女先行，并主动前去照顾。对残疾人更要关怀体贴，处处予以关心。对不同国家、民族各自独特的风俗习惯和礼仪，须有一定的了解，并均应予以尊重。

(4) 用托盘递送物品时，物品及字样的正面应面向客人，一般用双手递送，并礼貌地说"这是××"。

(5) 在岗位上，遇见客人路过时，应微笑点头示意问候。在走廊或过道上，对迎面而来的客人应主动让道侍立一旁，如同一方向，不得超越客人，如有急事，要说"对不起，我可不可以先走一步？"，然后再侧身通过。

(6) 接待客人时，不主动先伸手和客人握手。当面为客人服务时，不可作出抓头、搔痒、剔牙、擤鼻涕、打喷嚏等不文明的动作。如要咳嗽、打喷嚏，应用手帕捂着口鼻，侧向一旁，把声音减低到最低程度。

(7) 宾客没有离开的时候，不得擅离岗位或提前做清理物品、打扫卫生等结束工作。对客人绝不能冷眼相视或置之不理。对有生理缺陷、性格古怪的客人，切忌指指点点、品头论足。

二、车队司机接待礼仪

（一）载客接客礼仪

1. 安全与周到。开车之前，要提醒乘客系好安全带，并和乘客确认要去的目的地。当车上乘坐的是老、孕、病乘客时，应该稳速行进，以保证他们的安全和舒适；在上下车的时候，应该主动搀扶。车辆行驶期间，如果需要接打手机，必须先停车，以保证自己和其他乘客的安全。为保持车内卫生清洁，禁止在车内抽烟。乘客下车的时候，要提醒他们拿好自己的物品。

2. 视线。不要总通过车内后视镜"窥"后座的乘客，除非是你非常亲密的人。否则，总会让人感到不适。

3. 话题。和乘客聊天时，要注意选择话题。如天气、当地的风俗、特产、名胜以及沿途的景观等一些大众化的话题永远都可以说。而像婚嫁、年龄（特别针对女性的时候）、工资，甚至来这儿干什么等话题，内容涉及个人隐私，都不应该问起。

4. 交通礼仪。当车停在十字路口时，要远离人行道，以免给行人带来不便。即使交通信号灯已经转变为绿色，也不要和行人抢道，礼让行人，以免出现意外。当车经过水坑时，一定要注意减速、避让，不要因快速行驶而使水溅到行人的身上。当遇到新手司机时（现在新手司机的车，车后都有明显标志）持有宽容和理解，不要在后面一直按喇叭或者跟得太紧，造成新手司机紧张而出现意外。短时间内频繁地按车喇叭，是很不礼貌的行为。

5. 文明礼貌。往车外扔东西和吐痰都是不文明的行为。司机应当注意自身的着装，不要以为车内是私人空间而忘乎所以，有些男性甚至在天热的时候光着膀子开车。如果是专车司机的话，还要注意以下三点：

（1）接到出车任务后，要提前 5~10 min 到达指定地点等候。在等车的时候，绝对不可以催叫或按喇叭。

（2）客人上车前要在车外等候并为客人开门。一只手开门，另一只手垫在车门上方，以防止客人上车时不小心抬头撞到车顶。

（3）鉴于司机工作的特殊性，要严格遵守保密制度：不该说的话不说、不该问的事不问、不该听的话不听。否则，无论是从职业道德，还是从制度、法律层面来说，都是不允许的。

（二）引见时的礼仪

1. 引导。到办公室来的客人与领导见面，通常由办公室的工作人员进行引见、介绍。在引导客人去领导办公室的路途中，要走在客人左前方数步远的位置，忌把背影留给客人。在陪同客人去见领导的这段时间内，不要只顾闷头走路，可以随机讲一些得体的话或介绍一下本单位的大概情况。

2. 进门与介绍。在进领导办公室之前，要先轻轻叩门，得到允许后方可进入，切不可贸然闯入。叩门时应用手指关节轻叩，不可用力拍打。进入房间后，应先向房里的领导点头致意，再把领导及主方在场人员，按职务高低顺序介绍给客人。介绍时要注意措辞，应用手示意，但不可用手指指着对方。最后把客人介绍给主方。如果有几位客人同时来访，要按照职务高低顺序将来访者介绍给领导。工作人员的悉心介绍，是主客相互沟通的前提，要注意在此过程中，称呼的方式要一致，最好不要交叉（称呼的方式有：姓名称呼、职务称呼、职业称呼、妮亲称呼、一般称呼），介绍完毕走出房间时应自然、大方，保持较好的行姿，出门后应回身轻轻把门带上。

三、接待人员乘车行路礼仪

（一）陪同领导及客人外出时的礼仪

1. 让领导和客人先上车，自己后上。

2. 要主动打开车门，并以手示意，待领导和客人上车坐稳后再关门。一般车的右门为上、为先、为尊，所以应先开右门，关门时切忌用力过猛。

3. 要注意乘车座次的排序。

（二）递物与接物礼仪

递物与接物礼仪的基本要求是尊重他人。因此，递物时须用双手，表示对对方的尊重。如递交名片时，应用双手恭敬地递上，且名片的正面应对着对方；在接受他人名片时，也应恭敬地用双手捧接。接过名片后要仔细看一遍或有意识地读一下名片的内容，不可接过名片后看都不看就塞入口袋，或到处乱扔（全过程切忌使用"兰花指"）。

第八章 社交礼仪

社交礼仪是在人际交往中，以一定的、约定俗成的程序和方式表现出律己、敬人的过程。从交际的角度来看，社交礼仪可以说是人际交往中适用的一种艺术、一种交际方式或交际方法，是人际交往中约定俗成的以尊重、友好示人的习惯做法。从传播的角度来看，礼仪可以说是在人际交往中进行相互沟通的技巧，大致可以分为公务礼仪、商务礼仪、服务礼仪、社交礼仪、涉外礼仪五大分支，各分支礼仪内容都是相互交融的。每一位工作人员，除在工作时要遵守公务礼仪外，还必须学习和掌握社交礼仪，以便处理好自己工作之余的其他各种人际交往关系。总体上讲，社交礼仪的基本要求是：遵守公德、严于律己和善待他人。本章主要介绍初识礼仪、旧友故交相处礼仪和聚会礼仪的基础常识。

第一节 初识礼仪

一、初识概说

任何交往都是从彼此相识开始。在中国，一曲"高山流水觅知音"，从古唱到今。在大千世界里，我们每个人都想多交朋友，交到好朋友，甚至生死之交。但朋友的多少总是有限的，在交往过程中，会受以下三种因素的制约：

1. 双方是否能够积极地去感知、认知和理解对方。
2. 双方是否能理解对方的心态，明确自己的交往目的。
3. 双方是否能取得对方的默契与认知。

总之，只要我们重视机遇，正视相互选择的过程，广交朋友，微笑地面对每一位初识者，就能创造更精彩的生活，体验更美好的人生。

二、初识礼仪

从礼仪的角度来讲，每个人都是社会的一分子，对他人不冷淡、不闭塞、不回避是非常重要的。就与初识者之间的关系而言，一般存在两种前提：一是不存在利害冲突；二是萍水相逢，相处短暂。因此，社交礼仪中要把握好初识的尺度。

（一）善待不同类型的陌生人

1. 锻炼自己的人际交往能力。大胆地与陌生人交往，对于初识者、陌生人不要存在排斥心理，这是遵循"敬人"这一基本礼仪规范所应采取的基本态度。在接触时要表现得更谦虚一些，多点包容，少点排斥，多看他人之"长"，少看他人之"短"，这样就不会对初识者产生冷淡和疏远，从而可以书写出更和谐的音符。

2. 以名片为媒介。在人际交往中，如欲结识某人，往往可以本人名片表示结交之意。因为主动递交名片给初识之人，既意味着信任友好，又暗含"可以交个朋友吗？"之意。在这种情况下，对方一般会"礼尚往来"，将其名片也递过来，从而完成双方结识交往的第一步。

3. 自我介绍。在社会交往中，结识新朋友需要相互介绍。介绍时，最重要的就是要区分场合，选择合适的方式。

（1）应酬式——在不太重要的场合。如在火车上等场合只要说出叫什么名字就可以了，不必报上职务等。

（2）工作式——"您好，我是×××公司的×××经理。"

（3）交流式——"您好，我是×××，请多多关照。"并送上名片。

（4）礼仪式——如开幕仪式、升旗仪式等比较庄严的场合，须介绍自己所在团队、职务、所获荣誉及姓名等。

4. 对初识者、陌生人礼到即止。"萍水相逢，怎好打扰"是初识者之间的一种礼仪规范。所谓"怎好打扰"就是表明在尊重对方的前提下，自己应有一定的戒备心理。在特定的环境下防止心怀歹意的陌生人钻空子也是非常重要的。如在个人出外旅游时，不要把自己的旅行包轻易地交给陌生人保管……对初识者保持一种正常的社交态度，积极又趋于谨慎显得尤为必要。

5. 重视过程。由相识到交友需要一定的过程，所谓路遥知马力，日久见人心，相识的人接触多了并不一定会成为朋友。"酒逢知己千杯少，话不投机半句多"，大可不必因对事物的见解不同、性情不同就大动干戈。

（二）初识礼仪细节

1. 与初次相识的人接触应行欠身倾首礼。无论是在生活工作中，还是在路上相遇，双方需要接触沟通，此时应主动向对方欠身倾首（微微点头）打招呼，以示尊重对方。

2. 招呼与称谓。招呼就是利用语言引起对方的注意，以示意与对方交流。首先是打招呼致意。在公共场合向他人打招呼要表现出真挚、热情和诚恳，使人愉快、舒心。打招呼的方式很多，但不能表现得轻浮、随意，任何情况下都应保持诚恳的态度。如果不想打招呼，应在距离较远时就有意避开对方的视线。称谓是指刚刚认识时如何称呼对方的一项礼貌细节。称谓不适宜容易引起对方的不愉快甚至使对方反感，也容易失掉交际的机会。如"你"与"您"在使用时大有讲究，与很熟悉的同龄人、同辈人接触时，使用"你"来称呼对方显得不拘谨，随意性强；对长者、上级以及没有较深交往的人用"您"来称呼是最可取的。招呼与称谓的使用因环境、场合与交流对象等因素而不同。

3. 不要期望所有人都喜欢你，让大多数人喜欢就是成功的表现。总之，在任何公众场合不伤害他人、不妨碍他人是最基本的礼仪规范。

第二节　旧友故交相处礼仪

一、老朋友更需关照

朋友之交是友谊的结晶，真正的好朋友会在关键时刻给予如同甘露似的美好的力量。应加倍珍惜自己与朋友的友谊，不能认为是老朋友了，就可以信口开河，因为即便是朝夕相处的朋友也会为某些小事反目成仇。每个人都要特别珍视人与人之间的友情和交往，一个人在诸多的老朋友之中必须做到慎重而不猜疑，真诚而不虚伪，关爱多于冷落，此乃交友之道。

二、旧友故交相处礼仪

从礼仪角度来讲，老友相交更多的是彼此的关怀、关爱、帮助，珍视彼此之间的友谊乃人生一大要事。

（一）以德为先

在结交朋友的过程中，始终是受到个人道德标准所限制的。有的人交朋友总是期望从他人方面为自己谋利，这种人是交不到好朋友的，他会被正直的人唾弃。之所以成为朋友是靠双方的真诚来支撑的，缺少一方或失去一方都成不了朋友。

（二）以"忌"为界

朋友之间相交相处不是简单的一时一事，而是需要经过一段时间的接触而结下的情谊。因此，即使已是老朋友，也存在最忌讳的问题和事物。

1. 忌猜忌。既然是老朋友就不能猜忌对方，凡事以诚相待。有事相求开诚布公，双方坦诚相见，彼此敞开心扉，正面交流探讨，少一些猜忌。

2. 忌不信任。人与人之间总是存在疑虑，就很难交上知己。

3. 忌传话。老朋友之间无话不谈，这是出于彼此的信任与尊重，但朋友二人之间的事不能与第三者谈，这是朋友之间约定俗成的礼仪规范。

4. 忌不拘小节。不要小看朋友之间的小事，老朋友也需注意小节，维护友谊。老朋友之间相处更要相互关怀，更需要小事上的体贴与关爱。

三、旧友故交相处细节

（一）正确地处理好彼此间的经济往来

老朋友间要尽量避免发生经济纠纷，一旦发生会十分伤感情，甚至绝交。因此，在老友故交相处中，不到万不得已不要向朋友借钱，如果要借，也要诚实守信，写借条并按时归还。不要因经济上纠缠不清而产生误会，这是处理好朋友关系中不可忽视的一个重要方面。

（二）注意交往的细节

与朋友握手时，可多握一会儿，以示真诚；与朋友交谈时，尽量常用"我们"开头；与朋友"打的"时，要抢先坐在司机旁；与朋友相处，应将未出口的"不"改成"这需要时间""我尽力""我不确定""当我决定后，会给你打电话"……

（三）不要把朋友的帮助视为理所当然

要知道适时地表达自己的感恩之情，包括与朋友相处时的明知故问：你的钻戒很贵吧？又换新车了？——把展示的机会留给朋友。

第三节　聚会礼仪

在社会交往中，聚会是一种经常的、极为流行的交际形式。在聚会上，人们可以互通信息、交流思想、增进了解、协调行动、加深友谊，所以这种交际形式受到各界人士的喜爱和欢迎。

聚会的形式很多，按照聚会的性质，可以分为私人聚会和公务聚会。私人聚会比较随意放松，主要目的是增进友谊、探讨问题；公务聚会通常比较严肃庄重，目的往往是为了处理公共事务。按照聚会的场所来分，可以分为私人居所聚会、小型公共场所聚会、大型公共场所聚会等。小型公共场所指酒吧、舞厅、会所等；大型公共场所则指体育赛场、音乐会场、大型文艺演出场馆等。按照活动的方式来分，聚会可以分为讨论会、座谈会、茶话会、聚餐会、酒会、生日派对、联欢会、节日晚会、舞会、家庭音乐会等。不论哪种性质的聚会，有一点是共同的——必须遵守聚会的礼仪规范。

一、聚会的基本礼仪

（一）聚会前的准备

这里要分主持者（或倡导者）和参加者。对于主持者而言，要选择地点并布置好场所，准备活动所需的物品，确定议程等；对于参加者而言，要对自己的仪容、仪表精心修饰，带好参加聚会所需物品，遵守时间，按时赴约，不得无故迟到、早退或失约。

（二）聚会中的礼仪

聚会是一种重要的社交活动。每个参加者都应衣着得体、行为举止温文尔雅、谈吐落落大方、为人宽厚大度、谦虚诚恳，给参加者和旁观者都留下美好的印象，并赢得大家的信任。这就要求做到以下几点。

1. 说与听。在聚会中，要主动与他人交谈，扩大自己的交往范围，更多地结识新朋友。同人交谈，要诚恳虚心，既要主动发表自己的主张和见解，也要学会倾听，善于向他人学习和请教，以开阔视野、增长见识。

2. 问候。参加聚会时，要先问候主人，特别是女主人。接受招待时要说"谢谢"。聚会结束时，要向主人告别后再离开。

3. 关心与尊重。聚会中要注意尊重妇女、老人，主动提供关心、帮助、照顾和保护，积极为他们排忧解难。多体谅主人，主动帮助主人做些事情。聚会中若发生了不尽如人意的事，不要说三道四，当着他人的面指责、非议主人，让主人难堪。

二、私人居所聚会礼仪

下班后或节假日，邀请三五个好友在家中聚会，听听音乐，看看电影，是难得的享受。不仅可以放松身心，更可以增进友谊。在私人居所聚会，主人和客人都应懂得"待客""做客"之道，了解这些礼仪，可以使聚会更加圆满。

（一）待客之道

提前做好各方面的准备。如搞好室内卫生，摆好室内物品，着装要干净整洁，准备好待客用的茶水、水果、小吃等。如果是以用餐开始的聚会，主人还应准备好食物，尽量营造一个良好的待客环境，让客人有一种宾至如归的感觉。

1. 迎客。迎接客人要热情。主人可根据不同情况在住所门口或在楼下迎接。对常来常往的客人，一旦得知对方抵达，也应立即起身，相迎于门外。与客人相见，应热情地同客人握手、问候并表示欢迎。不论多熟的朋友都不能怠慢。

2. 介绍。迎接客人时，主人要对在场的家人或其他客人予以相互介绍。进入房间后，主人要帮助客人脱下大衣、帽子并挂好，然后引领客人进入客厅，安排就座。注意要把上座留给客人，并请客人坐下后再入座。

3. 敬茶。客人入座后，主人要主动给客人敬茶、递烟、送水果。茶水要浓度适中，水量适宜，不要过满。端茶时应用双手，不要捏着杯口（那是要与嘴接触的地方）。

4. 掌控气氛。聊天时，主人要集中精力，表现出浓厚的兴趣，不要表现得心不在焉或使交谈冷场。在聚会中可以安排一些大家感兴趣的活动，如看电影、听音乐、打牌等，但进行这些活动时不要大声喧哗，不要影响到邻居的休息。

5. 送客。当客人提出告辞时，主人应真诚挽留，如客人执意要走，主人应尊重客人意见。送客人时，主人要送到室外或电梯门口，重要的客人要送到大门口、楼下或其乘坐的车辆驶离之处，并握手告别。

（二）为客礼仪

1. 客随主便。一般私人聚会的时间、内容和人数都由主人确定。接到邀请后，要认真安排好各项事宜，准时参加或事先谢绝，不要轻易地变更，更不要临时变更。

2. 准备合适的服装，注意修饰面容，带上合适的礼物，以示对主人的尊重。

3. 入室前，无论门是否开启，都要先敲门或是按门铃，等主人应允后再进入，或等主人出来迎接时方可进去，不可不打招呼就推门而入。

4. 与主人相见要主动问好，并同主人握手为礼。如双方初次见面，还应对自己略作介绍，对主人的家人以及先于自己来访的客人主动打招呼、问好，随后及时奉上所带礼品。

5. 要主动脱下外套，摘下帽子、手套，同随身带的包等物品一起放到主人指定的位置。有时还要换上拖鞋，并将自己的鞋子放整齐，然后随主人进入客厅。

6. 进入房间时，要走在主人后面，入座时要按主人指定的位子就座，聚会的全过程要诚恳大方、言谈得体，注意主人的态度、情绪反应，把握好谈话技巧。

7. 注意自己的行为举止。坐姿是否文雅，接物是否合礼，吸烟是否合适等。特别是要限制自己的好奇心，未经主人同意或引领，不要到处乱走，不要乱碰主人室内的物品和陈设，更不要过分关心主人的个人生活与家庭情况。

8. 控制时间。聚会时间不要太长，如果发现主人已经疲倦了或是有其他事情，应主动告辞。提出告辞后，就要态度坚决，不要犹豫，不要"走了"说过几次，却迟迟不动。出门以后就应请主人"留步"并握手告别，表示感谢，不要站在门口说个不停。

三、宴会礼仪

宴会是社交活动之一，它的功能是提供给人们进行交流的机会。安排宴会或出席宴会时，无论主人还是客人都应该遵守约定俗成的礼仪规范。

（一）主人应遵守的礼仪

1. 邀请。作为主人，要先确定宴会的类别，即是正式晚宴、家庭聚餐还是商务便宴。确定宴会的类别后，可以按照邀请与请柬的礼仪规范，向客人提前发出邀请。

2. 订餐。出席人数确定后需要进行订餐等前期准备工作。订餐包括对餐位的要求、餐席的档次、菜的品种及数量等进行确定。点菜时应该了解客人的喜好，并考虑本土与本馆特色，向客人介绍、推荐。此外，餐酒的价格建议是餐费的一半。

3. 座次与桌次。订餐后，座次的安排工作也是非常重要的，尤其在正式的晚宴中，有时候还需要准备桌签并写上客人的名字放在相应的座位上。中餐宴会座次讲究"面门为上、以远为上、观景为上、以右为尊、中座为尊"。安排多于一桌的宴席时,还要考虑桌次的问题,桌次的高低以距离主桌位置的远近而定,主桌为上桌,一般设于宴会厅最里面的位置,这就是讲究"以远为上",是指离门口最远为上。如果宴会安排有演出节目,那么主桌就应该安排在最佳的观赏位置。西餐宴会上的座次安排与中餐宴会明显不同,最大的特点是安排男女交叉就座,也就是男士左右两边的位置都是女士,而女士的左右两边也都坐着男士。夫妇一般不会被安排坐在一起,这样客人们就更容易达到社交的目的,拥有更多的机会与新、老朋友交流、叙旧。通常主陪面对房门,副陪在主陪的对面,1号客人在主陪的右手,2号客人在主陪的左手,3号客人在副陪的右手,4号客人在副陪的左手,其他可以随意。

4. 接受礼物。接受礼物时应用双手接过,并且打开礼品的包装,即便是不符合自己心意的礼品,也应该表示赞美和感谢。礼物是对方用心挑选送来的,欣然接受是对对方最好的尊重。如果确实有不得已的问题不能接受,应该婉言说明,礼貌地谢绝。此外,还应注意不要把别人送给自己的礼物随手转送他人,这是很不礼貌的。

(二) 客人应遵循的礼仪

1. 被邀请。作为客人,收到邀请后应尽快回复是否出席宴会。在社交往来中,除了有必须回绝的原因外,应尽量接受邀请。

2. 服饰。要根据宴会的形式与举办地点,准备适当的服装。参加私人的家庭聚会时,也许主人没有发送请柬,只是口头上的邀请,那么最好先问问主人,聚会的性质和有关着装的问题,以免因着装不当而出现尴尬场面。一般情况下,参加晚宴应该选择正式的着装,如果穿着太过随便,会显得不礼貌。虽然着装讲究美观、自由、舒适,但穿着过好永远比穿得过差要好一些。但是如果太过奢华,就会与其他人格格不入,彼此也会感觉不自在。

3. 礼物。不同的物品被赋予"情"的含义,就成为"礼物","情"是礼物的精神内涵。礼物恰当与否,观赏还是实用,都因传达了不同的"情"而显得独特。要充分发挥礼物的作用,就要学会选择和馈赠。日常生活中的馈赠非常普遍,并且最能够体现人情"礼尚往来"。在聚会中,不论正式与否都可以送上精致的小礼物以表示祝贺。

一般来讲,我国的家庭至少是三代同堂,有长辈、同辈、晚辈之分。对不同的人,在选择礼品时也应有所区别。表达长辈对晚辈的鼓励、爱护之情,可以选择晚辈在学习中需要的物品或特别喜爱的玩具；表达晚辈对长辈的敬重之情，可以选择鲜花、珍藏版的图书或者实用的物品；表达同辈之间的欣赏之情可以选择活泼、有个性的玩具及实用的图书或饰品等。对朋友的馈赠可以表现对朋友的关心。朋友之间选择物品的范围很广，投其所好更能显示你对他的了解，能够拉近两个人的距离。商务活动中的馈赠体现的是友好交往、相互关照的意愿，因此选择有纪念意义的物品为佳。可以选择公司的画册等印刷品，有地域差异的商务来往可以选择具有本地代表性的物品作为礼物相送，如苏绣、湘绣等带有浓郁地方特色的产品。馈赠更重要的是了解不能送的礼物，如药品和营养品是不可以送的，因为健康状况在他们看来是个人隐私；现金、有价证券、天然珠宝是不可以送的；带有广告和宣传性的物品也是不可以送的。

送出礼品时一定要大方、自然。为表达自己的诚意，双手送上为宜。送易碎物品时，送出前一定要检查，以免受礼人在打开包装时发现礼品已经损坏，造成双方的尴尬。送食品时一定要看保质期，变质物品绝对不能送，礼品的价签也一定要去除。

4. 时间。参加宴会的当天，首先要注意到达的时间。参加私人的家庭聚会时，最好不要提前到，也不要迟到超过 15 min。早早到达通常被认为是失礼的行为，因为主人还没做好迎接客人的准备。如果宴会是在饭店里举行的，那么应该稍微提早一点儿到达，为找座位预留充裕的时间。

5. 步入顺序。女士和男士双双步入宴会厅时，女士可以用手挽着男士的手臂。在单列行走时，应该女士优先，男士走在女士的后面。

6. 见面。见到主人，应表现得友好、诚恳，同主人寒暄时递上礼物，同时送上诚挚的笑容。

7. 接受款待。当主人问需要喝点什么时，应该大方地接受，一杯干红葡萄酒或葡萄酒都是很好的选择。如果不喝酒，可以选择其他的饮料。但是，千万不要说"随便"或"不要"。此外，要一份过于特殊的饮料也是不适宜的。当不确定主人都预备了哪些饮料时，可以询问有什么饮料可供选择。在社交场合中，国际公认的是"女士优先"，因此对女士要格外尊重。

8. 细节。值得一提的是，很多人习惯在认识新朋友的时候递上自己的名片，但这只是亚洲人的习惯做法。西方人只在商务场合互相交换名片，在社交活动中，他们通常是不交换名片的。客人为自己点菜时，应避免选择菜单上最贵的菜，除非主人特别推荐。点酒与点菜一样，也需要考虑饮用者的喜好。有人建议红酒配红肉，白酒配白肉。这点可以作为参考，但不必完全依照这个规则。事实上，很多喜欢品酒的人都有自己的喜好，所以注重酒与食物的搭配或根据个人喜好来选择酒都是可以的。

四、舞会礼仪

（一）舞会

舞会又叫交际舞会，也称交谊舞会，是一种世界性的群众性社交活动。经常参加舞会，可以使年轻人克服胆怯，打破与异性交往的腼腆心理，消除社交恐惧症。舞会不仅可以使老朋友更加融洽，还可以结识新朋友。

舞会可以分为很多类型：按照舞会的性质，可以分为正式舞会与非正式舞会；按照舞会的内容，可以分为庆祝舞会、生日舞会、节日舞会。参加舞会要注意自己的言谈举止，做到讲文明、有礼貌。如要维护环境的卫生和良好的秩序，不乱扔果皮纸屑，不吸烟，不在舞场高声喧哗，不在舞池随意穿行，尊重舞会的举办者，不随意贬低、批评，不随意要求更改活动安排和舞曲等。总之，参加舞会，参与者应遵守必要的礼仪规矩，这样才能做一个文明、高雅、受人欢迎和尊重的人。

（二）舞会礼仪

1. 准备。

（1）修饰。参加舞会前应沐浴，并梳理出适当的发型。男士要剃须，女士在穿短袖或无袖装时须剃去腋毛。由于跳舞时人们要近距离相对，因此参加者务必注意个人口腔卫生，认真清除口臭并禁食葱、蒜等气味刺激的食物。外伤患者、感冒患者以及其他传染病患者最好不要参加舞会，以免传染他人。

（2）化妆。有条件的要根据个人的情况，进行适度的化妆。男士化妆的重点通常是美发、祛味。女士化妆的重点则主要是美容和美发。与家居妆、上班妆相比，舞会妆允许相对化得浓艳一些，但仍须讲究美观、自然（化装舞会除外）。

（3）服装。参加舞会的服饰要同环境、气氛相协调。正常情况下，正式的舞会着装必须干净、整齐、美观、大方。按国际惯例，正式舞会通常会在请柬上注明服饰的要求，参加者应自觉遵守。一般的舞会，参与者要注意自己的服饰，使之端庄、整洁、得体、落落大方。男士宜穿西服套装或长袖衬衫配长裤，女士参加舞会以裙装为宜，不要穿过露、过透、过短、过紧的服装。在舞会上，通常不允许戴帽子、墨镜，或者穿拖鞋、凉鞋、旅游鞋。要系好衣扣，不要当众更衣或脱下外衣。

2. 赴会。

（1）时间。正式的舞会都要注明舞会持续的时间，而不限定参加者到场和离去的时间。但是参加者为了表示对主人的尊重和对舞会的支持，应尽量早些到达，结束时再离去。如果来得很晚，走得又很早，是不礼貌的表现。

（2）常规。在舞会上不管男女双方是否相识，都可以共舞。两个女性可以同舞，但两个男性却不能同舞。在欧美，两个女性同舞，是宣告她们在现场没有男伴；而两个男性同舞，则意味着他们不愿向在场的女伴邀舞，这是对女性的不尊重，也是很不礼貌的。通常情况下，一般是男士请女士跳舞。邀请和被邀请都有严格的礼仪规定，必须遵守，否则会引起误会和不愉快。

（3）邀请。当舞曲响起的时候，男士应庄重地走到女士面前，弯腰鞠躬，微笑而有礼地说："能请您跳个舞吗？"等客气话。弯腰以15°为宜，不应过分弯曲。当对方同意后，则两腿并立，稍弯腰，右手臂微弯曲，做一个请的手势，然后与女士共下舞池。舞毕，男士应将女士送回座位，然后鞠躬，说声"谢谢"或"再会"。

（4）谢绝。一般情况下，女士受到邀请时，不应拒绝；当男士邀请女士跳舞时，如果有特殊的原因，女士可以拒绝，但要向男士表示歉意，如"对不起，我有点儿不舒服，想休息一下""对不起，已经有人邀请我跳了，等下一曲吧""对不起，这种舞我不会跳"等。一旦女士拒绝了男士的邀请，就不应该再接受别人的邀请，应该坐在座位上等舞曲完了，才能与别人跳下一个舞，否则就是对先邀请者的不尊重，甚至是蔑视。而女士邀请男士跳舞时，男士是一定不能拒绝的，否则就是对女士的不尊重。

（5）姿势。跳舞的正确姿态应是抬头挺胸，双目平视前方，收腹梗颈，使身体重心向下垂直呈平正挺拔状。男女双方相向而立，相距20 cm左右。在跳舞的过程中，男女双方都要注意舞姿端正、大方活泼，身体始终保持正、直、稳、平，无论是向前、后、左、右方向移动，都要掌握好重心。如果重心不稳就会导致身体摇晃、肩膀高低不一、舞步不和谐，甚至踩了舞伴的脚。这样，舞姿就会变形走样，既影响自身形象，同时也会给舞伴造成不快或伤痛。男女双方的动作要协调、和谐默契，双方的身体应保持一定的距离。男士用右手碰着女士的背部时，应手掌心向下或向外，用右手拇指的背面轻轻将女士挽住；左手应让左臂以弧形向上与肩部成水平线举起，掌心向上，拇指平展，将女伴的手掌轻轻托住。男女双方都要跳得轻盈、自如、文雅、明快。

（6）细节。跳舞时，男女双方都要注意礼貌，使自己风度翩翩、彬彬有礼。应该面带微笑、表情自然、目光坦诚而和气地注视对方。如果男女双方比较熟悉，可以小声地交谈，声音小到不影响其他舞伴为宜。对不熟悉的舞伴，不可问长问短、闲聊不止。舞伴之间有什么重要事最好在休息时找地方谈，不可在舞场上争论不休、大声喧哗、高谈阔论。跳舞过程中，始终得男士带女士跳，一般是舞曲终结时才可以送女士回座位；没有特殊的原因，不能中途更换舞伴。

（7）风度。同性之间切忌争风吃醋，异性之间要自重自爱。不要跟刚结识的异性乱开玩笑，说话要注意分寸。不要自作多情地主动提出护送对方回家，也不要为了在异性面前逞强而对同性过分尖酸刻薄。男士不要与别人争抢，对于其他男士邀请自己的女伴，要表现得宽容大度。女性不要容不得其舞伴邀请其他女士的次数比邀请自己多。

五、出席文艺晚会礼仪

文艺晚会，是一种集娱乐与艺术享受于一体的常见社会活动，包括电影晚会、歌舞晚会、专题音乐会等。应邀出席文艺晚会，应讲究有关礼仪。

（一）及时答复

被邀请人接到晚会请柬或电话、口头邀请时，应尽早答复主人能否出席，以免剧场、影院空缺或主人空等，影响气氛。若不能出席，应将收到的票券按主人的意见处理。

（二）入座礼仪

决定出席的被邀请人应准时或提前数分钟到达演出地点。请柬附有座位号码时，应对号入座。若无座次，则可自由入座，但不要随便坐到贵宾席，包括包厢、看电影时 15 排前后左右的中间位置、舞台演出时的前 5 排中间位置。

（三）观看礼仪

观看演出时不要大声咳嗽或打哈欠。如有即席翻译，说话声音要轻，不要影响其他观众。演出结束时，都应鼓掌，不要表现出不满或失望。

（四）退场礼仪

观看舞台演出，应等谢幕后再退场；观看电影，应等字幕显示完毕后再退场。

复习题

一、单项选择题

1. 接待计划不包括（　　）。

   A. 接待规格　　　　　　B. 安保宣传

   C. 接待费用　　　　　　D. 接受款待

2. 在正式场合接待多方来宾时，往往会依据其具体的行政职务的高低进行排列。对于担任同一行政职务者，可按其（　　）排列。

   A. 任职的早晚　　　　　B. 国际惯例

   C. 字母先后　　　　　　D. 抵达早晚

3. 对于已不再担任行政职务者，则可参照（　　）进行排列。

   A. 年龄　　　　　　　　B. 原职

   C. 地区　　　　　　　　D. 姓氏

4. 对于驻外机构的负责人或是各类非正式活动的参加者，可依据（　　）进行排列。

   A. 不做排列　　　　　　B. 职务高低

   C. 字母　　　　　　　　D. 抵达早晚

5. 陪客人走路时注意的问题，以下正确的是（　　）。

   A. 请客人走在自己左边

   B. 主陪人员要和客人并排走，要走在客人的后边

   C. 乘电梯时，如果有人驾驶，要请客人先进

   D. 乘电梯时，如果没有人驾驶，应客人先进，然后自己进

6. 陪客人走路，在走廊里，应走在客人（　　）几步。

   A. 右前方　　　　　　　B. 左前方

   C. 无所谓　　　　　　　D. 以上都可以

7. 上车时要请客人先上，一般应请客人坐在（　　）位置。

   A. 后排座的右侧　　　　B. 后排座的左侧

   C. 前排座　　　　　　　D. 无所谓

8. 餐厅服务员上菜时，从客人（　　）侧上。

   A. 右　　　　　　　　　B. 左

   C. 都可以　　　　　　　D. 无所谓

9. 斟酒时则应站在客人（　　）侧。

A. 左 B. 右

C. 无所谓 D. 以上都不对

10. 餐厅服务员在给客人斟酒时，通常以（　　）为宜。

A. 五成 B. 满

C. 八成 D. 七成

11. 打电话不可忽视的细节不包括（　　）。

A. 确认通话对象 B. 征询通话者是否方便接听电话

C. 不要忘记最后祝福和感谢 D. 确认通话主题

12. 通电话完毕，不管与谁通话，不论老少，也不论男女，要遵循（　　）原则。

A. 自己先挂 B. 同时挂电话

C. 没等对方说完就挂 D. 上级先挂即尊者先挂

13. 接打电话避免声音过大或过小，话筒和嘴的最佳距离应保持（　　）左右。

A. 1 cm B. 2 cm

C. 3 cm D. 4 cm

14. 通话时，要注意通话时间要简短，长话短说，废话不说，没话别说，坚持（　　）。

A. "通话3分种原则" B. "通话5分钟原则"

C. "通话2分钟原则" D. "通话4分钟原则"

15. 电话接通之后，（　　）是必不可少的步骤，避免由于通话对象不对而闹出笑话或尴尬。

A. 问好 B. 确认通话对象

C. 说话文明 D. 询问具体事宜

16. 通话时电话忽然中断，应该（　　）。

A. 过后再拨 B. 立即再拨

C. 不予回应 D. 当作什么也没有发生

17. 如果已经确认对方姓名，在随后的电话称呼中应尽量使用（　　）。

A. 姓加职务 B. 姓加先生或女士

C. 对方姓名 D. 不要称呼

18. 现代工作人员业务繁忙，当接听来电时，应最好在电话铃响后第（　　）声接听。

A. 2 B. 3

C. 4 D. 5

19. 服饰美观中一个要求就是色彩要少——最多不过（　　）为佳。

A. 三色 B. 四色

C. 两色 D. 五色

20. （　　）是社会交际的工具，是人们表达意愿、思想感情的媒介和符号。

A. 微笑 B. 语言
C. 赞美 D. 电话

21. 行为举止在心理学上称为"（　　）"。

A. 语言 B. 仪态
C. 肢体 D. 形体语言

22. 礼仪是人们在（　　）活动中应遵守的行为规范和准则。

A. 公务交往 B. 社会交往
C. 私人交往 D. 男女交往

23. 按常规，举行正式会议均应提前向与会者下发（　　）。

A. 会议通知 B. 会议提纲
C. 会议讨论主题 D. 会议注意事项

24. 领带夹应在衬衫自上而下的（　　）之间，并不宜被外人看见。

A. 第一粒至第二粒纽扣 B. 第二粒至第三粒纽扣
C. 第三粒至第四粒纽扣 D. 第四粒至第五粒纽扣

25. 在尊长面前，坐好后占椅面的（　　），最合乎礼节。

A. 全部 B. 1/4
C. 1/2 D. 3/4

26. 在感谢方式方法上有口头道谢、书面道谢、托人道谢、打电话道谢之分，效果最差的是（　　）。

A. 口头道谢 B. 书面道谢
C. 托人道谢 D. 打电话道谢

27. （　　）色粉底会使涂抹部位产生深陷、缩小的效果。

A. 浅 B. 深
C. 亮 D. 棕

28. 戒指戴在食指上，表示（　　）。

A. 自己是一位独身者
B. 无偶或求婚
C. 已有了意中人，正处在恋爱之中
D. 已订婚或结婚

29. 女士在各种正式活动中，一般以穿着（　　）为好，尤其是涉外活动中。

A. 连衣裙 B. 礼服
C. 套裙 D. 牛仔服

30. 女士穿套裙上衣最短可以（　　）。

A. 齐腰　　　　　　　　　　B. 肩部以下一个拳头处

C. 肩部以下两个拳头处　　　D. 齐臀

31. （　　）坐姿是男女通用的。

A. 双腿叠放式　　　　　　　B. 垂腿开膝式

C. 双脚交叉式　　　　　　　D. 前伸后曲式

32. 在电梯里，人多的话，最好面向（　　）。

A. 左侧　　　　　　　　　　B. 外侧

C. 右侧　　　　　　　　　　D. 内侧

33. 从语言技巧上说，拒绝不包括（　　）。

A. 间接拒绝　　　　　　　　B. 沉默拒绝

C. 回避拒绝　　　　　　　　D. 直接拒绝

34. 西服纽扣的系法也大有讲究，穿双排扣西服时，一般要（　　）。

A. 扣第一排　　　　　　　　B. 扣第二排

C. 将扣子全部扣上　　　　　D. 全部不扣

35. 感谢他人的方法很多，效果最佳的是（　　）。

A. 书面道谢　　　　　　　　B. 托人道谢

C. 口头道谢　　　　　　　　D. 打电话道谢

36. 大型会场的主席台，一般应面对（　　）。

A. 群众　　　　　　　　　　B. 主持人

C. 发言人　　　　　　　　　D. 会场主入口

37. 负责会务工作时，往往有必要对一些会议所涉及的具体细节问题做好充分的准备工作，准备工作不包括（　　）。

A. 做好会场的布置　　　　　B. 根据会议的规定，与外界搞好沟通

C. 会议用品的采办　　　　　D. 人员安排

二、多项选择题

1. 优美的站姿能衬托出一个人的气质和风度。站姿的基本要求是（　　）。

A. 挺直　　　　　　　　　　B. 舒展

C. 线条优美　　　　　　　　D. 精神焕发

2. 从语言技巧上说，拒绝分为（　　）。

A. 直接拒绝　　　　　　　　B. 婉言拒绝

C. 沉默拒绝　　　　　　　　D. 回避拒绝

3. 在公务活动中，注重说话技巧的人士，在规劝与批评他人时，应注意（　　）。

A. 直接点出对方的错误，令其深刻反省

B. 表达上要温言细语，勿失尊重

C. 尽可能不要当众规劝批评别人

D. 规劝与批评需要一分为二

4. 座次的安排很有讲究，位在轿车前排的副驾驶座，在由专职司机驾车时，一般被称为"随员座"，它是属于（　　）的专座。

A. 陪同
B. 翻译
C. 秘书
D. 警卫人员

5. 在日常接待中，下列做法正确的是（　　）。

A. 如果自己有事暂不能接待来访者，就让来访者等一会

B. 如果来访者是预先约定好的重要客人，则应根据来访者的地位、身份等确定相应的接待规格和程序

C. 上级来访，接待要周到

D. 下级来访，接待要亲切热情

6. 餐厅服务员的"四勤"包括（　　）。

A. 眼勤
B. 手勤
C. 腿勤
D. 嘴勤

7. 在安排多排座轿车时，不管是谁驾车，都应该遵循的原则是（　　）。

A. 座次都是由前而后
B. 自左向右
C. 自右而左
D. 依距离前门远近排定

8. 处理好与下级之间的关系，至少需要注意以下（　　）方面的问题。

A. 礼贤下士
B. 关心支持下级
C. 尊重下级的人格
D. 宽宏大量

9. 使用移动电话应注意的礼节是（　　）。

A. 注意安全

B. 公务场合不问别人手机号码，也不要借用别人的手机（紧急情况除外）

C. 注意手机放置

D. 不制造噪声

10. 良好的风度，是靠（　　）支撑的。

A. 形象魅力
B. 道德修养
C. 文化素质
D. 综合能力

11. 社交礼仪的基本要求是（　　）。

A. 遵守公德
B. 严于律己
C. 善待他人
D. 知书达理

12. 通常（　　）是所有单位的"黄金"时段，打电话的时段应该尽量选择在这些最

有绩效的时段。

A. 上午 8:30—11:30 B. 上午 8:30—11:00
C. 下午 3:30—4:30   D. 下午 3:00—4:30

13. 服饰雅致的标准有（　　）。

A. 忌炫耀 B. 忌暴露
C. 忌透   D. 忌紧身

14. 行为美，便是上岗礼仪对工作人员实际工作要求的具体规范，主要有（　　）。

A. 精通专业   B. 钻研技术
C. 坚守工作岗位 D. 忠于职守

15. 通常情况下，正确而有效的外表修饰，除按礼仪着装外，还要做到"二勤"，即（　　）。

A. 勤打扮 B. 勤洗理
C. 勤修饰 D. 勤整理

16. 门迎、侍应时，往往站的时间很长，双腿可以平分站立。手的姿势可以（　　）。

A. 叉腰式 B. 前握式
C. 手背式 D. 下垂式

17. 要让自己说话不失"分寸"，除提高文化素养和思想修养外，必须注意（　　）。

A. 说话时要认清自己的身份 B. 说话要尽量客观
C. 说话要有善意   D. 说话要适当赞美别人

18. 乘坐轿车时，（　　）应该上座。

A. 来宾 B. 尊长
C. 女士 D. 自己

19. 会议礼仪的关键性内容有（　　）三项。

A. 会务性工作 B. 会风的端正
C. 会员服饰   D. 会场的排座

20. 小型会议，一般是指参加者较少、规模不大的会议。它的主要特征，是全体与会者均应排座，不设立专用的主席台。小型会议的排座，目前主要有（　　）三种具体形式。

A. 自由择座 B. 面门设座
C. 依景设座 D. 现场记录

三、判断题

1. 组成脸部的主要成分是五官，在五官中起决定作用的是眼睛，它是一个人仪表的重中之重，是人最核心的部位。（　　）

2. 形象魅力的基础是它的内在特征即通常所说的"人格魅力"。（　　）

3. 寒暄的主要用途，是在人际交往中打破僵局，缩短人际距离，向交谈对象表示自己

的敬意，或是借以向对方表示乐于与之结交之意。　　　　　　　　　（　）

4. 身材矮小者在选择发型时往往会受到一定的限制，最好是为自己选择卷发型。
　　　　　　　　　　　　　　　　　　　　　　　　　　　　　　（　）

5. 体形偏胖的人，适合穿着深色、暗色系的衣服，能产生凝重沉稳、收缩空间的视觉效果。　　　　　　　　　　　　　　　　　　　　　　　　　（　）

6. 西服中最为庄重的是深色西装。　　　　　　　　　　　　　　　（　）

7. 办公礼仪，通常是指从业人员在执行公务或俗称"上班"时间内应遵守的基本礼仪规范。　　　　　　　　　　　　　　　　　　　　　　　　　（　）

8. 每个人都应该遵守工作礼仪。具体而言，就是必须遵循服饰美、语言美、交际美、行为美的基本要求。　　　　　　　　　　　　　　　　　　　　（　）

9. 宴会是社交活动之一，它的功能是提供给人们进行聚会的机会。　（　）

10. 对于已不再担任行政职务者，应将其按原职位排座，并在担任现职者之前。
　　　　　　　　　　　　　　　　　　　　　　　　　　　　　　（　）

11. 举行涉外性质的大型国际会议或国际体育比赛时，按国际惯例，可依据其参加者所属国家或地区名称首位拉丁字母的先后顺序进行排列。　　　　（　）

12. 陪客人走路，一般要请客人走在自己右边。　　　　　　　　　（　）

13. 餐厅服务员在工作中要有"三语""五声"。即用好尊敬语、问候语、称呼语；客人来时有迎客声，遇到客人时有称呼声，受人帮助时有致谢声，麻烦客人时有道歉声，客人离开时有送客声。　　　　　　　　　　　　　　　　（　）

14. 餐厅服务员为客人斟酒时要讲礼仪，先主宾，后主人，然后按逆时针方向逐个进行。　　　　　　　　　　　　　　　　　　　　　　　　　　（　）

15. 有些重要会议，往往在会议期间要编写会议简报。编写会议简报的基本要点是快、准、简。　　　　　　　　　　　　　　　　　　　　　　　　（　）

第三篇 公务技能

机关事业单位工作人员的工作事务多琐碎繁杂。完成好工作所需公务技能，大体包括语言技能、场景安排、环境美化和安全保密四个方面。若这些繁杂的事务性工作做好了，可以展现一个企事业单位、一级党政机关的管理水平和形象，从而有力地促进机关事业单位的工作。

从更好地完成工作任务，提升单位形象，有效实施服务保障，并提高员工素质等方面来看，都是必要的。它是现代公共事业服务中技术工人的必备素养。因此要求通过训练提高语言素养和语言技巧；懂得如何美化环境并参与环境的美化工作；学会如何进行场景安排并为场景安排献策出力；在工作中严守安全保密准则。

第九章
语言技能

语言是人类最重要的思维工具、交际工具和文化载体。学好语言对人类的发展和社会的进步具有重要的作用。对于机关事业单位工作人员来说,语言的学习可以更好地实现人际交流和沟通。

第一节　语言交际的基本要求

一、将普通话作为基本工作语言

（一）什么是普通话

普通话是以北京语音为标准音,以北方官话为基础方言,以典范的现代白话文著作为语法规范的通用语。

汉语不等同于普通话,推广普通话并不是要人为地消灭方言,主要是为了消除方言隔阂,以利于社会交际,与人民使用传承方言并不矛盾。2000年,《中华人民共和国通用语言文字法》确立了普通话和规范汉字作为国家通用语言文字的法律地位。

（二）推广普通话的必要性

1. 大力推广普通话是社会发展的需要。普通话有利于人们正确地表达思想观点，理解彼此的语言信息，消除交际中的障碍，有利于促进各民族、各地区经济文化交流。

2. 大力推广普通话是时代发展的必然需求。汉语已成为当今世界上使用人口最多的语言，全世界都出现了汉语热，汉语将成为新世纪世界上最重要的科学语言、工作语言。推广规范、统一、健康的普通话已成为当今时代的迫切需要。

3. 推广普通话能够消除因方言、少数民族语言在交流中产生的障碍，更好地实现信息沟通。在具备讲流利的普通话的前提下，有的人还能熟练地使用方言或少数民族语言，有助于更好地沟通，为做好工作创造有利的条件。

二、基本要求

语言交际能力是机关事业单位工作人员的基本能力。如何正确有效地进行沟通，传达信息，从基本要求来看，应达到下面几个方面。

（一）发音准确清晰

语音形式是判定语言表达规范程度的客观标准。在言语交流中，要掌握方言和普通话之间在声母、韵母和声调上的差异，并通过训练加以校正。说话时应注意语调，尽量不要有方言痕迹。

（二）用词造句规范得体

要按普通话语法规范组词造句，在表达中不用方言词语，不出现方言语法，当然也要口语化，具有生动性。

选词造句语气要得体。得体首先要符合自己的角色和身份。有的人说话口气、语气很大，喜欢发号施令，即便他的观点正确，也因不得体，不会收到好的效果。其次要符合情理，褒贬恰如其分，小题大做、大题小做、褒贬随意，甚至出言不逊或过于卑微都会影响表达的得体性。

（三）表达要自然流畅

自然就是不做作、不生硬、自然而然。有的人为发准声调，说话如"挤牙膏"，很生硬；有的如背书一样唱着说，语调缺乏因表达需要的变化；有的语速平平，缺乏缓急交替，都会使语言没有特点，缺乏魅力；有的在说话过程中反复出现一些口头禅，如"这个……这个……""啊……啊……"等，都会使语言的流畅度受到影响，使表达效果大打折扣。

自然流畅、优美动听的语言使人感到舒服，愿意倾听，反之则常使人厌倦甚至厌恶。在语言表达自然流畅的基础上，还要注意声音的修饰，达到悦耳动听的效果。

第二节　话语表达技巧

话语表达是一门学问，需要审时度势的机智和恰当得体的口才，而且只要将自尊、自信、包容、谦虚、真诚等内心品质熔铸到哪怕平实的表达中，也会自然而然地形成对人类心灵的一种巨大冲击力，使那些经过精心润色的词句和精彩的修辞手段显得黯然失色，这需要掌握一些具体的话语表达技巧。

一、话语表达的文化心理基础

我们常说，一个人的语言美是心灵美的体现。好的话语表达与语言沟通不仅体现着表达者的心灵世界、文化修养，还体现出对表达对象的心理、文化基础的把握了解，从而使语言、情感能够很好地进行传递，使人接受，达到预期的效果。

在话语表达中，说得好不如说得巧，说得多不如说得少。诚恳、发自内心、真正为对方考虑的话，人们总是愿意接受的；而只从自己的立场出发的话，说得再动听，说得再多，甚至巧舌如簧，也不会打动他人。古人所谓"修辞立其诚"，正是这个道理。

二、对上司的称谓及同事间的问候技巧

一句简单的称呼与问候，既是人际交往中起码的礼仪，也反映一个人的修养和态度。做到得体的称谓与问候并不难，需要留意一些细节。

（一）称呼要与单位的文化环境相协调

在熟悉的工作环境中要入乡随俗，按照大家的习惯称呼上司和周围的同事。对于职位明确的上级，可以称呼其"某科长""某处长"等。在必要的时候可以主动询问对方该如何称呼。可根据对方的职位、场合、年龄、性别等把握好分寸，也要准确地应用感情，调整好自己的眼神、表情、语音的高低和腔调等。另外，资深的

下属面对资浅的上司，在工作场合，要明确领导与下属的关系，不能因为一时的别扭而直呼其名或"小张""小李"，让人误解为你不尊重他。

（二）同事之间的问候

同事相见，问候一般由"位低者"先行，态度要主动、热情、自然、专注，做到口到、眼到、意到。问候的具体内容可以不拘一格，可直接问候"您好""早上好"；也可间接问候，如"最近忙吗？""路上车堵得真厉害"等；也可以某个话题来代替直接的问候，如"动物园的樱花开了""翠湖的海鸥来了"等。

三、交谈的语言技巧

工作中的交谈除非有专门的重要的话题需要做长时间的交流，一般情况下应遵守以下原则：讲一分钟，听两分钟，在听的过程中做三次以上的肯定表示。自己简明扼要地说 1 min，给别人留 2 min 表达，在谈话中要给予有效的呼应与鼓励，使谈话融洽地进行，营造同事间良好的交谈氛围。在交谈中尽量不要插话，抢夺"话语权"，在必须插话时，可以商量的语气问一声"请允许我打断一下""请等等，让我插一句"之类的话，以免引起不必要的误解。

在生活、工作中，我们不但要做一个能言善辩的人，更要做一个善于倾听的人。在机关事业单位中具有善于倾听素养的人，可以更好地领会领导、同事的真实意图，把工作做得更出色。倾听时要做到"五到"，即耳到、口到、手到、眼到、心到。"耳到""心到"是指倾听时不可东张西望，三心二意，要专心致志地听，并且要真正听懂听明白对方表达的真实意思。"口到"是指倾听时不要一言不发，要给予恰当及时的呼应，适时的发问，没有问题时附以"嗯""真有意思"等鼓励对方继续说下去；也可重复对方的谈话，如"你是说……""所以你认为……"；还可加以总结，如"你的感觉是……""你的主要意思是……"来给予回应。"手到"是要调整好谈话过程中自己的肢体语言。"眼到"是要细致地观察对方的肢体语言，并用心灵去体会对方的谈话。

（一）不宜说的话

1. 在办公室说话不宜锋芒毕露。锋芒毕露的炫耀容易引起同事的嫉妒，能人"能"在做事上，而不是"能"在能说上。但也不必过分谦虚，自我贬损会使得同事小看你，自尊才能赢得他人的尊重。

2. 在办公室不宜谈个人隐私。办公室是工作的地方，不要把个人私生活的情绪与故事带到办公室。有人想用与同事谈个人私事的方式拉近与同事之间的亲密关系，但心理学家的调查研究发现，事实上只有1%的人能严守秘密，所以，一个成熟的人是不会太"直率"的在办公室向人袒露私人秘密的。

3. 在办公室不宜说单位的是非。这类话没有任何意义还会影响团结，甚至给自己带来风险。

案例

吴某才到一个新单位不久，他性格外向开朗，对同事如同对自己的亲人，大家无话不说，包括偏心的上司，无知的A……无所不谈，在一起的同事都点头称是，英雄所见略同。然而不久，吴某从各种渠道发现当事人都及时听到了他的议论，有人对他怒目而视，有人对他以牙还牙。在同事面前不能跟在家人面前一样谈论单位里的是非，既没必要还会引祸上身。

工作话语不同于社交话语，要简洁、明确、有力，语气平静温和但不含糊。在工作谈话中要多用"我也"，少用"我"。"我"说多了让人感觉你自大自负，引起其他人的排斥和反感。"我也"表明你与同事"英雄所见略同"，能够缩短同事间的心理距离，消除分歧，达成一致。要用"而且"代替"但是"。同事提出来的意见和方案你认为有改进的地方，用递进语气的"而且"来表达比用转折语气的"但是"来否定，更能促进工作的进展与同事间的合作。多用"请"少用"务必"。工作中虽然公事公办，然而工作是由人来做的，就要讲人情，人同此心，心同此情，每个人都喜欢自愿自觉地完成工作而不愿在压制下完成，"务必"剥夺了工作者的喜悦感和成就感，会增加心理压力，产生抵触情绪。而"请"让工作者感到信任与尊重，能够激发主动性与积极性。另外，工作中少用意思含糊的词，去掉口头禅，能使话语更简洁、明确、有力量，形成精明干练的工作作风。

总之，工作交谈的话语表达要做到"四避"：避粗鲁、避刻薄、避隐私、避忌讳。谈话让人容易接受，要注意做到"八戒"：戒没完没了，啰唆重复；戒信口开河，没有中心；戒打断话头，抢人上风；戒精力分散，东张西望；戒自吹自擂，狂妄自大；戒耻笑缺陷，侮辱人格；戒议论他人，搬弄是非；戒轻下结论，自以为是。谈话的内容一般不要涉及令人不愉快的事情，避免涉及对方的隐私，如年龄、婚否、工资状况等。男士与女士谈话要谦让，不与之开过分的玩笑，争论问题要有节制，切忌无休止攀谈，以免引起别人的反感。对方不愿回答的问题不要追问，若谈到了对方回避的问题，一定要表示歉意，并立即转移话题。

（二）避免说话"点炮"

办公室里的李强是一个车迷，但囊中羞涩，省吃俭用存了几年的钱，买了一辆二手车。车虽旧但李强很兴奋，周末他邀了办公室的几个同事出去郊游。回来的时候车子在路上熄火了，李强手忙脚乱急得满头大汗。同去的人都在耐心等待，急脾气的邬娜脱口而出："什么破车啊！要买就买新的嘛，老耽误事。"李强听了脸色马上就变了，还好同去的其他人救"火"及时才未发生冲突。邬娜这种行为是一种直截了当的"点炮"方式，还有一种"含沙射影""指桑骂槐"的"点炮"方式，虽没有指名道姓，但直戳别人心里，锋芒不减，也会让人怒从心中起，"弦外之音"带来极大的杀伤力。此外，还有一些人说话总是带有讽刺挖苦的语气，制造紧张的气氛和人与人之间的隔阂。

某人业务很好，思想尖锐，人也很正直，就是一张嘴巴不饶人，什么事经他一说还真"一针见血"，和他在一起的人听了无不点头称是，但就是长期不得领导重用。在一次闲谈中有一位单位领导曾很深刻地给他指出过：能说出人人想说但说不出来的话的人能成为领导，说出人人能说但都没有说出来的话的人就是"点炮"，而他就是后面的那种人。在工作中思想深刻是必要的，但并不必要表现为嘴上深刻。面对单位里许多敏感的话题，要注意斟酌自己的言辞，以免"说者无心，听者有意"造成误解，损人不利己。

（三）帮同事"打圆场"

有这样一个故事：有个理发师傅带了个徒弟，徒弟学艺三个月后正式上岗了。他给第一个顾客理完发，顾客照照镜子说："头发留得太长。"徒弟不语。师傅在一旁笑着解释："头发长使您显得含蓄，这叫藏而不露，很符合您的身份。"顾客听罢，高兴而去。徒弟给第二位顾客理完发，顾客照照镜子说："头发留得太短。"徒弟不语。师傅笑着解释："头发短使您显得精神、朴实、厚道，让人感到亲切。"顾客听了，欣喜而去。徒弟给第三位客人理完发，顾客边交钱边嘟囔："剪个头花这么长时间。"徒弟无语，师傅马上笑着解释："为'首脑'多花点时间很有必要。您没听说，进门苍头秀士，出门白面书生。"顾客听罢，大笑而去。徒弟给第四位顾客理完发，顾客边付钱边埋怨："用的时间太短了，20 min 就完事了。"徒弟心中慌张，不知所措。师傅马上笑着说道："如今，时间就是金钱，'顶上功夫'速战速决，为您赢得了时间，您何乐而不为？"顾客听了，欢笑告辞。

故事中的徒弟屡次陷入尴尬，老师傅用他丰富的阅历以及巧舌如簧多次为徒弟

"打圆场"。我们每个人都有可能因为种种原因陷入尴尬,这时如果身边的人能够机智相助就可以救我们于水火之中。推己及人,办公室的同事也可能遇到这一类的尴尬事,这时,如果我们能够站出来,机智地"打圆场",就有可能将同事解救出来。当然,"打圆场"需要智慧与好口才,如果自己能力不及,不但救不了别人,还把自己搭进去,使事态升级,那就成事不足败事有余了。

"打圆场"除语言技巧外,还需有救人以急的诚心与善意。

 案例

有一次,某综艺邀请一男明星担任演讲嘉宾。演讲完毕后,现场有一位年轻人向他抛出了一个犀利的问题,说在网络上搜索"过气歌手",映入眼帘的就是他的名字,问他对此怎么看?听了这个问题,男明星显得尴尬和无奈,表示自己接受"过气"的说法,但是不愿别人老是提起。

这时,主持人接过话来为他"打圆场":

你让乔丹现在回去和20多岁的小伙子争NBA总冠军,科学吗?不,可是这丝毫不会影响他依然是NBA的神。"过气"只是一个时间概念,它并不意味着明星就会被粉丝遗忘和抛弃,他的名字可能会很少出现在网络热搜上,但会一直存在于爱他的人心里。

主持人的话音一落,台下掌声一片,男明星也不停地鼓掌,想必他的掌声里包含着对主持人的感激之情。

(四) 给自己找台阶下

在生活、工作中可能由于自身的不小心或者是别人的恶意而使我们陷入尴尬或麻烦中,有人"打圆场"自然是好事,但也需要学会自救,且具备自救的能力。

案例

在一个综艺节目中,主持人不小心在下台阶时摔了下来,太尴尬了。可是她爬起来后对观众说:"真是人有失足,马有失蹄呀。我刚才狮子滚绣球的节目滚得还不熟练吧!看来这次演出的台阶不那么好下呢!但台上的节目会很精彩,不信,你们瞧他们。"主持人沉着而又巧妙地用言语自救,给自己摔倒后又找到了一个"台阶"下,免去了尴尬。

（五）与陌生人交谈

机关事业单位经常会接待一些前去办事的陌生群众，工作人员与陌生人交谈时也需要掌握一定的技巧。与陌生人交谈，可以先问一点儿客人的基本情况，如姓名、单位、职业、具体做什么工作，接着就可以其中某一个话题展开深入交谈，就聊到的某一个细节处攀亲认友，如大学时是校友，或与我的某个亲人或朋友是校友等。

办公室是机关工作人员的"一亩三分地"。要给客人留下积极、热情、美好的印象，与陌生客人谈话不要"话不投机半句多"。要"扬长避短"，扬自己之长，也扬客人之长；避自己之短，也避客人之短。有来有往，与客人的交谈融洽、和谐地进行，努力促进机关工作的进展。

（六）表达赞美、谢意或歉意

1. 赞美。给同事以真诚的赞美，是对同事的言行、素质以及高于自己的方面给予正面的评价。这也意味着你已看到别人身上存在的很多需要学习的优点，赞美可融洽同事之间的氛围，提高工作效率。赞美要真诚，"真"就是不伪，要从心里对别人的长处给予肯定，赞美的语言要适度，实际又不夸大。"诚"是倾心于对方，真正从心里赞赏别人。

2. 道谢。得到领导、同事的关照后应及时给予感谢。"谢谢"两个字既反映了个人修养，也反映了职业素养。礼貌、自信的道谢是对别人付出的一种肯定评价。道谢要真心实意，认真、诚恳、大方。道谢时要看环境、场景来决定道谢的方式。一般来说，话语表达要清楚，直截了当，不要讲得含糊不清，可简要提一下道谢理由。除了口头的当面道谢，也可采用书面（书信、电子邮件等）道谢、托人道谢、打电话道谢等方式。对于获赠礼品、赴宴后的道谢，礼节性的应酬道谢可当面说，可"专程道谢"，也可在他人不在之时道谢。

3. 致歉。有时会因为一时的疏忽、言行不当而伤害或冒犯了别人，绝不能试图掩饰或将错就错，要及时诚恳地道歉，才能冰释前嫌，消除别人对你的厌恶感，留住朋友与同事。道歉要及时，拖得太久会加深误会。道歉时态度要真诚、自然、大方。不要太贬低自己，以防有些素质不高的人借机奚落于你。道歉语要文明且规范。如"深感歉疚""很惭愧""请多多包涵""请你原谅""对不起""打扰了""失礼了"等。如有些道歉的话难以启齿，也可借"物"表达，如书信、鲜花等。

四、体态语言技巧

在人际交往中，人们的感情流露和交流经常会借助于人体的各种器官和姿态，这就是我们通常所说的"体态语言"。体态语言能够真实地反映一个人的素质、受教育的水平及能够被人信任的程度，在生活中被广泛地运用，在社交活动中有着特殊的意义和重要的作用。

（一）体态语

与人交谈时，要确保与对方保持至少半米的距离。不要表现得懒散没有精神，要保持良好的眼神交流，但勿死盯住对方。双手不要放在口袋里面，双臂不要交叉抱在胸前，这是个非常不友好的姿势。机关接待人员站要如松，身姿挺拔笔直、舒展俊美、庄重大方、精力充沛、信心十足、积极向上，不要过于随便，探脖、塌腰、耸肩、弯腿、抖腿或双手叉腰放在裤兜里均不可取。坐要如钟，不可前倾后仰、歪歪扭扭、高跷二郎腿。行要如风，步态要协调稳健、轻松敏捷，忌内八字和外八字，不能弯腰驼背、歪肩晃膀、扭腰摆臀、左顾右盼。咳嗽、吐痰、打喷嚏都要避免大声，更不能正面对人。向人致意、鞠躬、介绍、递物、接物都要诚心诚意，表情和蔼可亲，神情专注。

（二）手势语

人们交往时，手势是语言最好的辅助。一般来说，跷起拇指或鼓掌表示钦佩、赞扬，连连摆手表示反对，挥手表示再见或叫人走开，搔头表示困惑，用力挥手或拍额头表示恍然大悟，手心向上表示坦诚直率、善意礼貌、积极肯定，手心向下表示否定、抑制、反对、轻视，抬手表示请对方注意自己要讲话了，招手表示打招呼、欢迎你或请过来，摊手表示对抗、矛盾、观点对立，单手挥动表示告别、再会，伸手表示想要什么东西，藏手表示不想交出某种东西，拍手表示欢迎，两手叠加表示互相配合、互相依赖、团结一致，两手分开表示分离、失散、消极，紧握拳头表示挑战、决心、提出警告，竖起拇指表示称赞、夸耀，伸出小指表示轻视、挖苦，伸出食指表示指明方向、训示或命令，多指并用表示列举事物种类、说明先后次序，双手挥动表示呼吁、召唤、感情激昂、声势宏大。人们听到不喜欢、不感兴趣或有威胁的话时，往往采用双臂交叉抱在胸前的姿势。双臂交叉抱在胸前这种姿态是企图防御对方精神上的威胁而下意识形成的防范动作。相反，当人们表示喜欢、感兴趣时会身体前倾，表示接近或亲近。

手势不宜单调重复，打招呼、致意、告别、欢呼、鼓掌都要注意力度大小、速度快慢、时间长短、不可过度。

（三）面部表情语

一般在表达感情时，面部表情和手脚动作总是密切配合的，我们在人际交往中既要学会察言观色，又要善于利用面部表情语表达情感，那样不必多说话，也能很好地与别人交流。

1. 头部高高上扬的人，通常自视甚高、特立独行、傲慢而唯我。喜欢头部侧偏的人通常充满好奇心，热情活力极富感染力，但有时偏于固执。

2. 拍拍前额表示健忘，如果用力一拍，则是自我谴责，后悔不已的意思。

3. 眉毛能表达人们丰富的情感。如舒展眉毛，表示愉快；紧锁眉头，表示遇到麻烦或表示反对；眉梢上扬，表示疑惑、询问；眉尖上耸，表示惊讶；竖起眉毛，表示生气；眉毛向上扬、头一摆往往表示难以置信，有些惊疑。

4. 眼睛是人体传递信息最有效的器官。在社交场合交谈时，目光应正视对方的两眼与嘴部的三角区，表示对对方的尊重。但凝视的时间不要超过 5 s，长时间凝视，会让对方感到紧张。如果面对朋友、同事，可以用从容的眼光来表达问候、征求意见，这时目光可以多停留一些时间，切忌迅速移开，以免给人留下冷漠、傲慢的印象。

5. 用手揉揉鼻子表示困惑不解，事情难办。

6. 嘴巴可以表达生动多变的感情。如紧闭双唇，嘴角微微后缩，表示严肃或专心致志；嘴巴张开成〇形，表示惊讶；噘起双唇，表示不高兴；撇撇嘴，表示轻蔑或讨厌；咂咂嘴，表示赞叹或惋惜。

第十章 场景安排

场景安排主要是机关事业单位在会务等活动中根据活动时间、地点、会议内容、参会人员情况，布置好会议室与主席台，使会场布置与会议内容相符，座位安排周到，会议材料、多媒体等器材准备到位，为会议的顺利开展提供保障。

第一节　会议场景布置的原则及会前准备工作

一、会议场景布置的原则

在现代社会里，会议是人们从事各类有组织的活动的一种重要方式。一般情况下，会议是指有领导、有组织地使人们聚集在一起，对某些议题进行商议或讨论的集会。在我国，会议已经成为党和国家机关、企事业单位实行集体领导的基本方法之一，已成为各级党政机关、企事业单位日常工作的一种重要方式。在宣传、贯彻、执行党和国家的路线、方针、政策，统一思想，提高认识，进行决策，布置工作，调查研究，交流经验，统筹协调，解决问题等方面都有重要的作用。当然，这并不意味着会议越多越好，开的时间越长越好。会议并不是目的，只是一种手段。正确的态度是，会议既要解决问题，又不能沉溺于"会海"；既要提高会议效率，也要讲求社会效益。会议场景也直接影响着会议的效果，同时布置具有重要的意义。

会议场景布置主要有以下几个原则：一是会场安排与大会主题内容相协调。二是会场整体搭配协调、美观大方，主要包括光线、装饰色调风格等相协调，让与会者体验到舒适感和严肃感。三是会场座位安排要高低、上下、前后有序，让与会者有恰当感和层次感。四是确保各种会议设施性能稳定，使会议能够有序进行。

二、会前"软件"准备工作

所谓"软件"准备工作是相对于"硬件"来说的，是指了解会议时间、地点、参会人数等布置会场的准备工作。

（一）了解会议的时间和地点

场景安排负责人员要明确会议安排的时间和地点，根据会议的时间、地点、与会者以及会议主题做相应的会场布置。

熟悉的开会地点，常常不利于人们打破原有的思维模式，去开创性地出谋划策，也常常难以激发人们的热情，去积极思考和讨论问题。因此，会议地点的环境、文化氛围等会潜在影响每一个与会者的情绪，从而影响会议的质量。所以，如果设计一个新颖的会场，即使是熟悉的场地也有可能会使会议的效果出乎意料。

（二）了解参会人员情况

明确与会者的人数、级别、职务以及某些领导的具体情况是非常重要的一项工作。参会人数的多少决定了会议室的大小以及座席摆放的形状。如果人数超过50人，那么就应选择教室型的会议布置；如果人数少于50人，座席形状可以选择主席台方框形或圆形等。

清楚与会者的职务是安排座次的前提，领导分别安排在哪几排，坐哪个位置，都是有规矩的，座位应按职务的高低顺序安排。

了解某些领导的具体情况主要是指他们的习惯和禁忌。例如，有些领导不喝茶水，就应该为其准备白开水。

（三）了解会议的内容和主题

会议的内容和主题决定了会议的氛围、布置和装饰。如果是机关事业单位内学习党的有关文件的会议，那么会议的布置风格应趋于严肃，会场布置的色调要正式、淡雅。如果是单位内的节日集会、茶话会，那么会议的风格、基调应是喜庆、轻松、愉悦。总之，会议场景的布置要与会议的主题、内容相一致。

三、会议相关文件的准备

会议文件的准备是会议召开前准备工作中的一项重要内容,所以,需要认真、仔细、周到地加以安排。

(一) 明确准备的内容

会议文件的准备一般包括以下几方面的内容。

1. 做好文件的印制或复制工作。主要包括以下几种文件:

(1) 会议的程序性文件。如会议议程与日程安排表、会议时间安排表、选举程序与表决程序安排表等。

(2) 会议的中心文件。如领导人讲话稿、参会代表发言材料、经验介绍材料等。

(3) 指导性文件。如有关的法律、法规、政策文件等。

(4) 参考性文件。如统计表、技术资料。

(5) 会议管理性文件。如会议通知、证件、作息安排表及会议须知等。

2. 认真校对会议文件。文件校对工作是文件印制工作中的一个重要环节,须加以重视。

3. 做好会议文件的分发工作。有些会议文件需要在会议召开之前发给与会者,有些则在会议召开时分发。但无论何时分发,都应尽量提前做好准备工作。

(二) 了解准备工作的要求

1. 按照与会者名单,为每人准备一个文件袋,并在文件袋上标注与会者的姓名。

2. 分发重要文件一般要编号、登记。

3. 具有保密内容的文件,要注明保密等级。

4. 分装文件要认真、细致,不能出现漏装或重装的情况。

四、会议用品的准备

会议用品包括除会议文件以外所有会议所需的物品与设备。一般情况下,各种类型会议都需要准备以下种类的物品:

（一）会议的必备用品

1. 文具用品。如纸张、笔、本册等。
2. 桌椅、台布。
3. 茶具。如暖水瓶、矿泉水、水杯、茶等。
4. 扩音设备、照明设备及空调设备。

（二）会议的特殊用品

不同类型的会议，由于内容要求不同，对用品的要求和使用也不尽相同。

1. 选举型会议要准备好投票箱、选票箱等物品。
2. 表彰会需要准备好奖品及颁奖时使用的音乐。
3. 代表会议和庆典型会议要准备好会议中使用的音乐。
4. 专业型会议或咨询型会议应准备好幻灯机、投影仪等设备。
5. 根据会议的要求准备好会议的横幅、宣传标语、花卉等物品。

第二节　会议室的总体布置

一、会议室布置的总体要求

会议室是开会的场所，一般小型会议及常规例会，会议室只要整洁、明亮，有足够的桌椅，能让与会者方便看文件、做记录、讨论发言即可。大型的会议布置的理想目标应该是座位不拥挤，视线好，温度适宜，听得清楚，照明要明亮而不耀眼。

（一）会议室的空间

会议室的空间是有规定的，一般来说，扣除第一排座位到主席台后显示设备的距离，根据参加会议的人数，按每人 $2\ m^2$ 的占用空间来考虑，甚至可放宽至每人 $2.5\ m^2$ 的占用空间。总之，要留有较大的空间，以利于人们的活动。

（二）会议室的环境

1. 会议室内的温度、湿度应适宜，通常考虑室温为 18~25 ℃，湿度为 40%~60% 较合理。为保证室内的合适温度和湿度，会议室内可安装空调系统，以达到加热、加湿、制冷、去湿、换气的功能。

2. 会议室要求空气新鲜，所以要适度地通风，以免因空气不流通，令人感到昏昏沉沉与极度的疲劳。

3. 会议室的环境噪声级要求为 40 dB，以形成良好的开会环境。若室内噪声过大，会大大影响音频系统的性能，同时，与会人员会很难听清会场的发言。

（三）会议室的布局、灯光照度、音响效果和多媒体投影仪

1. 会议室布局。会场四周的景物和颜色，以及桌椅的色调力求和谐一致。一般忌用白色、黑色之类的色调，这两种颜色对人物摄像将产生"反光"及"夺光"的不良效应，同时也可能会影响与会者的心情，如黑色会使人心情压抑。所以墙壁四周、桌椅均采用浅色色调较适宜，如墙壁四周米黄色，桌椅浅咖啡色等，南方宜用冷色，北方宜用暖色。摄像背景（被摄人物背后的墙）不适合挂有山水等景物，否则将增加摄像对象的信息量，不利于图像质量的提高。可以考虑在室内摆放花卉盆景和工艺品等清雅物品，但不宜过多过杂，从而增加会议室整洁、高雅、活泼、融洽的气氛，有助于促进会议效果。

2. 灯光和灯光照度。灯光照度是会议室的基本必要条件。摄像机均有自动彩色均衡电路，能够提供真正自然的色彩，从窗户射入的光（色温约 5 800 K）比日光灯（3 500 K）或三基色灯（3 200 K）偏高，如室内有这两种光源（自然及人工光源），就会产生有蓝色投射和红色阴影区域的视频图像；另外召开会议的时间是随机的，上午、下午的自然光源照度与色温均不一样。因此会议室应采用自然光源，而采用人工光源，所有窗户都应用深色窗帘遮挡。在使用人工光源时，应选择冷光源，如三基色灯（R、G、B）效果最佳。避免使用热光源，如高照度的碘钨灯等。要尽量使光线明亮、柔和，以减缓会议时间过长带来的疲劳，会场灯光应有几套，以适合会议颁奖、照相、演出等多种需要。

当然，多媒体会议室对灯光的要求更严格一些。一般来说，多媒体会议室会场控制台上应安装灯光控制器，以便根据会场需要对光照作相应的控制。灯光昏暗一点儿可以使投影画面显示质量更佳。而光亮一点儿可以使与会者的大脑处于兴奋状态，从而不容易使其打瞌睡。显然会议室环境的照明与显示媒体的亮度需要细心权衡，全盘考虑，才能取得较好的视觉效果。

3. 音响效果。音响系统是大多数会议室内视听设备的一种。音响必须保证声音逼真，所有与会者能听清楚。麦克风架、调音台和音箱是会议室最基本的音响设备之一，高质量的扩音系统是办好会议的关键，以保证演讲者在使用时不应出现失真

或发出尖鸣等现象，当音响设备和放映设备一起使用时，音响和屏幕应放在同一地点。研究表明，当声音和图像来自同一方向时，容易增加人们的理解程度。

要事先检查室内音响系统的质量和可调性，提早解决音响系统所有可能发生的问题。将一个大厅分隔成若干小间的通风墙通常不太合适，因为这样不能隔音，另外，要检查室内有无死角（不能像室内其他位置那样听清传音的地方）。

根据声学技术要求，一定容积的会议室有一定混响时间的要求。一般来说，混响的时间过短，则声音枯燥发干；混响时间过长，声音又混淆不清。因此，不同的会议室都有其最佳的混响时间，如混响时间合适则能美化发言人的声音，掩盖噪声，增加会议的效果。

下面简单介绍一下麦克风，因为不管小型会议还是大型会议，一般都需要使用麦克风：

（1）手持麦克风。一种传统的扩音器，说话时麦克风必须距离嘴巴很近。

（2）固定桌面麦克风。固定安放在讲桌上的麦克风，演讲人讲话时不能离开讲桌，限制了演讲人的行动。

（3）桌面麦克风。将麦克风放在桌子上使用，一般在小组讨论、发言人坐下发言时使用。

（4）落地式麦克风。这种麦克风旋转在可伸缩的金属架上，引线很长，演讲人可以走动。

（5）漫游式麦克风。这是一种手持麦克风，电线可有可无。

4. 多媒体投影仪。多媒体投影仪是一种可与计算机连接，将计算机中的图像或文字资料直接投影到银幕上的仪器。如果会议要用到多媒体投影仪，须在会议前调试好。因为它一旦出现故障，不仅会妨碍会议的进程，而且可能会影响整个会议能否进行，同时也影响与会者的心情，所以会前一定要确保它的正常运行，不要抱侥幸心理。同时，会议进行时一定要留一个专业人员负责多媒体，以便突然出现故障时能够及时处理。

二、主席台布置

会议一般都有主席台，主席台的布置也是会议会场布置的重点。主席台上的会议桌和座椅一般放置在台上正中偏外的位置，需铺上台布，放置话筒、座签、茶杯等各种通常必备物品；如果有发言席，可以设在主席台座席左侧位置并安置话筒；如果需要投影展示，应当在发言席后放置投影仪，但注意不要让发言席挡住投影幕布；在主席台的上方或背后悬挂写有会议名称的横幅，一般使用红底白字。主席台的背后应避免有窗户或门，因为在开会时主席台通常会成为与会者们注视的焦点，而窗户或门又极容易吸引与会者们的注意力，从而大大减弱了他们对主席台的注意力。会议室需要有一只挂钟，一般挂在主席台对面的墙上，这样可以让主席台的人随时掌握时间，控制会议的节奏。主席台布置应与整个会场布置相协调，并要求做到强调突出其重要位置。

（一）座位

主席台座位要满座安排，不可空缺，尚定出席的人因故不能来，则要撤掉座位，而不能在台上空着。

第一排的座位以中间为尊，按照惯例，一般由中间按左高右低的顺序向两边排开，即第二领导坐在最高领导的左侧，第三领导坐在最高领导的右侧，以此类推。若人数正好成双，则最高领导在中间左侧，第二领导在中间右侧，以此类推。这里的左右是当事人之间的左右。

主席台座位若有多排，则以第一排为尊。每个座位的桌前要放置好姓名牌，既方便领导入座，也便于台下与会者辨认熟悉有关人士。

座次的安排一般有以下四个原则：第一，以面门为上，在室内活动的话，面对房间正门的位置是上座；第二，居中为上，就是中央高于两侧；第三，前排为上；第四，以远为上，就是距离房间正门越远位置越高，离房门越近位置越低。

主席台座位不要排得太挤，以便于主席台成员打开文件、做记录、翻讲话稿等，并放置茶水、眼镜、笔等物品。

（二）讲台

主席台的讲台，应设于主席台前排右侧台口，讲台不能放在台中央，使主席团成员视线受妨碍。讲台上主要放话筒，但也可适当放一盆花卉，讲台桌要便于发言者打开讲话稿或摆放相关材料，并配有适当的照明。比较现代化的讲台有供演讲人调节照明和视听装置的控制器。

（三）话筒

发言席和主席台前排座位都应设有话筒，以便于发言者演讲和会议主持人或领导讲话。一般发言席和主持人的话筒是专用的，主席台前排其他就座者合用两个至三个话筒，但一般放置于主要领导面前。

（四）后台

主席台的台侧与后台，应设为在主席台就座的领导和与会者的休息室，以便于他们候会，并尽可能在后台排好次序上台入座，以免造成混乱。有时若会议过程中发生小故障，后台还可以供有关人员商量对策，排除困难。所以，场景安排者千万不可忽视后台的作用。

三、座位安排

会议中的座位安排包括会议座位安排和会议用餐座位安排。

（一）会议座位安排

桌椅的实际布置不仅取决于开会的人数，也取决于会议的目的。会议室的大小直接影响会议的气氛，而会议室的大小又取决于会议室的布置，会议室的布置又以桌椅的布置最为重要。

会议室应根据其大小、形状、会议的需要、参会人数的多少来决定座位安排，尽量做到符合美学原理和与会者的审美观。一般情况下有教室型、U形、方框形、圆形和自助餐型等。

1. 教室型（课桌型）。如图3-1所示，这种布置与学校教室一样，在椅子前面摆放桌子，方便与会者做记录。桌与桌之间前后距离要大些，要给与会者留有座位空间。这种布置也要求中间留有走道，每一排的长度取决于会议室的大小及出席会议的人数。

2. 主席台U形。很多小型的会议倾向于面对面的布置，U形是较常见的，即将与会者的桌子与主席台桌子垂直相连在两旁，如图3-2所示。

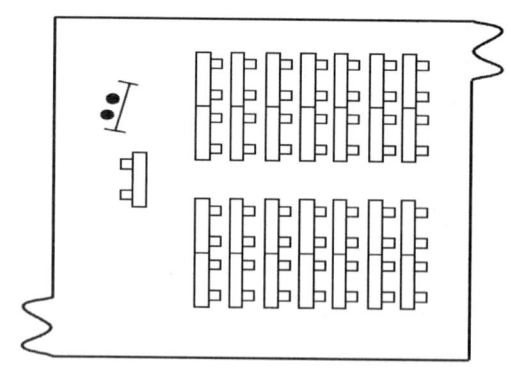

图3-1 教室型（课桌型）

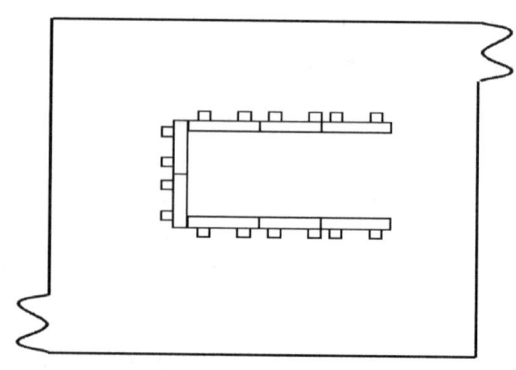

图3-2 主席台U形

如果只有外侧安排座位，桌子的宽度可以窄些；如果两旁安排座位，应考虑提供更大的空间来呈放材料。

3. 主席台方框形和圆形。如图3-3所示，将主席台和与会者桌子连接在一起，形成方形或圆形，中间留有空隙，椅子只安排在桌子外侧。这种座位形式，与会者可以互相看得见，领导人和会议成员可以自由交谈，适合于召开15~20人的中型会议。

4. 自助餐型。圆形的自助餐型的桌子布置多用于有关酒会等与饮食结合在一起的会议，如图3-4所示。在中间的圆桌上可以放上鲜花或其他展示物。

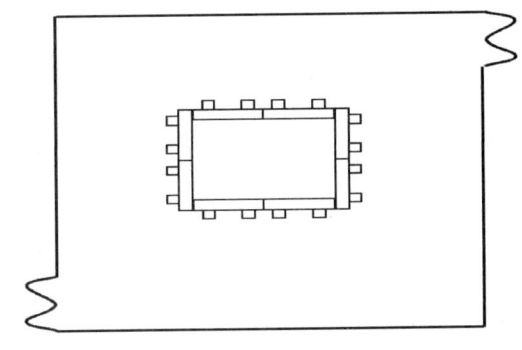

图3-3　主席台方框形

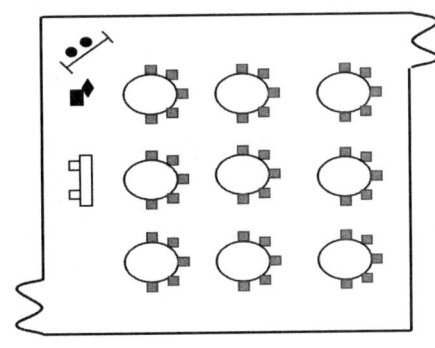

图3-4　自助餐型

自助餐型还有很多变化的形状，可根据具体场所和时间来安排。

（二）会议用餐座位安排

在会议用餐中，桌次与座位是一个不可忽视的问题。按照惯例，桌次的高低以离主桌位置远近而定，右高左低。桌数较多时，要摆桌次牌。宴会可以用圆桌、方桌或长桌，一桌以上的宴会，桌子之间的距离要适中，各个座位之间的距离要相等。团体宴请中，宴桌排列一般以最前面的或居中的桌子为主桌。

餐桌的具体摆放还应依宴会厅的地形条件而定。各类宴会餐桌摆放与座位安排都要整齐统一，椅背达到纵横成行，台布折纹要向着一个方向，给人以整体美感。

礼宾次序是安排座位的主要依据。我国习惯以主人席位为中心，客人按其本身的职务排列，以便谈话。如夫人出席，通常把女方排在一起，即主宾坐在男主人右上方，其夫人坐在女主人右上方（以右为上）。两桌以上的宴会，其他各桌第一主人的位置一般与主人主桌上的位置相同，也可以面对主桌的位置为主位。两桌横排时，以面向正门而定，右为尊，左为卑。两桌纵排时，以距正门远近而定，远为上，近为下。三桌或三桌以上时，以面向正门为准，面门为上，其他桌以右为上，以离主桌近为上，以离门远为上。还要注意的几点就是：主人方面的陪客，应尽量穿插在客人之间就座，以便与客人交谈照顾；夫妇一般不相邻而坐；主宾双方人员应穿插安排就座，并注意礼宾次序。

在具体安排座位时，还应考虑其他因素。如双方关系紧张的应尽量避免安排在一起，身份大体相同或同一专业领域的可安排在一起。

第十一章
环境美化

办公环境的美化是关系机关事业单位外在形象的重要方面,也是工作人员的精神体现。办公室的布置安排,重要办公设备物件的摆设,都大有讲究,做得好,可以营造一个使人舒心的工作环境,提高工作人员的服务质量和工作效率。

办公室中影响工作人员心理、态度、行为以及工作效率的各种因素的总和称为办公室环境。办公室环境一般可划分为硬环境和软环境,硬环境包括办公室所在地、建筑设计、室内空气、光线、颜色、办公设备及办公室的布置等外在客观条件。软环境包括办公室的工作气氛、工作人员的个人素养、团体凝聚力等因素。

制约办公室环境的因素很多,主要有自然因素、经济因素、人的素质修养因素等。一般来说,人的素质修养高,则关系融洽,团体凝聚力强,更适合于办公室工作人员工作,起到事半功倍的效果。反之,如果气氛不融洽,互相猜疑,矛盾重重,则会严重影响工作,即使有现代化的办公设施等技术条件,也未必能带来高效率。因此,软环境的建设比硬环境的建设有时显得更为重要。

办公室是一个单位活动的重要场所,要求明快、整洁、方便、实用。确定办公室的方位应本着便于各项公务沟通协作的原则。凡与社会接触较多的部门,如收发室、传达室等,应设在人员进出的地方;综合、秘书等部门,应设在办公楼的中心地点;打字、计算机房、财务等办公室,应设在办公室楼一端;关系密切的处室应相互接近。

一、办公室环境的物理条件

办公室环境物理条件内容比较广泛，主要是指办公室硬环境的建设，包括绿植环境、空气环境、光线环境、颜色环境、声音环境、设备环境、安全环境七项。

（一）绿植环境

办公室的绿化是不能忽视的。外部环境应绿树成荫，芳草铺地，花木繁茂。它不仅能点缀美化环境，而且是调节周围小气候的有效方式。因为植物通过光合作用，能吸收对人体有害的二氧化碳，同时释放出氧气。调查表明，绿化周围环境，能增加生气，丰富色彩。因为植物大都绿叶繁茂，人一看到绿色，便会产生一种视觉效应，这种感觉是微妙的。绿色象征和平与生机，使人产生安全感，并使人奋发向上。因此，办公室绿化，不但能调节小气候，而且有助于提高工作效率。

室内绿化与室外显然不同。室内只能放置花草，且所占空间不能太大。合理地配置花木，会给室内增光添辉。有人把室内绿化誉为"无声音乐"，可使人心旷神怡。另外，很多花卉都有其宜人的馨香，易使人的嗅觉得到某种良性刺激，促使大脑皮层兴奋，从而影响人的心理、情绪和行为举止。

（二）空气环境

空气环境的好坏，对人的行为和心理都有影响。因此，室内通风与空气调节对工作人员提高工作效率是十分重要的。目前，空气环境是以空气温度、湿度、清洁度和流动速度四个参数来衡量的，称之为空气的"四度"。

1. 温度。空气温度的高低对人的舒适和健康影响很大。办公室的温度冬天一般在 20~22 ℃，夏天在 23~25 ℃ 为宜。

2. 湿度。对于办公室工作人员来说，适当的空气湿度能振奋精神，提高工作效率。研究表明，在正常温度下，办公室内理想的相对湿度在 40%~60% 之间。在这个湿度范围内工作，人会感觉清凉、爽快、精神振作。

3. 清洁度。空气的清洁度是表示空气的新鲜程度和洁净程度的物理指标。空气的新鲜程度就是指空气中氧的比例是否正常。如许多人在一个封闭的屋子里开会，时间一久，人们就会有胸闷或压抑的感觉。在这种情况下，必须开窗通风，或开启排风扇、空调机，以调节室内的空气。因此，办公室空气新鲜与否，与工作人员的身体健康有着密切的关系。

4. 流动速度。更换室内的空气是通过空气流动来实现的。一般来说，在室温为

22 ℃左右的情况下，空气的流速在 0.25 m/s 时，人体能保持正常的散热，并有一种微风拂面之感，感到舒适。常开窗能起到换气、使空气对流的作用。

（三）光线环境

充足的光线是办公室环境的重要因素之一。办公室的光线应使工作人员满足视觉需要且不易疲劳。只有光线充足、舒适，才能够使工作人员减少疲劳、减少错误，保持充沛的精力。办公室光线的来源包括自然光、日光灯及白炽灯。自然光有益于心理的健康，但因早晚光线不一，因此需有其人造光以弥补光线不足。日光灯能提供大量的照明，最适宜办公室布置。

办公室光线系统的基本设计共有五种：直接光、半直接光、间接光、半间接光、直接间接光。其中，采用间接光或直接间接光较为优良。适当地提高办公室的光线的经费，是一种健全的投资。良好的光线约占办公室总工作成本的 2%，而不良光线亦占总工作成本的 0.5%，即仅增加总成本的 1.5%，就在光线方面获得舒适、准确及精神上的满足。许多研究显示，能提供适当的光线，则办公室的效率能提高 10%~15%。

（四）颜色环境

颜色会影响人类的情绪、意识及思维。如颜色通常对于人类的血压及性情产生重要的影响。有些颜色使人心情放松；有些颜色则令人感觉郁闷；有些颜色能加速心智的活动；有些颜色则降低心智的活动。黄色、橙色与红色称为暖色，这些颜色令人心理上感到温暖与愉快。反之，蓝色、紫色与绿色称为冷色，它们令人感到平静。浅黄色、灰褐色与象牙色等淡色，令人有适度兴奋之感。

办公室的颜色环境，可根据不同地区及办公室的不同用途而采用不同的颜色。气温高、天气热的地区，办公室宜采用冷色，如绿、蓝、白、浅灰等；气温较低的地区宜用暖色，如橙黄红、灰等。按工作性质，研究、思考问题的办公室，宜用冷色；会议室、会客室宜用暖色。人们还可以利用颜色的配色原理，调制出最适合本地区、本部门的颜色。但必须遵循一条总的原则，即适用、美观、效率，有益工作人员的身心愉快和健康。

（五）声音环境

噪声令人感到不愉快、分散注意力、增加工作成本，且容易造成工作的错误。一个效率高的办公室，应注意声音的调节，防止噪声，力求办公室的安静。

办公室保持安宁、肃静,才能使工作人员聚精会神地从事工作,效率更高。安静,并非指绝对没有声音。声音环境应有一个理想的声强值。办公室的理想声强值为20~30 dB,在这个声强值范围内工作,使人感到轻松愉快,不易疲劳。

当工作人员工作时,如适当播放音乐,则可改进工作的条件,减轻心理与视觉的疲劳,减少精神的紧张,并使工作人员有愉快之感。办公室的工作,因播放音乐而显示最大益处的工作包括:档案、收发、打字、接待等。音乐需适当地控制,即为实现特别目的,音乐应预先安排。办公室的音乐,以选播轻快的古典音乐与节奏轻快的音乐为主。早晨宜选用轻松愉快的音乐,最大激励的音乐可于中午前及下午播放。

(六)设备环境

办公用品的适用化和现代化能够大幅度提高办公效率。现代化的设备环境要求办公室强化和完善以下功能。

1. 数字计算功能。工作人员可通过电子计算机完成所需的各种计算。

2. 文字处理功能。工作人员能迅速处理各种业务文件、图片、报表,并具备编辑、转换、存贮、识别和处理功能。

3. 信息查询功能。利用办公室自动化系统,能迅速查到所需的各种信息资料。

4. 通信功能。能实现传真、计算机网络等多种方式的通信,并能自动记录、存贮、发送信息。

(七)安全环境

安全环境大致包括以下三个方面。

1. 人身安全。加强门卫登记制度,重要部门要由武装警卫人员值班,以保证办公场地及人员的安全。

2. 财产安全。办公室的设备、文件、档案以及仓库是单位的财产,应该实行严格的安全防护措施,以防止盗窃、拐骗、窃密现象的发生。除要有严格的制度作为保障外,还要购置必要的保险设备,并配有专人和专职部门负责这项工作。特别是机密文件的保护,更要从细、从严,必要时要配备武装警卫人员守护,从外围加强安全措施。

3. 防火安全。办公室内储存有大量的档案与信息,如果不慎失火,会造成不可弥补的损失。所以办公场所要特别注意防火,除制定并严格执行安全防火制度外,还要设置防火、灭火及避雷装置,做到有备无患。

二、办公室环境的社会条件

办公室环境的社会条件，主要是指办公软环境的建设，包括人际环境、气氛环境、工作作风三项。

（一）人际环境

办公室内部良好的人际关系与工作效率密切相关。因此，一个好的领导者，不仅要注意改善工作场所的物质环境，还要花较大的力量建立办公室良好的人际环境，因为它是影响工作人员工作行为的活的因素。与此相关的内容主要有以下几方面。

1. 一致的目标。目标是全体人员共同奋斗的方向，可激励大家奋发努力。只有目标一致，才能使大家同心同德，团结共事，否则，便可能陷入无穷的争执中而无所作为。

2. 统一的行动。在办公室内，每个成员的工作都是为了实现统一目标，虽然分工不同，作用大小也不同，但每一项工作就如同工作母机中的每一部件，必须一起协作运转，机器才能顺利运行。因此，要使工作人员在既定的目标下，充分发挥个人之长，彼此配合默契，必须有严格的规章制度，科学的组织管理，公平合理的办事作风，这样，整个办公室才能呈现统一行动的状态。要坚决反对不顾大局，只顾个人或小团体利益的做法。

3. 融洽的凝聚力。凝聚力是指办公室成员之间的吸引力和相容程度。个人的许多心理需要，尤其是与工作有关的需要，如学习需要、信念与支持需要、归属需要等，只有在办公室内才能得到满足。

（二）气氛环境

和谐的气氛，通常是指一种非排斥性的情感环境。良好的心境是建立和谐气氛的根本因素，它对办公室成员行为的影响是不可忽视的。情绪一旦产生，可以持续相当长的时间，影响人的心境和行为活动。因此，办公室成员应该善于调节自己的心情，克服消极情绪，努力使自己在任何情况下都保持良好的心境。

（三）工作作风

工作作风由认识、情感、意志和行为等多种因素构成，是在共同的目标与认识的基础上，经过办公室全体成员长期共同努力，逐步形成的一种较稳定的精神状态和具有一定特色的行为规范环境。

良好的工作作风是一种无形的力量和无声的命令，对办公室成员的行为具有强大的约束力、推动力和感染力，使人很自然地接受其教育和感化，使行为举止适应工作的要求。工作气氛是否热烈、工作态度是否热情、工作作风是否严谨、是非标准是否鲜明，在很大程度上代表着一个组织的风貌，对办公室成员的行为有着深刻的影响。良好的工作作风可以使人精神振奋，心情舒畅，能充分调动和发挥大家的主动性、积极性、创造性，使各方面的工作得以顺利开展，对实现工作目标，完成工作任务起着推动作用。

三、办公环境美化的基本原则

办公环境美化，实际上也就是协调好人—设备—环境的关系。就是以人自身的生理、心理特点为出发点，从外观、视觉、听觉、空气、安全等方面研究办公活动的工作环境，使其更适合办公人员的身心活动要求，让办公人员能更主动、更高效地支配设备和环境，更健康、更愉快地工作。美化办公环境须遵循以下基本原则。

（一）舒适

办公室的室内设计、装潢，或是装饰、物品摆设，都应以舒适、整洁为准。

（二）和谐

和谐的办公环境能激发工作人员的团队精神。办公室的办公桌椅、文件柜等的大小、格式、颜色要尽可能统一，这不但可以增强办公室的美观效果，更重要的是可以强化成员之间的平等观念，创造和谐的人际关系。

（三）实用

办公室布局应该力求实用方便，可以适当放置一些装饰画、工艺品或花草，注意不要流于粗俗。良好的办公环境不仅可以提高和促进员工的绩效，往往还肩负着组织窗口的角色，在访客面前为组织营造出良好的形象。

（四）安全

保证组织的物品安全是每个成员的重要职责之一，也是美化办公环境不可忽略的一个原则。

第十二章
安全保障

安全保障是由机关事业单位的工作性质决定的。机关事业单位的工作涉及党的方针政策的制定、贯彻、落实与执行，涉及社会、经济、政治、文化各个方面，工作人员在工作中都会接触到这些内容，因此保密就成为机关事业单位工作人员的基本素质。安全方面，在所从事工作中，驾驶、机电维修、食堂卫生、文件收发、档案管理、后勤保障等，都要强调安全第一的原则，小的疏忽都会酿成大的事故，导致不可挽回的损失。

第一节　驾驶安全

一、驾驶安全要求

1. 驾驶员应具备良好的职业道德，遵守《中华人民共和国交通法》及《道路交通安全法》等相关法规要求，遵纪守法，安全行车。

2. 服从单位的工作安排和管理，坚守工作岗位，准时出车。

3. 严禁违章行车、酒后驾车、私自驾车，做到文明、安全驾驶。

4. 不断加强技能学习，努力提高驾驶技术，无责任事故发生。

5. 驾驶员应爱护车辆，加强车辆保养，保证车辆机械状况和安全状况良好，妥善保管车辆的保险、年检等各种必备手续，保持车辆内外清洁。

6. 驾驶员工作时必须着装整洁、举止大方、礼貌待人，严守保密制度，不传是非，维护单位的良好形象。

7. 驾驶员必须服从用车调度，保持通信联系，做到随叫随到，积极完成出车任务。

8. 驾驶员未经单位同意私自用车以严重违纪论处。若发生事故，一切责任由私自出车者自负。

二、驾驶安全小常识

正确控制车速是安全行驶的一个必要条件，所谓"中速行驶，安全礼让"，讲的就是这个道理。正确控制车速，还必须注意下列车辆的行驶环境：

一是密切观察沿途交通标志，遇有限速标志时，须严格按标志规定行驶。

二是根据行驶道路状况和运行条件，灵活掌握和控制车速。

三是在交通拥挤、车辆较多、车流已有自然速度节奏的道路上行驶，要使自己随车流速度行进，不要性急超车。

四是尽量保持行驶车速的稳定，避免高速超车和低速慢行。汽车载重量轻、道路条件好时，行驶车速可适当提高一些；而汽车载重量大、道路条件差时，行驶车速就必须降低一些。

五是在行驶中，车速与同向行驶车辆间距要相适应。在不同天气、道路、车速条件下，与前车间距大小以确保安全为适度。

三、案例分析

案例一：超速驾驶，酿 2017 年春运最大事故

2017 年 2 月，一辆重型大货车由南往北行驶至京珠高速公路粤境段时，与一辆小客车发生碰撞，两车相撞后冲出右侧防护栏翻落至 9 m 深的护坡，造成 8 人当场死亡，5 人受伤，两车严重损坏及道路设施损坏的特大交通事故。交通部门勘查现场后认为，小客车行驶速度过快，导致发生紧急情况时操作不当，这是造成事故的主要原因之一。这也是 2017 年春运期间最大的交通事故。

安全提示：超速 50% 以上的车辆将一律依法吊销机动车驾驶证，禁止上路。

案例二：高速路口倒车，引发连环追尾

2019 年"十一"假期，一辆小轿车在广深高速一处路口的最左侧车道停了下来，随后

司机开始倒车，准备倒回去右转。后面行驶的一辆轿车发现后，立即紧急刹车，但接下来另一辆尾随在后面的车却避让不及，一头撞上了前面的车辆。追尾发生后，后面又有两辆车因避让不及发生了连环追尾。

安全提示：许多司机在路上行驶时不注意看指示牌，因此错过了路口。遇到这种情况，很多司机第一反应是倒车，实际上这种做法十分危险。遇到这种情况，可以到下一个收费站进行掉头。

案例三：高速路冒险上下客

2020年10月，老李的爱人按照以往"经验"，直接来到沪宁高速公路新区出口往西600 m处的封闭路段，准备拦一辆长途客车回安徽老家。结果，回家的车没等到，却被一辆驶过的车辆撞成大腿骨折。

安全提示：一些客运车辆不顾危险在高速公路上下客，这种情况极其危险，而且极易导致重大特大交通事故。

案例四：酒后无证驾驶

内蒙古自治区察右前旗人民法院调解解决一起道路交通事故赔偿案：被告吕某自愿赔偿原告李某1万余元医疗费等费用。

被告吕某在未取得驾驶证的情况下，酒后驾驶一辆微型面包车上路，当看到前方同向行走的行人李某时，吕某由于驾驶技术差，加之酒精的作用，采取措施不当，撞到李某，致使李某受伤住院治疗。经交警部门认定，吕某负此次事故的全部责任。事后，李某多次找吕某要求赔偿损失，吕某置之不理，李某为此起诉到法院，要求赔偿医疗费、后期治疗费、陪床费等损失共计1.7万余元。

法院查清案件事实后，开始向原、被告双方做调解工作。经调解，被告同意给予赔偿，原告也自愿放弃了部分诉讼请求。

安全提示：无证驾驶，酒后驾车，害人害己，千万不要抱侥幸心理。

第二节 机电维修安全

一、电工安全常识

1. 电工作业必须经过专业安全技术培训，并考试合格。非电工严禁电气作业。
2. 电工接受电气安装任务后，必须认真领会落实临时用电安全施工组织设计和安全技术交底的内容，施工用电线路架设必须按施工图规定进行，临时用电使用超过6个月以上的，应按正式线路敷设。改变施工组织设计，必须经原审批电工单位领导同意签字，未经同意不得改变。

3. 电工作业时，必须穿绝缘鞋、戴绝缘手套，酒后不得操作。

4. 所有绝缘、检测工具应妥善保管，严禁他用，并应定期检查、校验。保证正确可靠接地或接零。所有接地或接零，必须保证可靠电气连接。保护线PE必须采用绿黄双色线，严格与项线、工作零线区别，不得混用。

5. 施工现场专用的中性点直接接地的电力系统中，必须采用TN-S接零保护。

6. 电器设备不带电的金属外壳、框架、部件、管道、金属操作台和移动式碘钨灯的金属柱等，均应做保护接零。

7. 定期和不定期对临时用电工程的接地、设备绝缘和漏电保护开关进行检测、维修，发现隐患及时消除，并建立检测维修记录。

8. 工程竣工后，临时用电工程拆除，应按顺序先断电源，后拆除。

9. 露天使用的电器设备，应有良好的防雨性能或有可靠的防雨措施。配电箱必须牢固、完整、严密。使用中的配电箱内禁止放置杂物。

10. 安装照明线路时，不得直接在板条天棚或隔音声板上行走或堆放材料；因作业需要行走时，必须在大楞上铺设脚手板；天棚内施工照明应采用36 V低压电源。

11. 在脚手架上作业，脚手板必须铺满，不得有空隙和探头板。使用的料具，应放入工具袋随身携带，不得投掷。

12. 在变配电室内外高压部分及线路工作时，应按顺序进行，停电、验电、悬挂地线，操作手柄应上锁或挂标示牌。

13. 验电时必须戴绝缘手套，按电压等级使用验电器。在设备两侧各项或线路各项分别验电。验明设备或线路确实无电后，即将检修设备或线路做短路接地。

14. 电器设备的金属外壳必须接地或接零。同一设备可做接地或接零。同一供电系统不允许一部分设备采用接零，而另一部分设备采用接地保护。

15. 照明线路不得拴在金属脚手架、龙门架上，严禁在上乱拉、乱拖。灯具需要安装在金属脚手架、龙门架上时，线路和灯具必须用绝缘物与其隔开，且距离工作面高度在3 m以上。控制刀闸应配有熔断器和防雨措施。

二、案例分析

某工艺制品厂发生特大火灾事故，导致4人死亡，40多人受伤。该工艺制品厂厂房是一栋三层钢筋混凝土建筑物，一楼是裁床车间兼仓库，库房用木板和铁栅栏间隔而成，库内堆放海绵等可燃物高达 2 m，通过库房顶部并伸出库房，搭在铁栅栏上的电线设有套管绝缘，总电闸的保险丝改用两根钢丝代替。二楼是手缝和包装车间及办公室，厕所改作厨房，放有两瓶液化气。三楼是车衣车间。

该厂实行封闭式管理，两个楼梯中东边一个用铁栅栏隔开，与厂房不相通，西边的楼梯平台上堆放了杂物。楼下 4 个大门有 2 个被封死，一个被铁栅栏隔在车间之外，职工上下班只能从西南方向的大门出入，并要通过一条用铁栅栏围成的只有 0.8 m 宽的狭窄通道打卡，窗户全部安装了铁栅栏加铁丝网。

起火原因是电线短路引燃仓库里的可燃物。起火初期，火势并不大，部分职工试图拧开消防栓和使用灭火器扑救，但因不懂操作未能见效。在一楼东南角敞开式的货物提升机的烟囱效应作用下，火势迅速蔓延至二楼、三楼。一楼的职工全部逃出，正在二楼办公的厂长不组织工人疏散，自己打开窗爬出逃命。二楼、三楼 300 名职工在无人指挥的情况下慌乱下楼，由于对着楼梯口的西北门被封住，职工下到楼梯口要拐弯通过打卡通道才能从西南门逃出，路窄人多，互相拥挤，浓烟烈火，视野不清，许多职工被毒气熏倒在楼梯口附近，因而造成重大伤亡。

经了解，该工艺制品厂电工未经专门培训，未取得操作资格证即上岗作业，违章安装电器设备，电源开关没有使用符合规格的保险丝，电线没有绝缘套管，并在电源线下堆放大量可燃物，致使电线短路时产生的高温熔珠喷溅到下方的货堆上，引燃可燃物，导致事故。从中可以看出该厂雇用无证电工，电线电器安装不符合要求，是引发事故的导火索。

三、安全提示

特种作业人员所从事的工作潜在的危险性很大，一旦发生事故不仅会给作业人员自身的生命安全造成危害，而且也容易给其他从业人员乃至人民群众的生命和财产安全造成重大损失。因此，对特种作业人员的资格必须严格要求。《中华人民共和国安全生产法》第三十条明确规定，生产经营单位的特种作业人员必须按照国家有关规定经专门的安全作业培训，取得相应资格，方可上岗作业。如果违反规定必须承担相应的法律责任。

第三节 食堂卫生安全

一、食品采购卫生

采购的食品原料及成品，必须色、香、味、形正常。不采购腐烂、变质、霉变及其他不符合卫生标准要求的食品。采购的定型包装食品须具有品名、厂名、厂址、生产日期、电话号码、保质期等标志，不得采购伪劣假冒商品。采购食品做到有计划进货，勤进勤出，运输车辆和容器应专用。

二、食堂库房管理

食堂库房必须由专人负责，为保证食品安全，库房要随时上锁，除管理员外任何人不得擅自入库。库房内设置食品架，原料分类摆设，食品原料等应离地 30 cm，离墙 10 cm 放置。严格执行出入库制度，做好出入库记录。严禁"三无"食品及腐烂变质的食品、原料等入库存放。保持库房卫生清洁，物品规整，保证通风良好。设置防蝇、防鼠等设施，安全有效。库房管理人员必须穿戴工作衣、帽，佩戴有效的健康证及卫生知识培训证上岗工作。库房管理工作未按上述规定操作，造成纰漏，将追究库房管理员、负责人责任。

三、食堂粗加工管理

食堂管理员根据每日食谱要求，通知库管员准备每餐所用食品原料。肉禽类食品用专用清洗池清洗，用专用菜板、专用刀进行切割，装入专用容器备用。蔬菜类根据不同品种进行粗加工，叶菜类要摘除不可食部分，用洗菜池清洗干净后，用专用菜板、专用刀根据食谱要求切割装入专用容器备用；根茎类要在洗菜池清洗干净外皮，需去皮处理的，去皮后再次清洗，然后用专用菜板、专用刀根据食谱要求切割装入专用容器备用。粗加工人员必须穿戴整齐工作衣、帽，佩戴有效的健康证及卫生知识培训证上岗工作。负责人随时监督检查各岗位工作人员操作情况。

四、烹调加工管理

进入烹调间的人员必须携带健康证和卫生知识培训合格证，必须穿戴工作衣、帽。所有待使用的容器、用具必须洗净、消毒。食品加工前应检查是否有感官异常；进入烹调间的食品必须洗净，盛装食品的容器必须放在指定的案台上，不得放置在地面；炸制食品的食用油不得反复使用两次以上。各岗位工作时必须随时清扫地面、案台。废弃物应置于污物桶内并将污物桶加盖。无防蝇窗纱的窗户不得打开。个人物品不得带入烹调间。负责人定期检查各岗位人员操作情况。

五、食品添加剂使用管理

烹调食品时不得使用亚硝酸盐，学校食堂不得贮存亚硝酸盐。采购食品添加剂要到正规的食品添加剂商店购买，并索取产品检验合格证，化验单和使用说明书，对产品标签没有卫生许可证编号，没有厂名、厂址，没有使用范围、使用量等说明内容的添加剂不能购买。加工烹调食品必须使用食品添加剂时，要在使用前看清其产品标签和说明书，标签模糊不清的或来源不明的添加剂不得使用。调料罐必须有明显标记，标明罐内调料的品名，购入调料或向调料罐内重新添加调料，必须向下一班操作人员交接，操作人员在不明调料的来源时，不得使用。

六、餐具清洗消毒

使用后的餐具必须在指定的餐具洗涤剂槽内将食物残渣和油污洗涤干净，再将餐具置于另一餐具洗涤槽内用洗涤剂冲洗干净；确认餐具已洗净后，将餐具置于待消毒的餐具存放架上；将待消毒的餐具置于餐具消毒设施中消毒；将消毒后的餐具置于餐具保洁柜中待用。厨房内待使用的餐具及供客人使用的餐具必须用已消毒的餐具，否则不得使用。厨房内使用的食品容器、用具必须在指定的容器洗刷槽内洗刷，洗刷后置于指定的消毒器内进行消毒，未经清洗消毒的容器用具不得使用。

七、机关食堂防投毒措施

加强门卫管理，严格执行机关出入登记制度；严把采购、储存、加工、供应等各环节的安全关；原料库专人专管，其他人未经允许不得擅自入内，库房随时上锁；厨房除本单位工作人员外，任何人不能随意进入，工作人员离开时要锁门。定期对职工进行食品安全知识培训，增强员工防投毒意识。各环节由专人负责，单位卫生管理领导小组定期对防投毒措施落实情况进行检查，发现隐患要及时纠正，出现安全事故要追究具体管理人员及主管领导责任。

八、案例分析

案例一：食堂刚开张，两菜一汤放倒12人

2016年12月某天中午，在新食堂里，食堂员工廖某忙活了近2 h，为11名工人准备了

2菜一汤，可12人吃完饭10 min后，就有一人头晕呕吐并晕倒在厕所门口，其余11人也先后出现食物中毒症状。

据负责伙食的张某介绍，他们11人受老板陈某雇佣，从西昌来到成都做桥梁方面的生意，老板为他们租用了某厂的一个车间作为办公地点。该厂的职工食堂搬走后，他和工友打扫了两个半小时，才布置好他们的新食堂。"米、油、盐、锅都是从超市买来的，菜则是前晚在菜市场买来的。"

据医院急救室的一主治医生称，12位病人症状几乎一样，嘴唇、指甲等发乌，血液氧气饱和度不足80%。他说，问题可能出在食用的食盐或者白菜上。工业食盐和腐烂白菜叶均含有较高的亚硝酸盐，如果人们误食达到一定的量，就可能出现中毒。

事发后，区食品安全委员会办公室、卫生执法监督所、疾控中心的工作人员等奔赴现场和医院了解详情。卫生执法监督所工作人员要他们出具卫生许可证和健康证明，可无一人能够拿出。

案例二：学校食堂卫生行政处罚案例

某卫生监督所接到区疾控中心检验报告，某中学第二食堂（以下简称二食堂）餐具监测所检项目不符合GB 14934—94食（饮）具消毒卫生标准。依据此违法事实，执法所立案调查。通过进一步的调查发现，二食堂无消毒柜，无保洁柜，对从业人员询问后得知，其消毒方法就是将碗筷清洗后放在水中煮一下，捞起后再用凉水冲洗，然后放在操作台上备用，其行为违反了《中华人民共和国食品安全法》的规定。

本案中，区疾控中心的检验报告书是本案的主要证据，通过执法人员的进一步现场检查，发现该食堂无消毒设施，无保洁柜，再通过对从业人员的询问调查（作了询问笔录），查证了当事人未按照《中华人民共和国食品安全法》的相关要求对餐具、饮具进行彻底的清洗消毒，造成所监测的项目不符合消毒卫生标准。检验报告书、现场检查笔录和询问笔录三者之间相互印证，互为补充，清楚地证实了该食堂的违法事实，故卫生监督所按法定程序作出了行政处罚，该食堂在期限内履行了处罚决定。

引发的思考：谁来保卫食品安全？

习近平总书记对食品安全工作作出重要指示，指出：民以食为天，加强食品安全工作，关系我国14亿多人的身体健康和生命安全，必须抓得紧而又紧。这些年，党和政府下了很大气力抓食品安全，食品安全形势不断好转，但存在的问题仍然不少，老百姓仍然有很多期待，必须再接再厉，把工作做细做实，确保人民群众"舌尖上的安全"。

面对任何食品安全问题，从政府监管部门到食品生产加工企业和销售者，从媒体到社会,必须保持清醒而理性的认识:必须坚持最严谨的标准、最严格的监管、最严厉的处罚、最严肃的问责,切实提高监管能力和水平,老百姓餐桌上的食品才会越来越安全。

九、安全提示

为了确保食品卫生安全,食堂必须做到以下几点。

(一)认真对待"有效期"和"保质期"

不购买过期产品,发现过期产品应向商店经营者报告。如果包装食品在包装上标明的有效期内变质或回家后发现包装破损,应退货并向零售商或食品加工商报告。

(二)不购买假冒伪劣食品

假冒伪劣食品涉及使用劣质、廉价原料来欺骗消费者并降低竞争成本。如发现销售假冒品牌、假冒标签的食品及被污染过的食品等,应向有关机构检举揭发。检举揭发这些事件可以帮助查处不法商贩,防止此类事件重现。

(三)食品分类储存

生鲜食品特别是肉类、鱼类和其他海鲜应存放在冰箱底层,加工过的食品放在顶层。食品应包装或妥善盖好后储存。

(四)正确处理用具

处理生鲜食物的用具,在使用后必须彻底清洗。

(五)认真选择食品采购和就餐的地点

确保相关人员、餐具和其他设施都干净整洁。

(六)避免食用任何在室温下保存2h以上的食物

在举办会议、大型社交活动、室外活动等需要预先、大量准备食物时,或外部条件较差的情况下,尤其需要特别注意。

第四节　文件收发安全

机关事业单位应充分认清做好新形势下防间保密工作的极端重要性，做好经常性的防间保密教育，增强敌情观念和保密意识，始终保持高度的政治警惕性和责任感。

一、文件收发管理

（一）普通文件收发管理

1. 公文办理包括收文办理、发文办理和整理归档。公文办理要做到及时、准确、保密。

2. 收文办理主要程序。

（1）签收。对收到的公文应当逐件清点，核对无误后签字或者盖章，并注明签收时间。

（2）登记。对公文的主要信息和办理情况应当详细记载。

（3）初审。对收到的公文应当进行初审。初审的重点是：是否应当由本机关办理，是否符合行文规则，文种、格式是否符合要求，涉及其他地区或者部门职权范围内的事项是否已经协商、会签，是否符合公文起草的其他要求。经初审不符合规定的公文，应当及时退回来文单位并说明理由。

（4）承办。阅知性公文应当根据公文内容、要求和工作需要确定范围后分送。批办性公文应当提出拟办意见报本机关负责人批示或者转有关部门办理；需要两个以上部门办理的，应当明确主办部门。紧急公文应当明确办理时限。承办部门对交办的公文应当及时办理，有明确办理时限要求的应当在规定时限内办理完毕。

（5）传阅。根据领导批示和工作需要将公文及时送传阅对象阅知或者批示。办理公文传阅应当随时掌握公文去向，不得漏传、误传、延误。

（6）催办。及时了解掌握公文的办理进展情况，督促承办部门按期办结。紧急公文或者重要公文应当由专人负责催办。

（7）答复。公文的办理结果应当及时答复来文单位，并根据需要告知相关单位。

3. 涉密公文应当通过机要交通、邮政机要通信、城市机要文件交换站或者收发件机关机要收发人员进行传递，通过密码电报或者符合国家保密规定的计算机信息系统进行传输。

4. 需要归档的公文及有关材料，应当根据有关档案法律法规以及机关档案管理规定，及时收集齐全、整理归档。两个以上机关联合办理的公文，原件由主办机关归档，相关机关保存复制件。机关负责人兼任其他机关职务的，在履行所兼职务过程中形成的公文，由其兼职机关归档。

（二）保密文件收发管理

机关、单位应当实行保密工作责任制，健全保密管理制度，完善保密防护措施，开展保密宣传教育，加强保密检查。

1. 涉密文件的拟制、印刷、传递、承办、借阅、保管、归档、移交和销毁，必须严格履行审批、清点、登记、签收等手续。

2. 涉密文件由单位保密员统一管理，阅办涉密文件必须在办公室或者安全保密的场所进行，对密级文件必须实行专人保管，专册登记，专柜存放，个人不得私自保存涉密文件资料。

3. 发出、收到和内部运转的涉密电报、文件、资料，必须登记、编号，在交接时，必须履行签字手续。外出开会发的秘密文件，要妥善保管，回单位后及时交给保密员处理。

4. 传阅涉密文件、资料，由保密员直接传递，不得任意横传。因工作需要长时间使用的，要向保密员办理手续。

5. 涉密文件、资料，不经上级同意，不得自行扩大阅读范围，不得自行复印、翻印或转载，不得向规定范围以外的人员泄露。

6. 凡因工作需要复印、印制涉密文件资料，应按规定办理相关手续。复印后的涉密文件资料按涉密文件管理。

7. 确因工作需要携带涉密文件资料外出的，需经主管领导批准并采取相应的保密措施。不准在公共场所停留、游览、购物、探亲访友等，返回单位后要及时交保密员保管，确保国家秘密安全。

8. 干部调动工作时，应将自己使用的文件、资料进行清理，全部移交。

9. 涉密文件资料的清退和销毁。阅办的涉密文件应当及时清退，需要销毁的涉密文件资料，经主管领导批准后，登记造册，交由区保密局统一集中销毁，个人均不可自行、随意销毁。严禁将各类涉密载体或者内部资料、刊物当废品出售。对违反保密规定，使涉密文件资料发生失泄密的，依照国家法律和有关规定严肃处理，追究责任。

10. 涉密文件资料须定期收回上交，发现丢失，及时汇报并立即追查处理。

二、安全提示

无论是单位，还是个人，尤其是那些带保密性质的机关事业单位，应充分认清做好新形势下防间保密工作的极端重要性；加强组织领导，为安全保密工作开展提供强有力的组织保证；要全面落实保密工作责任制；要加强经常性的防间保密教育，增强保密意识，始终保持高度的政治警惕性和责任感；要强化保密工作定密规范管理、涉密人员管理、网络保密管理、机要文件全过程管理；要建立健全保密工作制度，筑牢保密制度防线。

第五节　档案管理安全

档案管理应遵循《机关档案管理规定》（国家档案局第13号令）。

一、文件、材料的范围

（一）归档文件、材料

凡是反映党政机关在公务活动中形成的具有参考利用价值和保存价值的各种形式、各种载体的信息记录均属归档范围。

1. 反映本机关主要职能活动和基本历史面貌的，对本机关工作、国家建设和历史研究具有利用价值的文件材料。

2. 机关工作活动中形成的在维护国家、集体和公民权益等方面具有凭证价值的文件材料。

3. 本机关需要贯彻执行的上级机关、同级机关的文件材料；下级机关报送的重要文件材料。

4. 其他对本机关工作具有查考价值的文件材料。

（二）不归档的文件、材料

1. 上级机关的文件材料中，普发性不需本机关办理的文件材料，任免、奖惩非本机关工作人员的文件材料，供工作参考的抄件等。

2. 本机关文件材料中的重份文件，无查考利用价值的事务性、临时性文件，一般性文件的历次修改稿、各次校对稿，无特殊保存价值的信封，不需办理的一般性人民来信、电话记录，机关内部互相抄送的文件材料，本机关负责人兼任外单位职务形成的与本机关无关的文件材料，有关工作参考的文件材料。

3. 同级机关的文件材料中，不需贯彻执行的文件材料，不需办理的抄送文件材料。

4. 下级机关的文件材料中，供参阅的简报、情况反映，抄报或越级抄报的文件材料。

（三）永久保管的文书档案

1. 本机关制定的法规政策性文件材料。
2. 本机关召开重要会议、举办重大活动等形成的主要文件材料。
3. 本机关职能活动中形成的重要业务文件材料。
4. 本机关关于重要问题的请示与上级机关的批复、批示，重要的报告、总结、综合统计报表等。
5. 本机关机构演变、人事任免等文件材料。
6. 本机关房屋买卖、土地征用，重要的合同协议、资产登记等凭证性文件材料。
7. 上级机关制发的属于本机关主管业务的重要文件材料。
8. 同级机关、下级机关关于重要业务问题的来函、请示与本机关的复函、批复等文件材料。

二、查阅

（一）文件的查阅

1. 外单位人员查阅县、团级文件，须持县、团级单位介绍信到档案科查阅。
2. 外单位人员查阅地、师级文件，须持地、师级单位介绍信到档案科查阅。
3. 外单位人员查阅省、军级文件，须持单位介绍信经主管秘书长批准，方可查阅。
4. 各级绝密文件一般不扩大阅读范围，如因特殊情况非阅读不可的，需持单位介绍信，按其发放范围，由主管秘书长批准。
5. 办公厅机关各处室查阅文件，按其主管业务范围由档案科提供。

（二）案卷的查阅

1. 对于案卷的查阅应从严控制，一般副本和资料能满足的就不动用案卷。

2. 查阅案卷一般只限于本机关领导和参与起草文件的有关人员；外单位确需查阅的，须持地级单位介绍信，注明查阅目的、范围、内容、方法，由党、团员二人在档案室共同查阅，不得带出档案室。

3. 爱护档案材料，查阅案卷时，不得污损、涂改、圈点、拆卷、抽页，不准摘抄或向外泄露查阅范围以外的内容。

（三）会议文件的查阅

1. 查阅中央、国务院召开有关会议文件、材料，需持地、市级单位介绍信，绝密的经主管秘书长批准，机密的经主管处长批准。厅机关工作人员按主管业务范围提供。

2. 查阅省人民政府召开的大型会议文件，须持单位介绍信。

3. 查阅小范围会议（包括省政府常务会议）文件，持单位介绍信，绝密的需经主管秘书长批准。

4. 省政府党组文件只限有关领导和厅机关有关工作人员查阅，党组会议记录，一般不予查阅，非查不可的，提出目的、范围、内容，可在档案室查阅。

（四）资料的查阅

1. 查一般内部的、秘密的资料，持单位介绍信到档案科查阅。

2. 查党内的、密级较高的资料，持厅局级单位介绍信，必须由党员 2 人共同查阅。

3. 查省军级的资料，持厅局级单位介绍信，由党员二人，并经主管秘书长批准。

4. 查阅省政府党组会议记录时，须经省政府党组书记或副书记批准。

三、借阅

省军级和绝密文件、资料一般不外借，只限在档案室阅读。确因工作需要非借不可的，经主管秘书长批准，时限不超过 5 天。

一般县、团级文件、资料，凡符合查阅手续的，可借出，时限不得超过 7 天。

借阅的文件、资料都得履行借出登记手续，按时退还。

如摘抄可以解决问题的，尽量减少外借，以减少文件资料的磨损。

四、案例分析及安全提示

某县农业局一位女同志甲到县档案馆借阅该局有关土壤普查方面的档案，负责接待的工作人员乙告诉甲馆藏档案一般不予外借，但甲找到熟人馆内工作人员丙，与丙说只借半天，丙答应借走。但过了1个月，档案还没归还。档案馆让丙打电话给甲，催了几次甲才将档案还回。归还时，恰好遇到乙值班，乙一检查，发现卷内文件被甲当作起草文件的草稿进行了大量的涂改，档案已经面目全非。乙当即对甲进行了批评，并向馆领导汇报。

处理：档案局与农业局联合调查此事，对甲处以行政警告，并予以罚款，并在全县通报批评。

安全提示：确保档案管理安全，严格遵守档案管理制度，避免造成不必要的负面影响，是机关事业单位工作人员的基本原则和义务。

第六节　后勤服务保障安全预警

机关后勤服务保障安全预警机制是根据当前机关后勤服务保障运行现状和发展趋势，预测后勤服务保障可能遇到的突发事件而设置相应应急预案的运转方式，是目前后勤发展中必不可少的组成部分，是机关后勤服务保障安全运行状况评估的传感器。

一、机关后勤服务保障安全预警机制的必要性和可行性

随着社会经济快速发展，现代化的后勤服务保障需要实现后勤管理手段的科学化、管理方法的现代化、管理技术的智能化与管理效果的最大化，需要及时建立专门的后勤服务保障安全预警机制，为机关的安全高效运转提供强有力的后勤保障。

经济社会的快速发展，现代化办公大楼的建立，智能化设施设备的配置，一方面为后勤保障的高品位服务奠定了基础；另一方面，也对后勤服务保障的安全系数提出了更高要求。已由简单的水电设施到目前 BA、CA、SA、OA、监控等 4A10 系统现代化设施以及"一专多能"复合型后勤队伍结构的优化、"星级化"服务项目的不断拓展及后勤人员"超前性"服务观念的不断嬗变等。毋庸置疑，这些因素极大地增强了机关后勤服务保障的安全性，显示了建立机关后勤服务保障安全预警机制的可行性。

二、机关后勤服务保障安全预警的组成

（一）能源断供预警

通过与供应单位建立能源链系统的信息渠道，及时准确掌握能源供应动态，预测可能出现的断供情况，采取紧急预防措施，提高供能的可靠性。

（二）设备故障预警

采用现代化网络手段，采集设备运行数据，建立设备性能、运行状态档案库和各类故障应急排除技术攻关信息库，及时监测和预测运行状态，有效排除设备故障和隐患。

（三）卫生事件预警

预测机关办公区域可能出现的重大传染病疫、群体性疾病、重大食物中毒等公共卫生事件或临险前兆，定期检查、监测饮用水源、食品卫生等，建立应急处置预案，真正做到防患于未然。

（四）自然灾害预警

通过预测机关办公区域可能面临的水涝、地震、台风等自然性灾害发生、发展趋势和潜在威胁，采集建立临灾应急防范的信息档案，制定紧急防灾抢险、转移物资及避灾疏散人员等应急预案，避免或最大限度地减少自然灾害可能造成的损失。

（五）安全事故预警

及时预测机关办公区域的火警、火灾、安全保卫、车辆保障等安全事故隐患，检查、监测、监控各类安全设备，建立紧急疏散、撤离、救护等安全应急预案，实现防控一体。

三、机关后勤服务保障安全预警机制的运作

（一）机关后勤服务保障安全预警机制的运作原则

1. 防控一体化。经常性地做好设施设备巡查维护和突发性事件的防范意识教育及预测工作，坚持防控结合，防止事件扩散。

2. 反馈实时化。采集的信息要及时反馈，各要素之间须加强联系与协作，建立反应灵敏、灵活的应对机制。

3. 评价科学化。客观全面地分析评价各种信息，不能有一丝偏差，以确保预警决策准确。

（二）机关后勤服务保障安全预警机制的运作方法

1. 加快构建预警网络。根据机关后勤服务保障的安全现状和预警趋势，设置组织机构，明确工作职责，分解落实任务。同时要建立和规范信息采集、信息处理及预警决策的网络体系，探索研究后勤保障安全预警工作方法和规律。

2. 建立应急预案体系。根据事件发生的性质和机理，制定总体应急预案和专项应急预案，按照统分结合、快速高效、安全有序的原则，加强培训和演练，切实提高应对后勤服务保障各类突发事件的能力。

3. 强化预警监测管理。建立 PDCA 循环管理模式，通过依托互联网等资源的共享，不断完善和利用 BA 系统、监控系统等高科技监测手段，全面客观地跟踪研究和分析，为预警决策提供科学依据，真正实现早发现、早报告、早处置，做到防患于未然。

四、案例分析及安全提示

案例一：幼儿园后勤保障处理不当造成损失

某农村幼儿园，考虑到农村家长整日在地里忙，没有接送孩子的习惯，孩子入园、离园的路上不安全，便实行了教师代为接送孩子的制度。有一位吴姓家长认为幼儿园想以此收取费用，而且自家离幼儿园很近，只隔一条小路，不会有什么危险，让孩子自己回家就行了。幼儿园教师警示家长，孩子年龄小，自己回家路上不安全。吴某对幼儿园教师的话不以为然，未加理会。谁料想，一天这家的孩子在离开幼儿园回家的路上，因和另一幼儿打闹，眼睛被戳成重伤。吴某捶胸顿足，恨自己疏忽大意，没听老师的劝告。但给孩子看眼睛需要大笔费用，吴某和肇事孩子的家长都是农民，收入微薄，凑不出足够的钱。两家人一边犯愁一边合计，便想到幼儿园，于是吴某把幼儿园告上了法庭。

在法庭上，吴某指责幼儿园没有履行接送孩子的约定，并否认幼儿园曾对他有所警示，幼儿园虽据理力争，但因为拿不出证据，最终败诉，不得不承担孩子的医疗费用。

这则案例中，如果当时幼儿园和吴某签了字据，幼儿园就不会承担责任。而这位吴姓家长，因为自己的粗心大意，害了孩子，也伤害了别人。

案例二：青浦区成功应对雪灾、恢复蔬菜生产所采取的应急措施

某年1—2月，上海市普降中到大雪，本次降雪持续时间之长、雪量之大是近50年来所罕见的，大雪肆虐给蔬菜生产造成了严重的损失，造成菜田严重积雪，露地蔬菜普遍遭受冻害，一部分蔬菜大棚设施倒塌。针对此次雪灾，农委要求各菜区采取了以下抗灾措施：

一是及时组织采收。在田露地青菜、甘蓝等作物，安排人手及时采收；大棚内可采收的蔬菜，根据市场需要逐步采收上市，确保稳定的市场供给。

二是加强秧苗管理。针对茄果类、瓜类作物秧苗长势差的状况，白天在温度允许的条件下，适时揭膜，增加光照；对温度大的苗床，增加通风，降低湿度；夜间做好苗床保温，防止冻害。秧苗较大的，可采取拉稀等措施，选择在天气好转后进行移栽。

三是加强田间管理。对已定植的茄果类及瓜类作物，加强管理，白天揭膜增光，晚上大棚内采取多层覆盖。对生长弱的作物，可适当喷施叶面肥。抓紧做好田间沟系清理，及时排除田间积水。根据作物与天气情况，备足预备苗。

四是加强病害防治。对茄果类灰霉病、早疫病、菌核病及瓜类的猝倒病等，在加强农业防治措施的基础上及时喷药防治，喷药在晴天或中午进行。

五是加固棚架设施。及时检查大棚设施，做好棚架设施加固，发现破损薄膜及时修补。

六是及时调整种植计划。及时抢种以鸡毛菜、青菜、杭白菜、菠菜、莜麦菜和米苋等为主的绿叶菜，并兼顾中长期蔬菜作物，保障市场供应。

安全提示：后勤服务保障安全预警的成功实施，面对突发的自然灾害，采集建立临灾应急防范的信息档案，制定紧急防灾抢险、转移物资及避灾疏散人员等应急预案，可以最大限度地减少自然灾害造成的损失。

复习题

一、单项选择题

1. 作息安排属于（　　）文件。
   A. 会议管理性　　　　　　　B. 指导性
   C. 参考性　　　　　　　　　D. 会议程序性

2. 会议时间安排表是（　　）文件。
   A. 会议管理性　　　　　　　B. 参考性
   C. 会议程序性　　　　　　　D. 会议的中心

3. 会议室内的温度应适宜，通常考虑为（　　）的室温。
   A. 17~19 ℃　　　　　　　　B. 18~20 ℃
   C. 17~24 ℃　　　　　　　　D. 18~25 ℃

4. 会议室的环境噪声级要求为（　　）dB。
   A. 30　　　　　　　　　　　B. 20
   C. 35　　　　　　　　　　　D. 40

5. 很多小型的会议倾向于面对面的布置和安排，其中（　　）是较常见的。
   A. 教室型　　　　　　　　　B. U形
   C. 圆形　　　　　　　　　　D. 自助餐型

6. 办公室的温度夏季一般在（　　）为宜。
   A. 20~22 ℃　　　　　　　　B. 23~26 ℃
   C. 23~25 ℃　　　　　　　　D. 24~27 ℃

7. 为确保食品安全卫生，食堂必须避免食用任何在室温下保存（　　）h以上的食物。
   A. 3　　　　　　　　　　　 B. 2
   C. 4　　　　　　　　　　　 D. 5

8. 天棚内施工照明应采用（　　）低压电源。
   A. 20 V　　　　　　　　　　B. 36 V
   C. 22 V　　　　　　　　　　D. 24 V

9. 办公室的理想声强值为（　　）dB。
   A. 20~40　　　　　　　　　 B. 10~30
   C. 20~30　　　　　　　　　 D. 30~40

10. 会议用品包括除会议文件以外所有会议所需的物品与设备，（　　）在会议中不需要准备。

　　A. 文具用品

　　B. 桌椅、台布

　　C. 扩音设备、照明设备及空调设备

　　D. 雨衣

11. （　　）是会议的必备用品。

　　A. 茶具　　　　　　　　　　B. 投票箱

　　C. 花卉　　　　　　　　　　D. 幻灯机

12. 会议室的空间是有规定的，一般来说，应按每人（　　）m^2 的占用空间来考虑。

　　A. 3　　　　　　　　　　　B. 4

　　C. 2　　　　　　　　　　　D. 3.5

13. 办公室的温度冬天一般在（　　）为宜。

　　A. 24～26 ℃　　　　　　　B. 23～25 ℃

　　C. 21～23 ℃　　　　　　　D. 20～22 ℃

14. 临时用电超过（　　）个月以上的，应按正式电路敷设。

　　A. 5　　　　　　　　　　　B. 6

　　C. 3　　　　　　　　　　　D. 4

15. 两个以上的机关或部门联合下发的公文，联合行文的各机关部门（　　）。

　　A. 仅主办者盖章　　　　　　B. 仅承办者盖章

　　C. 都要盖章　　　　　　　　D. 请上级部门盖章

16. 归档文件被机关档案部门接收后，就进入了（　　）阶段。

　　A. 档案利用　　　　　　　　B. 档案管理

　　C. 档案封发　　　　　　　　D. 档案封存

17. 查党内的、密级较高的资料，持厅、局级单位介绍信，必须由党员（　　）人共同查阅。

　　A. 3　　　　　　　　　　　B. 2

　　C. 4　　　　　　　　　　　D. 5

18. 一般县、团级文件，凡是符合查阅手续的，可借出，时限不超过（　　）。

　　A. 7 天　　　　　　　　　　B. 5 天

　　C. 4 天　　　　　　　　　　D. 6 天

19. 归档文件的质量基本要求是（　　）。

　　A. 齐全完整　　　　　　　　B. 字清句畅

C. 有深度 D. 文件能进行修改

20. 会议一般都有（　　），并且往往是会议的核心，所以其布置也是会议会场布置的重点。

A. 群众席 B. 主持席
C. 发言席 D. 主席台

二、多项选择题

1. 语言交际的基本要求是（　　）。

A. 发音准确清晰 B. 语言丰富
C. 表达自然流畅 D. 用词造句规范得体

2. （　　）属于会议的中心文件。

A. 统计表 B. 选举程序表
C. 领导人讲话稿 D. 代表发言材料

3. 安排主席台座次的原则包括（　　）。

A. 以门面为上 B. 以前排为上
C. 以居中为上 D. 以远为上

4. 办公室安全环境大致包括（　　）。

A. 人身安全 B. 财产安全
C. 防火安全 D. 防震安全

5. 颜色会影响人的情绪、意识及思维，（　　）色会令人心理上感到温暖与愉快。

A. 绿 B. 红
C. 橙 D. 灰褐

6. 机关后勤服务保障安全预警是由能源断供预警及（　　）组成的。

A. 卫生事件预警 B. 自然灾害预警
C. 设备故障预警 D. 安全事故预警

7. 机关后勤服务保障安全预警机制的运作原则有（　　）。

A. 防控一体化 B. 反馈实时化
C. 评价主观化 D. 评价科学化

8. 目前，空气环境是以（　　）这几个参数来衡量的。

A. 温度 B. 湿度
C. 清洁度 D. 流动速度

9. 办公室光线系统的基本设计有直接光、间接光和（　　）。

A. 半间接光 B. 间接光
C. 半直接光 D. 直接光

10. 明确参会人员的人数是一项重要的工作，如果人数少于50人，座席形状选择

（　　）种更妥当。

A. 主席台方框形　　　　　　B. 主席台圆形

C. 教室型　　　　　　　　　D. 自助餐型

11. 办公环境美化的基本原则是（　　）。

A. 舒适　　　　　　　　　　B. 和谐

C. 实用　　　　　　　　　　D. 安全

12. （　　）属于大型会议的必备用品。

A. 茶具　　　　　　　　　　B. 扩音设备

C. 文具用品　　　　　　　　D. 台布

13. 购买或更新办公自动化设备应遵循（　　）原则。

A. 舒适安全、坚固耐用　　　B. 性能良好、操作方便

C. 设计美观　　　　　　　　D. 节约办事

14. 有关电工安全常识中，下列说法正确的有（　　）。

A. 酒后进行电工作业

B. 电工作业经专业安全技术培训，考试合格

C. 控制刀闸应配有熔断器和防雨措施

D. 照明线路应拴在金属脚手架上

15. 办公室软环境包括（　　）。

A. 工作气氛　　　　　　　　B. 工作人员素养

C. 团体凝聚力　　　　　　　D. 建筑设计

三、判断题

1. 普通话以北京语音为标准音，以北方官话为基础方言，以典范的现代白话文著作为语法规范的通用语。（　　）

2. 交谈中要做一个善于倾听的人，倾听时要做到"五到"：耳到、口到、手到、眼到、心到。（　　）

3. 体态语言一般包括体态语、手势语和面部表情语。（　　）

4. 语言是交流的工具，是一个人素养的重要体现。（　　）

5. 良好的心境是建立办公室和睦气氛的最根本因素。（　　）

6. 销毁保密文件时，必须登记造册，但不用主管领导批准和送保密局指定的地点处理。（　　）

7. 公文处理要做到及时、准确、保密。（　　）

8. 验电时必须戴绝缘手套，按电流等级使用验电器。（　　）

9. 礼宾次序是安排座位的主要依据，我国习惯以主人座位为中心。（　　）

10. 主席台座位若有多排，则以第一排为尊。（　　）

11. 语言是人类最重要的思维工具、交际工具和重要载体。（　　）
12. 具有保密内容的文件，还应注明其保密等级。（　　）
13. 室内绿化可使人心旷神怡，有人将其誉为无声音乐。（　　）
14. 工作交谈的话语表达要做到"四避"：避粗鲁、避刻薄、避隐私、避忌讳。（　　）
15. 谱写中华人民共和国国歌的作曲家是冼星海。（　　）
16. 露天使用的电气设备，应具有良好的防雨性能或可靠的防雨措施。（　　）
17. 配电箱必须做到牢固、完整以及严密。（　　）
18. 办公室光线采用间接光或直接间接光较为优良。（　　）
19. 颜色会影响人类的情绪、意识及语言。（　　）
20. 食品原料应离地 30 cm，离墙 10 cm 放置。（　　）
21. 会议室应洁净、典雅、大方以及适当的活泼融洽。（　　）
22. 灯具需要安装在龙门架时，灯具应距离工作面高度 5 m 以上。（　　）
23. 采购食品应做到有计划进货，勤进勤出，运输车辆和容器应专用。（　　）
24. 进入烹调间的人员必须携带健康证和卫生知识培训合格证。（　　）
25. 阅读保密文件须按阅读范围使用，并办理登记、签字手续。（　　）
26. 对于案卷的查阅应从严控制，一般副本和资料能满足的就不动用案卷。（　　）
27. 查阅一般内部的、秘密的资料，应持单位介绍信到档案科查阅。（　　）
28. 办公室环境一般可划分为硬环境和软环境。（　　）
29. 会议的内容和主题决定了会议的氛围、布置和装饰。（　　）
30. 人们交往时，手势是语言的最好辅助。（　　）
31. 语言交际中，用词造句语气要得体，得体首先就要让讲话符合自己的身份、角色，其次是符合情理。（　　）
32. 传阅涉密文件、资料，由单位主管领导直接传递。（　　）

第四篇 心理调谐

随着社会的发展，工作和生活的压力递增、节奏加快，在重压之下，每个人的内心都难免出现心理失衡，甚至产生不良的、消极的心态。甚至开始失眠、记忆力衰退、焦躁、忧虑、心悸、易怒、多疑、抑郁。这个时候健康已经亮起了"红灯"，亟须对保持身心健康有一个充分的认识。

第十三章 身心保健

健康是职场打拼的本钱。在职场中，人人都希望健康，但对于什么是健康，很多职场人士存在误区，认为只要身体各器官没有什么毛病，就说明是健康的。事实上，这样的认识既不科学，也不全面。

第一节 关于健康

关于健康，世界卫生组织 1978 年是这样界定的：健康不仅是指一个人没有疾病或虚弱现象，而且是指一个人生理上、心理上和社会适应上的完好状态。1989 年，世界卫生组织给健康的定义又赋予了"道德健康"的内涵。这个健康的概念告诉人们，健康不再是单纯的生理上无病痛与伤残，它涵盖了生理、心理、社会及道德健康，是一个整体的、积极向上的健康观。

一、生理健康

所谓生理健康是指人体生理特点以及身体的机能状态是健康的，没有疾病是生理健康的重要表现。也有的人认为生理健康的表现是：能精力旺盛地、敏捷地、不感觉过分疲劳地从事日常活动，保持乐观、蓬勃向上及具有应急能力。按照世界卫生组织的界定，生理健康指标是：善于休息，睡眠良好；能抵抗一般性感冒和传染病；体重适当，体态均匀，站立时头、肩、臂位置协调；反应敏锐，眼睛明亮，眼睑不发炎；牙齿清洁、无缺损、痛感和出血，齿龈正常；头发有光泽，无头屑；肌肉和皮肤富有弹性，走路轻松和协调。

二、心理健康

心理健康是指身体、智能以及情感上能保持同他人的心理不相矛盾，并将个人心境发展为最佳的状态。这里指的是情感状态和心智状态，也就是所感与所思。正如身体健康并不仅是没有疾病一样，心理健康也不仅是没有心理问题或没有心理疾病。著名心理学家西格蒙德·弗洛伊德将心理健康归结为爱与工作的能力。他曾经列出心理健康的人的一些共同特点：保持理智与平衡；具有自我价值感；具有爱的能力；具有建立和维持亲密的能力；能接受现实中的各种可能性和局限性；对工作的追求与自己的天资和教育背景相适应；能体验到某种内在的宁静与满足感，让自己觉得此生没有虚度。

三、社会健康

社会健康是指在社会生活中有朋友，有可以相互讨论问题的人，可以和他人正常交往，和周围环境（包括同事、上级、长辈、下属、晚辈等）保持和谐。一个真正健康的人是对社会适应良好的人。社会健康指标是：能适应外界环境的各种变化，应变能力强，有正确的角色定位，具备良好的处事技巧和良好的人际关系。

关于社会健康，有人归结为：正常心态+正确对待＝社会健康。

四、道德健康

所谓道德健康是指不以损害他人的利益来满足自己的需要，具有辨别真与伪、善与恶、美与丑、荣与辱等是非观念，能按照社会行为的规范准则约束自己及支配自己的思想和行为。世界卫生组织也界定了与此相关的健康指标：道德高尚，有良好的公德，有道德修养；对自己及他人的健康负责，工作、生活和娱乐等以不影响和损害他人的利益和健康为前提；不侵占及偷窃他人钱财物品、作品及研究成果；不吸毒、不淫乱；具有良好的职业道德、社会公德和家庭美德，同事、邻里、家庭和睦。

归结健康的四个方面，生理健康是基础，心理健康是关键，社会健康和道德健康是目标。生理健康是身体的素质好，有健康的体魄；心理健康是有自我掌控能力，能够保持一种平衡；社会健康指的是能够与周围的人和谐相处，根据环境的变化作出相应的调整、作出适当的反应；道德健康是有道德的底线，不损人利己，能够按照社会倡导的价值观、道德准则要求自己，对是非善恶美丑有辨别能力。

如将这四个方面再简化，则可归结为身和心两个方面。一个人身心是否健康，可以简单地用"五快三良好"来概括和总结："五快"是指吃得快、便得快、睡得快、走得快、说话快，"三良好"是指良好的个性、良好的处事能力和良好的人际关系，前"五快"是身心健康的共同指标，"三良好"更突出的是心理健康。由此可见，心理健康在整个健康观中占有非常重要的地位。

第二节　关注心理健康

一、心理健康与身体健康

从提高生活质量、有效地从事日常生活和工作的角度来讲，心理健康和身体健康可谓一对孪生兄弟。病理学家研究表明：对于外界因素的刺激，人的心与身是作为一个整体来反应的。例如，一个人如果长期处于高度紧张或抑郁状态下，由于体内激素分泌、肌肉紧张度等发生变化，会导致免疫系统难以处于最佳工作状态，这时人的抵抗力就会下降，疾病会乘虚而入。而任何生理病变，都有可能引起心态的变化，出现抑郁、悲观、焦虑、恐惧甚至绝望等消极心态，严重者可能出现各种形式的伴发性精神障碍。

然而，对人体健康产生最致命、最直接影响的是心理健康。人们常说："病从心生"，没有任何一种灾难比心理障碍给人带来的痛苦更深重。据调查，当前引起各种疾病的原因中有70%与心理因素有关，其中主要由心理因素，特别是情绪因素引起的身心疾病患者已占总人口的10%。现代医学和心理学研究表明，疾病的产生、症状、类型、发展以及病程长短和转化有很多是由心理、生活的紧张刺激因素所引起的行为和情绪方面的变化而导致的。由心理因素产生的行为情绪变化能够使神经系统、内分泌系统、生殖系统以及骨骼系统发生生理性变化，最终导致身体疾病的产生。而患病后的心理状况还可以持续影响病情，是走向好转还是恶化，都与心理状态有很大的关系。

 **案例**

有一名男子在过马路时不幸被车子撞倒而丧命。验尸报告显示，这个人有肺病、溃疡、

肾病和心脏衰竭。可是，他竟然活到了84岁。给他验尸的医生说，他全身是病，一般情况，至多能活到54岁左右。有人问他的遗孀，他怎么能够延寿30年。她说："我的丈夫一直确信，明天他一定会比今天过得好。"

反过来，我们也经常看到：有的人因为感情出现问题而吃不下饭睡不着觉，最后得上厌食症或睡眠出现障碍，变得瘦弱不堪，严重危害身体健康；有的人因为某些事情的不如意终日忧郁、沉闷，导致其身体各方面机能逐渐退化而患上各种各样的疾病，影响身体健康。

以上两种截然相反的情形说明：积极的、良好的心理状态将有助于提高人的健康水平，使人精力充沛、倍感幸福、延长寿命，从而在各方面取得成功，并且还能保持心态的平静。

从人的心理状态来看，心理是修养，心态是表现。一个人如果没有良好的健康的心理素质，就不可能有良好的心态和身体健康的表现。现代职场是竞争十分激烈的生存竞技场，竞争的法则是优胜劣汰。面对职场中巨大的责任、复杂的矛盾与任务压力，若没有过硬的心理素质，则无法承担并取得职场上的成功。成就职场生涯，必须高度关注心理健康。

二、衡量心理健康的标准

现代职场中，人们越来越认识到心理健康的重要性，因为它直接影响着职业人的整个机体健康，并且对他们的人生观、价值观、行为产生重大影响。那么，怎样才算得上是一个心理健康的人？心理健康的标准到底有哪些？这是近年来国内外心理学家研究的重要课题。世界心理卫生联合会具体明确指出心理健康的标志是：身体、智力、情绪十分协调；适应环境，人际关系中彼此能谦让；有幸福感；在学习和工作中，能充分发挥自己的能力，过着有效率的生活。

我国学者关于心理健康的标准认定不同，具体来说，主要包括以下几点。

（一）了解自我，悦纳自我

一个心理健康的人能体验到自己存在的价值，既能了解自己，又能接受自己，具有自知之明，能对自己的能力、性格、情绪和优缺点做到恰当、客观的评价，也不会对自己提出苛刻的非分期望与要求，对自己的生活目标和理想也能定得切合实际，因而对自己总是满意的。同时，努力发展自身的潜能，即使对自己无法补救的缺陷，也能安然处之。一个心理不健康的人或缺乏自知之明，或总是对自己不满意，由于所定的目标和理想不切实际，总是要求自己十全十美，而自己却又总是无法做到完美无缺，主观和客观的距离相差太远而总是自责、自怨、自卑，于是，自己的心理状态永远无法平衡，也无法摆脱自己将会面临的心理危机。

（二）接受他人，善与人相处

心理健康的人乐于与人交往，悦纳他人，能认可别人存在的重要性和作用。能为他人所理解，为他人和集体所接受，能与他人相互沟通和交往，人际关系协调和谐，在生活的集体中能融为一体，乐群性强，既能在与挚友团聚之时共享欢乐，也能在独处沉思之时而无孤独感。在与人相处时，积极的态度（如同情、友善、信任、尊敬等）总是多于消极的态度（如猜疑、嫉妒、畏惧、敌视等），因而在社会生活中具有较强的适应能力和较充足的安全感。一个心理不健康的人，总是自别于集体，与周围的环境和人们格格不入。

（三）热爱生活，乐于工作

心理健康的人珍惜和热爱生活，积极投身于生活，在生活中尽情享受人生的乐趣。他们在工作中尽可能地发挥自己的个性和聪明才智，并从工作的成果中获得满足和激励，把工作看作乐趣而不是负担。他能把工作过程中积累的各种有用的信息、知识和技能存储起来，便于随时提取使用，以解决可能遇到的新问题。能够克服各种困难，使自己的行为更有效率，工作更有成效。

（四）面对现实，接受现实，适应现实，改变现实

心理健康的人能够面对现实，接受现实，并能够主动地适应现实，进一步地改造现实，而不是逃避现实。对周围事物和环境能作出客观的认识和评价，并能与现实环境保持良好的接触，既有高于现实的理想，又不会沉湎于不切实际的幻想与奢望，对自己的能力有充分的信心，对生活、学习、工作中的各种困难和挑战都能妥善处理。心理不健康的人往往以幻想代替现实，不敢面对现实，没有足够的勇气去接受现实的挑战，总是抱怨自己生不逢时或责备社会环境对自己不公而怨天尤人，因而无法适应现实环境。

（五）能协调与控制情绪，心境良好

心理健康的人愉快、乐观、开朗、满意等积极情绪状态总是占据优势，虽然也会有悲、忧、愁、怒等消极的情绪体验，但一般不会长久。能适当地表达和控制自己的情绪，喜不狂，忧不绝，胜不骄，败不馁，谦虚不卑，自尊自重，在社会交往

中既不妄自尊大也不畏缩恐惧。对于无法得到的东西不过于贪求，争取在社会规范允许范围内满足自己的各种要求，对于自己能得到的一切感到满意，心情总是开朗的、乐观的。

（六）人格和谐完整

心理健康的人，其人格结构包括气质、能力、性格和理想、信念、动机、兴趣、人生观等各方面均能平衡发展。其人格，即人的整体的精神面貌能够完整、协调、和谐地表现出来。思考问题的方式是适中和合理的，待人接物能采取恰当灵活的态度，对外界刺激不会有偏颇的情绪和行为反应，能够与集体融为一体。

（七）智力正常

智力正常是人正常生活的最基本的心理条件，是心理健康的主要标准，智力是指人的观察力、记忆力、想象力、思考力和操作能力的综合。

（八）心理行为符合年龄特征

人的生命发展的不同年龄阶段，都有相对应的不同的心理行为表现，从而形成不同年龄阶段独特的心理行为模式。心理健康的人应具有与同年龄段大多数人相符合的心理行为特征。

归结起来，心理健康的人都能够善待自己，善待他人，适应环境，情绪正常，人格和谐。心理健康的人并非没有痛苦和烦恼，而是能适时地从痛苦和烦恼中解脱出来，积极地寻求改变不利现状的新途径；能够深切领悟人生冲突的严峻性和不可回避性，也能深刻体察人性的阴阳善恶；能够自由、适度地表达和展现自己的个性，并且与环境和谐相处；善于不断学习，利用各种资源，不断充实自己；会享受美好人生，同时也明白知足常乐的道理；善于从不同角度看待问题。

以上列举了一些学者提出的心理健康的评判标准和尺度，也可以简单归结为以下标准：一是情绪稳定而愉快，这是衡量的核心标准；二是智力正常；三是思想和行为统一；四是反应适度，反应过快或反应迟钝都不健康；五是人际关系协调；六是行为符合心理年龄特征。心理健康反映在职场上应该表现为对职业环境的良好适应、职业生活中人际关系的和谐处理、对于职业压力有良好的承受与消解能力等。

三、职业人心理健康状况

有关调查结果显示：城市的"上班族"中，80%以上的人明显感到职场的压力，65%以上的人对现状有着强烈的不满，近40%的人出现亚健康现象，26%的人患有不同程度的抑郁、焦虑、恐惧等心理疾病。

在精英人士中，轻度的精神病，也就是我们通常所说的心理危机患者达到5%，远远高于2%的全国平均值。而在所有的心理危机患者人群中，又以白领居多。其主要特征是焦虑、失眠、烦躁、人际关系紧张、工作不堪负荷、精神强迫症等。而近几年，普通员工的心理健康状况也呈恶化趋势。据调查结果显示：普通员工中有心理健康问题的人数比例最高，达到了33.3%。接下来依次为中级专业人员（22.6%）、中层管理人员（19.5%）、高级专业人员（17.8%），高层管理者有心理健康问题的人数比例最低，仅为12.3%。通过调查发现，20世纪80年代及以后出生的人比其他年代出生的人更易出现心理健康问题。数据显示，20世纪80年代出生的人有31.7%的人存在不同程度的心理健康问题，其次是1975—1979年出生的人群，比例为29.9%；1970—1974年出生的人为25.4%；而60年代及以前出生的人心理相对比较健康，有心理健康问题的人数比例仅为22.7%。进一步分析发现，80年代及以后出生的人有3.8%的人存在严重的心理健康问题，而1970—1974年出生的人这一比例仅为2.2%。

快节奏的现代生活、竞争激烈的职场、昂贵的物价、家庭和工作矛盾处理等因素，使现代职场人压力指数普遍偏高。心理问题对于现代职业人来说已经是不可回避的问题。

（一）典型的职业心理问题

1. 认知障碍。不能集中注意力，难以承受工作压力，受情绪困扰，自卑和受歧视。

2. 焦虑抑郁。感到忧虑和失落感，感觉职业前途黯淡，缺乏自我控制力。

3. 有不良爱好（如嗜烟和酗酒等）、暴力倾向、自杀念头，家庭或婚姻生活失败。

4. 环境适应困难。人际关系困难，有文化冲突。

（二）心理问题的常见表现

1. 有强迫症状。表现为总在想一些没必要的事情，如工作完不成怎么办？为了要求自己把工作做到最好，经常不回家，反复检查自己的工作情况有无疏漏，下班后不断想工作时的细节。女性总担心自己衣服是否整齐，妆容有没有缺陷，总要照镜子。

2. 对人际关系敏感。表现为总感觉领导对别人比对自己好；别人对自己不友好，其他人不理解、不同情自己；当别人看自己或议论自己时总感觉不痛快；别人与异性在一起时自己感觉不自在。

3. 有敌对倾向。表现为在家中常发脾气、摔东西、大叫；常与人抬杠，有理不让人，无理搅三分；有摔东西的冲动；想控制自己但控制不住。

4. 有偏执倾向。表现为总感觉自己的想法和别人不一样；总觉得别人在占自己便宜；总觉得别人在背后议论自己；觉得大多数人不可信、不可靠；很难与他人合作。

5. 有抑郁倾向。表现为总感到苦闷、无精打采、提不起劲儿，对任何事情没有兴趣，严重的可能有自杀念头。

6. 有焦虑倾向。表现为总感到莫名的紧张、坐立不安、心神不定；心里烦躁，不踏实；入睡困难、失眠、多梦。

7. 有心理问题的职业人还会有以下表现：

（1）很难有职业方向感，一旦晋升无望，不知道下一步该怎么办。

（2）职业倦怠感：对工作的前景丧失信心，为工作而工作，对于工作内容和成果缺乏激情，工作效率和产出显著降低。

（3）职业压力感：表现为工作狂。短期来看，工作狂是组织的资产，但长期来看，却是组织的负债，因为组织将无法满足他们的需求。因为他们的全部精力、体力和干劲全部投入于一个目标，除此之外，很少有事情能令他们真正欢心。他们需要组织给予的激励来满足他们的心理需求，来表现自我价值，因为他们除组织外，别无"安身之所"。

（4）组织归属感：误以为自己已经付出努力却依旧在原地踏步，结果对组织、主管心生怨怼。他们因为没有受到重用而怨恨组织；他们因为没有受到赏识而怨恨上司；更可悲的是他们也怨恨自己，恨自己陷于被动，怨自己运气太差，经常产生离职的念头等，或是画地为牢，变得极其认命。

经调查表明：职业人心理问题表现最多的是感受到工作上的压力感，有80%以上的职业人感到工作有压力，1/3的员工感到工作、生活的负担太重。其次是情绪不稳，其表现是心情时好时坏，工作劲头时高时低，对父母、朋友、同事忽近忽远。有不少人表现出抑郁、焦虑的倾向，严重的则患有抑郁症、焦虑症等，更为甚者还走向了自杀。

由此可见，职业人的心理问题就像一颗随时可能被引爆的炸弹，不仅危胁职业人自身的生命和职场生涯，而且影响其所在的家庭和企业。对这一问题的解决不仅需要引起职业人的高度关注，而且需要掌握科学的方法。

第三节　职场减压

心理学研究表明，人体60%～90%的疾病与压力有关。而职业人的心理问题主要诱因是工作压力太大，人际关系处理不当等。因此，解决心理问题可以化解职场压力。

一、察觉压力、调节情绪

（一）职场人高压下的情绪信号

1. 容易发怒。一旦遇到冲突，反应过于激动和好斗。
2. 缺乏兴趣。对自身、他人和社会事件及以往感兴趣的事情不再留意。
3. 精力溃散。记忆力衰退，迟疑不决，感到愁苦、内疚、疲惫不堪、冷漠无助、无能、自卑及没有价值等。

（二）职场人高压下的行为信号

1. 滥用兴奋物，如糖、酒精、尼古丁和咖啡因等。
2. 暴饮暴食，挥霍浪费。

（三）察觉压力

事实上，面临压力时，很多时候我们是处于无意识的状态，任由长期养成的习惯产生一系列的本能反应模式。职场减压的第一步是要有觉察，要建立一个对付压力的预警系统。好好想一下，当你受到压力时，身体和情绪上会有什么样的反应？然后锁定这些反应，以后每当你要进入这些习惯性的反应状态时，就马上在心里暗暗向自己发出警告。这是压力管理的第一步，它将赋予你强大的力量，帮助你减少压力，提高你对压力的敏感度。当你对压力有所察觉后，就会有意识地控制自己不陷入压力。经过长时间的磨炼后，会大大提高你的控制力，当你能够控制住自己时，每当面临压力，你会把自己置于一个行为习惯的岔路口，可以有意识地选择自己的反应模式。

(四) 调节情绪

一旦有压力,要学会疏通和调节情绪。学会在不同的环境当中及时调整自身心态是非常有必要的,它不仅能让我们时常保持良好的心情,有一个积极健康的生活态度,更重要的是可以使我们远离疾病,免受疾病的困扰。具体来说,可采取的方法有以下几点。

1. 将不良情绪的能量发泄出去。适当的情绪宣泄,有助于恢复思绪的平衡。控制不良情绪不等于压抑自己,使积怨加深。要采取积极的态度,学会合理宣泄。例如,可以通过运动、旅游、读小说、写日记、听音乐、看电影、看电视、找朋友谈心等方式宣泄,也可以用在适当场合大声喊叫或痛痛快快大哭一场的方式来释放心中的郁闷。大笑,也是释放积聚能量,调整机体平衡的一种方式。

2. 学会制怒,做情绪的主人。在遇到发怒的事情时,最好做到三思:一思发怒有无道理,二思发怒后有何后果,三思是否有其他方式替代。这样就可以变得冷静而情绪稳定。

3. 适当的代偿转移。即当需求受阻或遭受挫折时,可以用满足另一种需求的方式来减弱自己的挫败感,以发挥自身的优势,激发自信心。此时,需要自觉主动地将注意力转移到积极向上的对象上,切忌因心中的怨气染上一些不良的嗜好。

4. 理性的升华。即把受挫而产生的不良情绪引向崇高的境界,将其强大的心理能量加以疏导,凝聚到学习、工作或生活中。如著名大文豪歌德在失恋之后,把失恋的情绪能量升华到文学写作中,写出了名著《少年维特之烦恼》。越是情绪状态不佳的时候,越需要理智地思考,越需要冷静地对待每一件事。

5. 增加自己的幽默感。幽默感会使人得到生活中最珍贵的礼物——笑。笑是一剂良药,可以消除抑郁的心理,对不良情绪起到调节作用,使不良情绪得到有效控制。心理学家认为,人不是因为高兴才笑,而是因为笑才高兴;不是因为悲伤才哭,而是因为哭才悲伤。生活中要多笑勿愁。

6. 为别人做些事。助人为乐为快乐之本,帮助别人,可使自己忘却烦恼,并且可以确定自己的存在价值,使自己心安理得,心境坦然,获得安全感。

7. 努力增加积极情绪。多交友,在群体交往中取乐;多立小目标,小目标易实现,每一个实现都能带来愉悦的满足感;学会辩证思维,可使人从容地对待挫折和失败。

8. 放松身体。心情不佳时,可以通过循序渐进自上而下放松全身,或者通过自我催眠、自我按摩等方法使自己进入放松安静的状态，然后面带微笑，想想曾经经历过的愉快情景，从而消除不良情绪。

除此之外，注重饮食调理，也可以调节情绪。多年来的研究显示，某些特定的食品能影响大脑中某些化学物质的产生，从而改善人们的心情。

二、了解压力源，针对性地加以解决

职场减压的第二步是了解压力源，并且有针对性地解决问题。繁重的工作任务、不和谐的人际矛盾、不完善的工作条件以及无法预测的外部环境变化都会给职业人带来压力。具体来说，其压力源主要来自以下方面。

（一）环境因素

环境的不确定性是引起职业人心理压力的重要外在因素。就业竞争的压力、社会的快速发展、个人知识更新太慢都属于此类因素。技术革新的周期越来越短，员工的技术和经验会在很短的时间内过时，而自动化、智能化以及其他形式的技术创新会威胁到许多人的就业状态，使他们产生压力感；国家的宏观经济环境也是许多人产生心理压力的因素，特别是经济紧缩时，这种影响更大。

除上述大的宏观环境因素外，每个职业人所处的办公环境也会直接影响其心理。如过分的嘈杂、拥挤或压抑，另外，经常在办公室或室内工作的职业人也往往受到建筑物、办公设备等影响产生心理压力。

（二）组织因素

组织内部的许多因素也会引起职业人的压力感。所做的事不是自己愿意做的或在有限的时间内必须完成工作，工作负担过重，人际关系不和谐等，都会给职场人士带来压力。

1. 不明确的角色规定。在工作中，常常会碰到这样的事情：得不到明确的工作指令。这种不确定性使员工常常为一些不属于自己职责范围内，却出了差错的工作而受责备。不明确的职责规定往往会使员工进退两难，于是压力便产生了。

2. 职业形态缺乏变化。富于变化的工作往往带有吸引力和挑战性。而长期从事单调乏味的工作易使人产生一种疲倦和"饱和"的心态，从而产生职业厌倦。这类心态与因自身知识更新慢而产生的焦灼心态不同，它往往表现为慢性疲劳。

3. 与上司冲突。与上司不和是压力的一个重要来源。另一个产生于员工与上司关系中的压力源是：员工得不到上司应有的赞赏，感到被轻视，因而对工作的热情以及积极进取的精神受到挫伤。如果上司不断地批评人或习惯性地插手下属的工作，更会挫伤员工的积极性，增加其压力。

4. 与同事冲突。工作为整日相处的同事之间制造了产生冲突的机会，矛盾时有发生。于是，本可以在工作中相互帮助的人却如仇人般相互折磨，为紧张的工作节奏平添了更多的烦恼和压力。

5. 工作过度劳累。一般人正常工作的时间是 8~10 h，如果工作时间长期超过这一时间，达到 12 h 甚至更长，严重超过身体的负荷量，就会对人体产生压力，甚至导致"过劳死"。

（三）职业人自身的因素

职业人自身的因素包括家庭、经济状况、个性等方面。家庭关系处理不当，经济状况不佳会给职场人带来压力；而源于职业人自身的个性和心态往往是造成职业人心理压力的重要因素。具体来说，包括以下方面。

1. 性格原因。据研究，人的性格与身体健康有着密切的关联。一般而言，性情孤僻、心胸狭窄的人，由于其情绪状态经常处于不稳定状态，也容易产生一些心理和躯体的疾病；而性情开朗、乐观的人，其体魄往往比较健康。

2. 不能自我肯定。不能自我肯定的人非常在意别人的看法，对于别人的评论很敏感，自己的心情往往和别人的评价联系在一起。这种人会因为害怕得不到肯定而经常患得患失，容易处于忧郁和焦虑之中，处于巨大的压力之下。

3. 过分追求完美。追求完美的人对自己的要求很高，对每件事的标准也定得很高，另外对与其相处的人和需要处理的事也要求很高。为了尽善尽美，他们做工作往往需要花更多的时间，为了解决时间不足的问题，只有挤占自己休息、娱乐和与人相处的时间，从而使其自身长期处于身心紧张的状态。另外对与之相处的人期望过多或过高，从而提出过分的要求，结果往往会加深相处时的矛盾，从而平添自身的压力。

4. 过于关注自我形象与自我身份。过分关注自我形象及自我身份的人常常感到孤独寂寞，缺少安全感，对自己缺乏信心，于是他们拼命工作，以此来提高自己在别人眼里的地位。其后果是，如果这种职业自豪感受到挑战，他们就会变得极具侵略性或防范性。

5. 缺乏与别人的沟通。很多压力产生于不善于同别人沟通。由于没有沟通或者没有有效沟通，会使自身陷入孤立隔绝的状态，致使感情变得脆弱，缺乏自信。许多猜忌容易出现，许多可以避免的冲突没有避免，在一个不和谐的环境里工作和生活显然会使自身陷入压力之中。

以上我们列举了职场人的主要压力源。作为职业人必须弄清自己的压力源到底是环境？是工作？是家庭生活？还是人际关系？认识问题的根源是解决问题的前提，弄清压力源就应该针对压力源造成的问题本身去处理，当然，在处理时应该把握问题处理技巧。

通常一般人面对自己无法顺利处理的压力源时，常采取不科学的处理方式，如逆来顺受、逃避、紧张或鲁莽行事，然而这样的方式，往往无法有效处理问题，有时还会惹来更大的麻烦。较理想的处理方式是冷静面对，积极解决。处理问题的标准步骤如下：认清压力事件的性质；理性思考及分析问题事件的来龙去脉，确认个人对问题的处理能力；积极寻求能帮助解决问题的资讯，包括动用家庭及社会环境给予支持；运用问题解决技巧，拟订解决计划；积极处理问题。

若已完全尽力，问题仍没有在短时间内解决，则表示问题本身处理的难度甚高，有可能需要长期奋战不懈，除必须培养坚忍不拔的斗志外，可能还需要其他的精神力量支持，此时学会一些心理减压的技巧非常重要。

三、心理减压

对于个体来说，改变环境的力量是有限的。职场人既然选择了职场生存，解决压力的最佳办法就是拥有一颗平常心，调节自我情绪。

（一）保持心理平衡

心理平衡不是消极适应，而是乐观面对现实，以积极的眼光看待世界，看待周围的事物。具体包括以下方面。

1. 对自己不过分苛求。人应该有抱负，但不可不切实际，若非能力所及、欲求不得，便会终日忧郁；有些人做事要求十全十美，对自己近乎吹毛求疵，结果，受害者还是自己。为了消除挫折感，应把目标定在自己能力范围之内，不努力达不到，尽心尽力能够超越，心情自然就会舒畅了。

2. 不要强加于人。很多人把希望寄托在他人身上，假如对方达不到自己的要求，便会大失所望。其实，每个人都有自己的思想、优点和缺点，何必要求别人迎合自己的要求呢？

3. 不当超人。不要总认为什么事都应做得很出色，应明白哪些事可稳操胜券，然后集中精力做擅长的事。淡泊为怀，知足常乐。

4. 学会说"不"。不要害怕承认自己的能力有限，要学会在适当的时候说

"不"。留有余地，不要企图处处争先，给别人留有余地，自己也往往更加从容。

5. 偶尔也要屈服。一个做大事的人，处事要从大处看。因此，只要大前提不受影响，在小处有时也不必过分坚持，以减少自己的烦恼。

6. 不要挑剔。应看到别人的优点，不应过于挑剔他人行为。

7. 学会躲避。从一些不必要的、纷繁复杂的活动中，一些人为制造的杂乱和疲惫中摆脱出来。在没必要说话时最好保持沉默，听别人说话同样可以减轻心理压力。

8. 做些让步。即使你完全正确，做些让步也不会降低你的身份。俗话说，退一步海阔天空。何况一些事也许冷处理更好，退一步会有更多余地。

（二）分散压力，放慢节奏

1. 下班甩压力。

（1）尽量不将工作带回家。

（2）下班前列个清单，弄清哪些是自己今天必须完成的工作，哪些工作可以明天完成，从而减少焦虑。

（3）准备一个大篮子或是盒子，把它放在家门口，一回家就把公文包放到里面，第二天出门之前绝不碰它。

（4）请拿起笔和纸，把遇到的困难或是不愉快写下来，写完后把这张纸撕下扔掉。

（5）睡觉前收拾一下房间，第二天就可以享受一个整洁舒服的环境了。

2. 放慢工作节奏。

（1）在一段时间内只做一件事。要减少自己的精神负担，不应同时进行一件以上的事情，以免弄得身心交瘁。

（2）放慢节奏。当局面一团糟，无法控制时，不妨放慢节奏，不要把无关紧要的事安排在日程表中，进行一次"冷处理"。

（3）逐一解决。紧张忙乱会使人一筹莫展，这时可先挑出一两件当务之急的事，一个一个地处理，一旦成功，其余的便迎刃而解。

（4）遇事沉着。沉着是一个人是否成熟的标志之一。沉着冷静地处理各种复杂问题，有助于舒缓紧张压力。

（5）在接受任何新工作前，都考虑一下担任该项工作所需承受的压力，并依据自己的实际能力确定每天的工作量及复杂程度。

（6）每工作 1 h，休息 5 min；每完成一件工作就"勾"去一件，看着要做的事一件件减少是非常有成就感的。

3. 分散压力，工作不是一切。

（1）学会分散压力。把工作进行分摊或是委派，以减少工作强度。千万不要陷入一个可怕的泥潭：认为自己是唯一能够做好这项工作的人。如果这样的话，同事和上司同样也会有这样的感觉，于是就会把工作尽可能都加到你的身上，这样工作强度就会大大增加了。

（2）不要把工作当作一切。当大脑一天到晚都在想工作的时候，各种压力就形成了。一定要平衡一下生活，分出一些时间给家庭、朋友、爱好等。

（3）必须接受这样一个观念：身体和精神健康的重要性，丝毫不亚于职位的晋升。

（三）创造和谐的工作环境

和谐的工作环境会使人身心愉悦，从而有工作动力和积极性；反之，会使人烦恼不已。因此，在自己的工作圈里既要注意自身的言行，也要注意同事之间的相互关怀和感受。

1. 如果某些人或环境迫使自己做不愿做的事，那么就避开这些人或环境。

2. 找到志同道合的同事，和他们一起工作，以适应工作环境的变化。

3. 当同事看出自己正受到压力时，请他直言相告，给受到压力的同事一些放松的暗示。

4. 只有当自己有时间去帮助别人时，才去帮助别人。

5. 与人为善。遇事千万别耿耿于怀（即使自己是对的）。耿耿于怀是在用别人的错误惩罚自己，会使自己的情绪紧张。

6. 重新评价。如果真做错了事，要想到谁都有可能犯错误，若事与愿违，就应进行重新自我评价，不钻牛角尖，继续正常地工作。

7. 把问题看成机会，鼓励全体员工互相支持；公开讨论工作中存在的问题，以此方式来减轻压力，以构建和谐的工作环境，并且经常自问：与其他人一起工作是否有压力感。

8. 经常对人表示善意。在适当的时候表示自己的善意，多交朋友，少树"敌人"，心情自然变得平静。

9. 加强沟通。平时要积极改善人际关系，特别是要加强与上司、同事及下属的沟通。要随时切记，压力过大时要寻求上级的协助，不要试图一个人就把所有压力承担下来。同时在压力到来时，还可采取主动寻求心理援助，如与家人、朋友倾诉交流，进行心理咨询等方式来积极应对。

（四）掌握减压的基本技巧

当今社会的职场中人必定要面对压力，切忌把压力积压起来，要注意平时的压力释放，掌握一些减压的基本技巧，如抗压必备法则和日常减压的办法。

1. 抗压必备法则。

（1）为身体留出一定的时间。相关的抗压方法非常简单，而且行之有效，包括食用健康食品、有规律地锻炼身体、保证充足的睡眠。

（2）在紧张与放松之间寻求平衡。即要找到工作和生活的平衡点。每个人都必须找到自己的压力补偿机制，如通过长跑减轻压力，躺在自家的沙发上听古典音乐，在花园里摆弄花草等，这些习惯本身并不重要，重要的是，需要全身心投入一种令人愉快的活动中。

（3）密切的社会接触也很重要。花时间与朋友、家人和同事相处，都有助于缓解压力。最后，学习一些放松的技巧，如瑜伽、渐进性肌肉放松训练等。

（4）学会时常奖赏自己。当完成了一项工作时，用语言赞赏一下自己或犒劳一下自己，买一些自己喜欢的物品、做一些自己喜欢的事情或活动，使自己有一种成就感。只有这样才能满怀希望地尝试下一项工作。

2. 日常减压。以下十种具体方法可以帮助在日常生活中减轻压力，经常运用可以起到很好的效果。

（1）早睡早起。在家人醒来前一小时起床，做好一天的准备工作。

（2）同家人和同事共同分享工作的快乐。

（3）一天中要多休息，从而使头脑清醒，呼吸通畅。

（4）利用空闲时间锻炼身体。

（5）不要急切地、过多地表现自己。

（6）提醒自己任何事不可能都尽善尽美。

（7）学会说"不"。

（8）生活中的顾虑不要太多。

（9）可听音乐放松自己。

（10）培养豁达的心胸。

人生的大部分时间都在工作中，都与职业发生着密切联系。面对忙不完的工作，面对复杂的人际关系，还需警惕由心理疲劳引起的各种职场流行病。

第四节 职场流行病

一、慢性疲劳综合征

一个人的精力是有限的，透支健康的恶果便是因失去健康而彻底断送职场前程。学会休息，舒缓不良情绪，松弛有度，储备能量，才能以更充沛的精力成就职场人生。

（一）慢性疲劳症

从医学的角度来看，慢性疲劳症是由于过度工作或运动造成严重疲劳的病症。一般来说，正常人产生疲劳后，休息一宿就可使精力恢复正常，如果隔天起身，还是觉得十分疲倦，并且持续一段时间，这种状态就是慢性疲劳症。慢性疲劳症是现代社会中常见的一种职业病，也是一种很危险的疾病，其危险性就在于人们往往不把这种症状视为病症，以为这不会影响个人的学业、工作和日常生活而掉以轻心，结果时间一长，病症会加重，进而成为其他病症的先导。所以，我们应对慢性疲劳症予以高度重视。

1. 寻求病源，保证有时间休养。要治疗慢性疲劳症，就得先找出病源，而长时间休养可取得最佳疗效。另外，要保持快乐无忧的心态，学会"苦中作乐"，善于从心理上作自我解脱。

2. 有效合理地安排时间。合理安排自己的生活，忙而不乱。根据自己的生活、工作、学习等实际情况，以及身体健康状况，对每天、每周的工作和学习内容进行有效合理的安排。明确什么时候应该做什么事，不随意更改。这样，对自己的工作、生活情况能做到心中有数，长期坚持下来，能有效地预防慢性疲劳症。

3. 适度参加体育运动。要预防积劳成疾，必须在发现不适时，适度参加体育运动。参加运动，可以使平时较少活动的肌肉得以松弛，从而减轻或舒缓压力。

以上情况仅是轻度的，稍加调治就能恢复，但是若不加以治疗、引导，会发展成为心理疲劳。

（二）心理疲劳——亚健康

心理疲劳是慢性疲劳综合征的主要病症之一，是现代医学新认识的一种疾病。在心理方面：患者首先会感到容易疲劳，力不从心，每天早上也不像以前那样乐于出门工作，晚上想早些回家。再往后，总感到记忆力差，注意力不集中，别人与自己说什么总是听得模模糊糊。慢慢地，变得爱发脾气，也变得敏感；轻轻的开门声，远远传来的猫叫声都能放大成烦心的震动和咆哮。由于敏感、焦躁、爱发火，使大家都会敬而远之，人际关系变得越来越差。

身体方面：咽炎、发低热、头痛头晕等一系列症状都出现了，但实际上躯体检查又没问题。疲劳综合征常发生在年富力强的中青年身上。该病主要症状表现为：身体乏力、失眠多梦、耳鸣健忘、腰酸背痛、头发脱落及须发早白等。其特点是症状持续反复发作，持续时间6个月以上，充分休息也不能解除。

这种状态在现代医学上也称为亚健康。亚健康状态是指无器质性病变的一些功能性改变，是人体处于健康和疾病之间的过渡阶段，在身体上、心理上没有疾病，但主观上却有许多不适的症状表现和心理体验。采取以下措施可以缓解上述不适状态。

1. 适当地午休，学会卫生睡眠。专家指出：对于长期从事紧张工作的人而言，中午休息片刻对人体健康非常有益。除此之外，保证睡眠质量非常重要。最近，德国睡眠障碍治疗医院院长霍尔格·海因博士为提高睡眠质量提出了几条重要的建议：

（1）足部保暖。研究结果表明，双脚发凉的人睡眠质量比足部暖和的人要差。因此，睡觉感到足部发凉可穿着厚袜子睡觉。

（2）不开窗。引起人们过敏的物质和影响睡觉的噪声，会通过开着的窗户进入卧室。关上窗户睡觉可以避免过敏物质和噪声对睡眠的影响。

（3）晚上不打扫卫生。清扫房间时使用的喷雾剂和化学清洁剂都可能刺激呼吸道，从而影响睡眠。

（4）卧室里不摆放花卉。卧室里摆放花卉可能引起人们的过敏反应，一般的绿色植物晚上在黑暗中还会与人争夺氧气。

（5）不要睡得太晚，养成早睡早起的习惯。晚上如果熬得太晚，会很难入睡。

（6）睡前保持心情平静。睡前不要进行强烈运动，如果需要运动，至少应在睡前2 h进行。睡前尽量排除心理干扰，不牵挂工作和学习。

（7）睡前不要大量进食。可以食用碳水化合物和蛋白质，但不要食用巧克力或大量糖，不要在睡前饮用过多的饮料，也不要在睡前吸烟、喝咖啡或浓茶。

（8）不要在床上消磨很长时间。如果实在睡不着，就下床做些简单活动，直到有睡意再回到床上去。

（9）不要试图强迫自己睡觉。如果自己习惯于在电视机前入睡，而发现在床上难以入睡，那么可以试着在床上看电视，并设定时间让电视机在睡着后约半个小时内自动关掉。

（10）白天不要睡觉。这并不意味着午睡有错，但对失眠症患者来说，过长的午睡有可能使早已严重的病情恶化。白天保持清醒可以增加晚上睡眠的需要，这样入睡会更容易一些。否则，有可能眼睛合上了而头脑清醒着。

（11）卧室墙壁的色调以淡色为主。绿色、红色对于焦虑型失眠者是大忌，抑郁型失眠者则应避开蓝色、灰色等暗淡的颜色。

（12）选择合适的枕头。高15~20 cm的枕头最合适。

（13）芳香疗法。薰衣草拥有特殊的精油成分，有镇静作用，因此具有安定精神、预防失眠、提升睡眠质量的效果。

2. 休闲使自己身心放松。心理学家指出：每天给自己留出一段时间，什么也不做，什么也不想，抛开一切事情。一旦养成了习惯，生活将会得到很大的改善，把自己从杂乱无章的感觉中解救出来，让头脑得到彻底的净化。

放慢工作节奏，学会享受生活，对工作不要太贪婪，对成就、地位不要太看重。遇事拿得起、放得下，才能过得自在，生活才会多姿多彩。

有人说：5+2>7，意思是说5天工作、2天休闲的效果要比7天全工作的效果更好。利用休息时间，或者刻意挤出一些时间给自己的身心放一个假。可以选择的休闲方式很多，如旅游、欣赏音乐、读书、跳舞、和朋友喝茶聊天等。总之，不管采取什么样的休闲方式，一定要让自己的身心离开工作一段时间。

3. 合理调整饮食。精品食物带来的未必是健康。很多上班族在饮食上过多贪吃牛、羊、猪等红色肉类及贪饮牛奶类。国内外大量科研成果均证明，排除急性污染因素，红色肉类消费量与引发各种慢性"富贵病"成正比。

对抗亚健康的好办法，其实就是饮食、锻炼科学化。少吃油腻及不易消化的食品，要多食新鲜蔬菜和水果，如绿豆芽、菠菜、油菜、橘子、苹果等，及时补充维生素、无机盐及微量元素。另外，对于过劳者而言，选食一些顺气又可口的食物尤为重要。

（三）过劳死

在竞争十分激烈的当代职场，人们的疲劳感正在蔓延。不少35~50岁的职场精英每天都在为幸福美好的生活打拼，却不知一种名为"过劳死"的疾病正向自己袭来。

"过劳死"是源自日本的一种现代病，因为工作时间过长、劳动强度加重、心理压力过大导致精疲力竭，甚至引起身体潜藏的疾病急剧恶化，继而丧命。"过劳死"是在慢性疲劳综合征基础上发展、恶化的结果。

"过劳死"并不是突发的，而是长期在职场中过度劳累工作的结果。这种病症一般容易在中年职场人士中发作。这是因为中年正值人体的转轨阶段，是具有高血压、高血脂、高血糖等背景疾病发生的危险时期。从青年时期就开始积累的疾病已"冰冻三尺"，逐渐产生影响，但人体自身的补偿机制尚需等到老年时期方能形成。这时期有基础疾病的人群只要遇到过度疲劳等诱因，就容易产生严重的后果。

对于中年职场人而言，"过劳死"并不是不可避免的，需要改变不良的生活习惯，养成良好的饮食习惯，注重增强身体的锻炼，注意到生活中的细节，具体方法如下。

1. 定期进行体检。最好每年做一次体检，重要的是要保持体检的连续性，不要中断，以便早期发现高血压、高血脂、糖尿病，特别是隐性冠心病，防患于未然。

2. 积极治疗原发病。积极治疗高血压、高血脂及糖尿病等原发病。一些有这类疾病的人特别是合并动脉硬化者，要多留意自己的身体状况，培养健康的生活习惯，戒烟酒。避免长期紧张的脑力劳动和情绪激动，培养乐观的精神状态。出现心绞痛或心律失常时要认真医治。

3. 保持心情舒畅。经常保持愉快的心情，做一个"乐天派"，并培养坚强、乐观、开朗、幽默的性格，具有广泛的兴趣和爱好，始终保持积极向上的生活态度。要学会调节生活，多与人沟通，开阔视野。

4. 坚持体育锻炼。

5. 合理调整饮食。健康的四大基石是：合理膳食，适当运动，戒烟限酒，心理平衡。忙碌的职场人请谨守这一信条，不要拿自己的身体当儿戏，要会工作，也要会休息和生活。

二、办公室综合征

患办公室综合征的人员主要是白领一族，大部分白领需要在办公室中完成所有工作，所以办公室成为白领们生活的一部分，随之而来的就是出现了"办公室综合征"，也无形中给他们带来了亚健康。

（一）办公室综合征的表现

办公室综合征最常见的症状表现为以下几点。

1. 夜餐综合征。夜晚，胃肠道对食物的消化吸收能力比白天强。晚上经常吃高热量食品，容易引起肥胖、失眠，记忆力衰退、早晨睡醒后不想饮食等症状。夜间睡眠不足，人体生物钟被干扰，会导致神经系统的功能发生紊乱。这对于那些从事高强度工作的白领来说，情况更为突出。

2. 信息污染综合征。主要表现为偏头痛、头昏脑胀、烦躁不安、精神抑郁、思维和判断力下降以及神经性呕吐和厌食等消化系统功能紊乱，有的还会导致高血压、心跳加快、心律不齐，严重者可引起紧张性休克。此症常见于每日接触大量文献资料及反馈信息的科技人员、沉浸于计算机和电子游戏的娱乐者以及经常与大量信息打交道的白领等，应尽量把工作、学习调整好，避免疲劳，保持旺盛的精力，抵御污染的侵害。

3. 盒饭综合征。长期食用快餐等食品会引起营养不良、口腔溃疡、腹胀、便秘等症状。而对于某些行业的工作人员来说，生活没有规律已习以为常，经常点外卖来填饱肚子，这样的结果就是严重地损害了自己的身体。

4. 时间综合征。快节奏的现代生活，使白领感到时间越来越不够用，对事业的专注使他们对紧迫的时间感到焦躁不安、紧张过度。过分关注时间，会引起情绪波动，引发心率加快、血压升高、呼吸急促等症状。

5. 疲劳综合征。临床证实，长期超强度的工作，会导致人体神经系统、内分泌系统紊乱，出现食欲不振、失眠等症状。

6. 空调综合征。主要表现为头痛、头昏，神经痛、关节病、胸闷、心慌、失眠、工作效率和健康水平明显下降等。空调综合征的产生多与室内外温差太大、负氧离子少、病菌增多等有关。

7. 大楼综合征。主要表现为头痛、头昏、胸闷、气喘、感觉迟钝、流泪、身心疲惫、免疫功能下降、心血管功能障碍等。产生原因多数是由于空气污浊、负氧离子浓度低、上下楼乘电梯、缺少阳光等。患者除对症治疗外，可多下楼走动、呼吸新鲜空气、沐浴阳光。

8. 计算机综合征。主要表现为一些眼科症状：出现临时性近视、眼睛易疲劳、眼睛发干、对光线过于敏感等，一些人还会感到浑身倦怠、头痛、失眠、心悸、多汗、厌食、恶心等，严重者还伴有情绪低落、思维迟钝、抑郁等心理问题。计算机操作人员应定期到医院进行视力和眼压检查，并进行自我心理测试，排除其他疾病。

（二）改善办公室综合征

针对此症的特殊性，可从以下几方面进行改善。

1. 改善办公和居住环境。改善办公环境首先要控制污染源，保持个人环境清洁，不囤积垃圾，除去不必要的污染源，并制定办公室禁烟守则。其次，需注意通风，改善通风设备。在气候允许状况下可常开窗户，这是改善通风最简单的方法。打开窗户 2~3 h，就能有效降低室内过敏源浓度一半以上。动手改善环境，可在室内种植一些有益的绿色植物，改善室内空气质量。

2. 多运动，科学健身。增加有氧运动，户外的新鲜空气，可以促进新陈代谢，有效提高人体免疫力。因此积极参加户外健身活动就是增强体质的最佳途径。如做电脑操、课间操等。上下班走路回家，每天快步走半小时。对于喜欢锻炼的人来说，早上空气中雾气大，而人的血压也较高，发生意外的可能性更大，所以晚上锻炼比晨练更有利于健康。当然运动时也要注意，不要过于激烈。运动量应该适度，每天运动 30 min，持续运动 12 周后，免疫细胞数目就会相应增加。

3. 保证充足的睡眠。熬夜已经成为现代人生活方式的一部分，而经常熬夜的后遗症就是疲劳、精神不振，免疫力也会随之下降，感冒、胃肠感染等失调症状自然都会找上门来。

每天都要尽量留出一定的休息时间。最好的方法是躺下来放松肢体或安枕大睡，往往一觉醒来倦意全消。另外，听音乐、练书法、绘画、散步等也有解除生理疲劳的功效。

4. 平衡营养，合理膳食。合理膳食包括有节制的饮食，不暴饮暴食，摄取不同的维生素、矿物质、无机盐，合理进补，适当选择药膳也对预防和改善亚健康很有帮助。

三、职业倦怠

职业倦怠又称"职业枯竭症"，它是一种由工作引发的心理枯竭现象，是职业人在工作的重压下所体验到的身心疲倦、能量被耗尽的感觉。

（一）职业倦怠的具体表现

一般把职业倦怠分为三个方面：情绪衰竭、玩世不恭和成就感低落。

1. 情绪衰竭。情绪衰竭是指个人认为自己所有的情绪资源都已经耗尽，感觉特别累，压力特别大，对工作缺乏冲劲和动力，在工作中会有挫折感、紧张感，甚至出现害怕工作的情况。不少职场人士，尤其是中高级白领长期处于高压下的紧张状态，很容易出现情绪衰竭。

2. 玩世不恭。玩世不恭是指刻意与工作以及与工作相关的人员保持一定的距离，对工作不像以前那么热心和投入，总是很被动地完成自己的工作，对其意义表示怀疑，并且不再关心自己的工作是否有贡献。

3. 成就感低落。成就感低落是指个体会对自身持有负面的评价，认为自己不能有效地胜任工作，或者怀疑自己所做工作的贡献，认为自己的工作对社会、组织和他人并没有什么贡献。

（二）职业倦怠的诱因

造成工作倦怠的诱因通常有以下几种。

1. 不能获得提升。
2. 所从事的工作不具有挑战性，日常工作负担太重。
3. 投入得不到相应的回报。
4. 对直接上司的管理方法和风格不满。
5. 组织不够公正。
6. 与单位所强调的价值追求格格不入。
7. 对单位内部的沟通状况不满意。
8. 分工不明确。
9. 与家人的关系不融洽。
10. 组织不能为工作提供必要支持。
11. 建议得不到领导的重视。
12. 人际关系很伤脑筋。
13. 规章制度不够合理。

面对职业倦怠，千万不可掉以轻心。职业倦怠本身虽然不是病，但是产生倦怠的人往往会出现失眠、焦虑、烦躁等生理上的疾病，心理上的不适以及行为上的障碍，时间一长很容易导致抑郁症，是心理上的一种"亚健康"状态，若不及时处理将会给自己的身心带来不可预期的伤害。

（三）克服职业倦怠

怎样才能远离职业倦怠，做一个快乐的职业人呢？心理学专家建议：

1. 以乐观心态面对自我。在工作的过程中，要学会欣赏自己、善待自己。遇到挫折时，要善于多元思考，"塞翁失马，焉知非福"，适当的自我安慰是有益的。千万要避免过激地否定自己，自我摧毁自信心的后果是很可怕的。

2. 正视压力，及时放松。当你感到压力过重时，不妨做做运动，听听音乐，陪家人逛逛街，和朋友聊聊天等，都可有效舒缓压力。

3. 多培养些兴趣爱好。工作之余，不妨培养自己的兴趣爱好，一方面可增加生活情趣，让自己感受到生活的乐趣，另一方面也增添了成就感的来源，使自己的关注点、兴奋点不再只是工作。

4. 正确审视自我的需要。当自己开始对工作产生倦怠时，应重新审视自己，尽量摒弃那些不切实际的想法。如果确信不是内在的原因，而是单位领导的管理理念和自己不能合拍，或者是同事有意伤害自己，无论怎么调适自己都无法感到顺心，此时可以换一个工作环境。

5. 为自己不断"充电"。职业倦怠很多情况下是一种"本领恐慌"，因此，要从根本上防治职业疲倦，必须不断为自己"充电加油"，主动适应社会环境的压力。

第十四章
同事关系

据一项职场调查报告显示，人际关系已经成为继工作压力之后困扰人们的第二大心理疾患。职场中的人际关系主要表现为同事关系、上下级关系、与工作相关的其他社会关系等。人际关系对职业人的心理健康会产生极大的影响。一个人如果在职场中善于与周围人保持良好的关系，经常与别人进行情感交流，就会感到心情舒畅，感到"安全"。不仅如此，这种人的感情有条件得以宣泄，郁闷从而得到排遣，精神可以升华，有助于心理健康。

第一节　影响同事关系的因素

在人的一生中，除和家人在一起，就是和同事在一起，甚至和同事在一起的时间比和家人在一起的时间还要长。同事是最重要的工作伙伴，同在一个单位，抬头不见低头见，搞好同事间的关系是非常重要的。关系融洽，心情就舒畅，这不但利于做好工作，也有利于自己的身心健康。倘若关系不和，甚至有点紧张，会让自己丧失安全感，处于焦虑之中。那么，影响同事之间关系的因素有哪些呢？

一、心理因素

（一）认知因素

认知因素是人际知觉的结果，包括三个方面，即自我认知、对他人的认知和对交往本身的认知。对自我的认知会影响人际交往中的自我表现，对他人的认知会左右对他人的态度和行为，对交往本身的认知影响交往的目的、广度和深度。人际交往是双方彼此满足对方心理需要的过程，不能只考虑自己而忽视对方的需要，否则会引起交往障碍。

1. 对自我认知的两种偏差。一是过高评价自己，孤芳自赏；二是自我评价过低，自轻自贱。对自我的这两种不正确认知都会影响人际交往。孤芳自赏者会过高评价自己，对不如己者不屑一顾，恶语相向，以己之长量人之短，或者对别人的所作所为和喜好漠然置之，不屑与之交流，如此待人，人们只会避而远之。高估自己会影响交际，自我贬低亦如此。看不到自我的价值，自轻自贱，认为自己这也不好，那也不行；没有主见，看别人眼色行事，总觉得自己低人一截。这其实是自卑心理作祟，自卑则无自信，无自信则轻视自己，轻视自己则行为畏畏缩缩。这类自轻自贱者，其实想以自己的行为来博取人们的同情，可事与愿违，人们可能不愿与你交往。

2. 对他人认知的偏差。一是以貌取人，二是以成见待人，三是从众，缺乏主见，人云亦云，没有个性特色。这几种认知偏差在人际交往中有不同表现。

（1）以貌取人。以貌取人常表现为第一印象。两个素不相识的人首次见面所形成的印象即为第一印象。这种印象主要是来自对方表情、姿态、身材、外表、年龄、服装等方面的印象，它在对人认知中有决定性作用。社会心理学实验表明，人们对初次印象更容易重视，对后来获得的信息往往不太注意或易忽视。第一印象好对以后的信息就会起到掩饰作用，产生正向优先效应，认为此人样样好，于是喜欢、信任他并与之接近；反之，不好的第一印象在以后的认知中就会更多地注意其缺点，甚至把优点也当作缺点，产生负向优先效应，对他人则样样看不顺眼，于是排斥、疏远、嫌弃他。这种只看表面不看实质的认知倾向容易造成对人认知的失误，从而影响人际交往。

（2）以成见待人。以成见待人是指用一种固定了的人物形象去认知他人。如在一些年轻人看来，老年人固执保守，思想僵化，旧框框多，缺乏改革、创新意识，当他们遇到某个老年人时，就会不自觉地将其归入此类；而老年人则认为青年人单纯、幼稚，缺乏经验，办事欠稳妥，当他们遇到某个青年人时也会不自觉地将其划入此类。这种定势效应若与认知对象的本质特征一致，可简化、缩短认知过程与时间，但往往也会导致认知者形成某种成见，陷入"物以类聚，人以群分"的小圈子，妨碍交往的正常进行。

（3）从众。从众则是根据多数人的看法来确立自己的观点或态度的一种现象。这种人缺乏主见，人云亦云，看人看事随大溜，没有自己的观点，不管别人的看法正确与否，一味随声附和。这样认识人，结果导致认知失真，影响与他人的交往。人际交往中，要正确认识自己，也要正确认识他人，知己知彼才能建立和谐的人际关系。

3. 对双方交往的目的、内容、方法也要正确认识，否则交往也会终止。例如交往动机不良，为了达到某种个人目的，一旦目的达到，交往活动也随之结束。

（二）情感因素

人际交往中的情感因素，是指交往双方相互之间在情绪上的好恶程度、情绪的敏感性、对交往现状的满意程度以及对他人、对自我成就感的评价态度等。

情绪，人们常称之为情感的外在表现。它在人际交往中极为重要。情绪隐藏在交际过程中，是一种心灵的无声交谈。交往中，若没有良好的情绪状态，则会直接影响交往质量。例如，在取得某些成绩或被人羡慕的情况下，沾沾自喜，得意之色溢于言表，每遇他人唯恐别人不知，言语中扬扬自得，表情眉飞色舞，甚至教导别人该如何如何等，往往导致别人的反感而不愿与之交往。与人交往，得意忘形不受欢迎，因为没有人愿与高傲狂妄的人合作共事。同样，失意忘形留给别人的印象也并不美好。生活中难免会遇到种种困难、挫折、不幸，一个人若愁肠满腹，化形于色，那么人们会认为你过于脆弱，缺乏自制，只会给予怜悯或同情，而不会把你作为知交为你分担不幸。若遇不公正对待怒形于色，迁怒于人，人们只会认为你浅薄，缺乏内涵，那么你连怜悯或同情也得不到，只会得到别人的轻蔑，又何谈与人交往。情绪表达没有分寸同样也会影响交往。如不分场合、不看对象、不顾轻重恣意纵情，情感反应过分强烈，就给人以轻浮、狂妄或动机不纯等不好印象，让人对你顿生轻薄之感而不愿与你接近；反之，一个人若对喜、怒、哀、乐或对能引起情感共鸣的事无动于衷，反应冷淡，就会让人觉得你冷漠无情。试想，一个人永远是一副故作深沉的面孔，谁又愿与你交往呢？总之，人际交往中的情感表现应该适时适度，随客观情况的变化而变化。

(三) 人格因素

人格因素对人际交往有至关重要的影响。个性，心理学中又称之为人格，是指在一定的社会历史条件下的具体个人所具有的意识倾向性，以及经常出现的较稳定的心理特征的总和，包括一个人的兴趣、爱好、思想、信念、世界观、性格、气质、能力等。每个人都有自己的个性，交往中，有的人热情、诚实、高尚、正直、友好、讨人喜欢，人们易于接受并愿意与之交往；相反，有的人冷酷、虚伪、自私、奸诈、卑劣，就会令人生厌，于是人们回避、疏远他。对于一个口是心非、阳奉阴违、无中生有、嫉妒诽谤、搬弄是非的人和一个诚实正派、心诚意善的人，显然人们倾向后者，更愿意与之结交。可见，良好的个性品质易于建立和谐的人际关系，不良的个性品质则会影响正常交往。

(四) 能力因素

交往能力欠缺是影响人际交往的原因之一。如有些人，交友愿望强烈，然而总感到没有机会；想表现自己，却出了洋相；想关心他人，但不知从何做起；想赞美他人，可怎么也开不了口；想调解他人的矛盾，可好心经常办坏事等。人际交往的能力不是固定不变的，可以通过有意识的锻炼来提高，关键要多进行交往实践、多动脑筋。

社会心理学的研究表明，那些在人际交往中颇受好评，很得"人缘"的人一般具有以下特点：乐观、聪明、有个性、独立性强、坦诚、有幽默感、能为他人着想、充满活力等，当然，不是说这些特点都具备才能有好的人际交往。而那些在人际交往中不太受人欢迎的人也具有以下几个特点：自私、心眼小、斤斤计较、孤傲、依赖性、以自我为中心、虚伪自卑、没有个性等。有了以上参照标准，大家就可以对照自己，扬长避短。当然，在人际交往中，最主要的是坦诚，每个人都是独立的个人，不能丧失自我。阿谀奉承，随声附和并不能换来良好的人际交往。

在上述几个因素中，情感因素起着主导作用，制约着人际关系的广度、深度和稳定度。通常所言的"友情""亲情""人情"都是着重从情感方面来说的。可以说，情感的相互依存是保持人际关系良好的首要特征。

二、影响同事交往的其他因素

(一) 态度

态度是人们对一定对象较一贯、较固定的综合性的心理反应倾向。它不是某种心理过程而是全部心理过程的具体表现,认知、情感、动机同时在其中起作用。态度在人际交往中形成,对人际交往也会产生影响。在交往中,态度给交往一方造成心理压力,因为态度总是指向并倾注于某个对象,具有压迫性。如态度和蔼、真诚、坦荡,会使人有安全感并亲而近之;反之,态度圆滑、缺乏诚意、狂妄,会使人有危机感并疏而远之。

(二) 语言

人际交往中,最经常使用的、最基本的手段是语言,语音的差异、语义歧义或语言结构不当会造成人际交往障碍。在使用语言进行交际的过程中,语言的表达对交际也有明显影响。如有的人出语尖酸刻薄,言外有意,冷言冷语常会引起人们的反感,有时还会带来口角甚至不良后果。

(三) 利益冲突

同事之间是一种相互支持、相互配合、共同工作的协作关系,既是合作伙伴,同时又是竞争对手。每个人的工作成绩、工作效果会不同程度地影响其他同事的工作积极性和工作态度,有时还会有暂时的利益冲突。如职务升迁、利益分配等,同事之间的利益冲突是客观存在的。

当然,同事之间长远的利益应当是一致的,都是为一个组织或团队的共同利益继而为每个人的个人利益而工作。合作时就要诚实守信、密切配合;竞争时就要端正心态、公平竞争,千万不要对同事处处设防。超越对手时,没必要蔑视人家;对手比自己进步快时,也不必心理失衡。同事之间只有和谐相处,才能共同进步。

(四) 心态

好心态才能构成好的同事关系,同事之间最容易形成利益关系,如果对一些小事不能正确对待,就容易形成沟壑。

(五) 个人修养

每个人因个体的性格、知识、思维、利益方式等方面的差异,在工作中不可避免地会产生矛盾与不和谐，良好人际关系的建立需要我们不断地提高自己的修养，提高与人和谐相处的能力。

第二节 同事交往的禁忌

一、同事交往中不该有的心理

能否建立良好的同事关系，是考验职业人社会心理是否成熟的试金石。职场人际交往障碍所导致的不良心理会影响同事间的关系，主要包括以下方面。

（一）自傲心理

自傲者喜欢过高地估计自己，在交往中表现为妄自尊大、自吹自擂、盛气凌人，而且不愿和自认为不如自己的人交往。自傲的根源是错误的自我评价，当然与其成长环境也密切相关。克服自傲心理，首先要学会尊重别人，善于发现别人的优点，以利于对自己作出客观评价。其次，要学会严于律己、宽以待人。

（二）自卑心理

自卑，即对自己的知识、能力、才华等作出过低的估价，进而否定自我。自卑心理源于心理上的一种消极的自我暗示，很多心理学家指出，自卑感和本人的智力、受教育程度、所处的社会地位等因素无关，而仅是对"自己不如他人"的确信。所以，要克服和预防自卑心理，首先要敢于正视自己的不足。其次，要防止和克服自卑感，不要对自己提出过高的要求。最后，要锻炼自己的心理承受能力，不要因为一次失败而一蹶不振，或因自己某一方面的过失而全盘否定自己。

（三）猜忌心理

有猜忌心理的人，往往爱用不信任的眼光去审视对方和看待外界事物，每每看到别人议论什么，就认为人家是在讲自己的坏话。猜忌成癖的人，往往捕风捉影、节外生枝，说三道四，挑起事端，其结果只能是自寻烦恼，害人害己。

（四）怯懦心理

怯懦心理主要见于涉世不深、阅历较浅、性格内向、不善辞令的人。怯懦会阻碍计划与设想的实现。怯懦心理是束缚思想行为的绳索，理应断之、弃之。

(五) 逆反心理

有逆反心理的人总爱与别人抬杠，以此表明自己的标新立异。对任何事情，不管是非曲直，别人说好，他偏说坏；别人说一，他偏说二。有逆反心理的人容易模糊是非曲直的严格界限，常使人产生反感和厌恶。

(六) 排他心理

人类已有的知识、经验以及思维方式等，需要不断地更新，否则就会失去活力，甚至产生负面效应。排他心理恰好忽视了这一点。它表现为抱残守缺，拒绝拓展思维，促使人们只在自我封闭的狭小空间内兜圈子。

(七) 冷漠心理

有人认为，言辞尖刻、态度孤傲、表情冷峻，就是"有个性"，于是崇尚冷漠成为一种时髦。其实，这是一种病态，它会使年轻人孤芳自赏，活泼浪漫的天性萎缩，从而步入寡合的死胡同。因而，也是一种应该坚决克服的心理现象。

(八) 利用心理

很多人抱着"利用"的目的与同事交往，因而通常只结交对自己有用、能给自己带来好处的同事，结果难免"兔死狗烹""过河拆桥"。有这种心理的人不会有真诚的朋友，利用别人的同时也会沦为他人的工具。他们的人际关系往往表面良好，一旦有难，便土崩瓦解。

同事交往对于每一个职场人来说都是十分重要的。交往不仅是信息交流的渠道，同时也是沟通感情、发展个性和心理保健的重要手段。因此，职场人士一定要去除上述不良心理，使人际关系在良性的轨道上不断得到巩固和发展。

二、同事交往中不该有的言行

(一) 有好事儿不通报

单位里发物品、领奖金等，你先知道了或者已经领了，一声不响地坐在那里，像没事似的，从不向大家通报一下；有些东西可以代领的，也从不帮别人领一下。这样几次下来，别人自然会有想法，觉得你太不合群，缺乏共同意识和协作精神。如此下去，彼此的关系就会不和谐了。

（二）明知而推说不知

同事出差或者临时出去一会儿，这时正好有人或者有电话找他，你都要真诚和热情，如果你知道，不妨告诉对方；如果你确实不知，那不妨问问别人，然后告诉对方，以显示自己的热情。明明知道，而你却直通通地说不知道，那与同事之间的关系势必会受到影响。

（三）进出不互相告知

你有事要外出一会儿或者请假不上班，虽然批准请假的是领导，但你最好要同办公室里的同事说一声。即使你临时出去半个小时，也要与同事打个招呼。这样，倘若领导或熟人来找，也可以让同事有个交代。互相告知，既是共同工作的需要，也是联络感情的需要，它表明双方互有的尊重与信任。

（四）不说可以说的私事

有些私事不能说，但有些私事说说也没有什么坏处。如你的男朋友或女朋友的工作单位、学历、年龄及性格脾气等；如果你结了婚，有了孩子，也就有了关于爱人和孩子方面的话题。在工作之余，都可以顺便聊聊，可以增进同事间的了解，加深感情。无话不说，通常表明感情之深；有话不说，自然表明人际距离的疏远。信任是建立在相互了解的基础之上的。同事间说些私事，有时还可以互相帮帮忙。

（五）有事不肯向同事求助

轻易不求人，这是对的。因为求人总会给别人带来麻烦。但任何事物都是辩证的，有时求助别人反而能表明你对别人的信赖，能融洽关系，加深感情。你不愿求人家，人家也就不好意思求你；你怕人家麻烦，人家就以为你也很怕麻烦。良好的人际关系是以互相帮助为前提的。因此，求助他人，一般情况下是可以的。当然，要讲究分寸，尽量不要使他人为难。

（六）同事高兴不捧场

有时，同事中有人遇到了高兴的事，如获了奖或评上了职称，大家高兴，他带些零食到办公室，休息时分给大家吃，这是很正常的，对此，你可以积极参与。不要冷冷地在旁边一声不吭，更不要人家给你，你却一口回绝，表现出一副不屑为伍或不稀罕的神态。人家热情分送，你却每每冷拒，时间一长，大家会认为你清高和傲慢，觉得你难以相处。

（七）常和一人说悄悄话

对同办公室的每一个人，要尽量保持平衡，尽量始终处于不即不离的状态，即不要对其中某一个特别亲近或特别疏远。在平时，不要总是和同一个人说悄悄话或共同进进出出。你们两个也许亲近了，但疏远的可能更多。

（八）热衷于探听家事

每个人都有自己的秘密，能说的人家自己会说，不能说的就别去挖它。有些人热衷于探听，事事都想了解得明明白白，根根梢梢都想弄清楚。喜欢探听的人，即使什么目的也没有，别人也会忌你三分。从某种意义上说，爱探听别人私事，是一种不道德的行为。

（九）喜欢嘴巴上占便宜

在同事相处中，有些人总想在嘴巴上占便宜。有些人喜欢说别人的笑话，讨人家的便宜，虽是玩笑，也绝不肯以自己吃亏而告终；有些人喜欢争辩，有理要争理，没理也要争三分；有些人不论国家大事，还是日常生活小事，一见对方有破绽，就死死抓住不放，非要让对方败下阵来不可；有些人对本来就争不清的问题，也想要争个水落石出；有些人常常主动出击，人家不说他，他总是先说人家。

（十）疑神疑鬼太敏感

有些人警觉性很高，对同事也时时处于提防状态，一见别人在议论，就疑心在说他；有些人喜欢把别人往坏处想，动不动就把别人的言行与自己联系起来；有些人想象力太丰富，别人随便说了一句，根本无心，他却听出了丰富的内涵。过于敏感其实是一种自我折磨，一种心理煎熬，一种自己对自己的苛刻。

（十一）该做的事不做

几个人同在一个办公室，每天总有些杂务，如打水、扫地等，这虽都是小事，但也要积极去做。如果同事的年纪比你大，你不妨主动多做些。懒惰是人人厌恶的，久而久之，大家对你就不会有好感。几个同事在一起，就是一个小集体，集体的事，要靠集体来做。

（十二）过分积极

你可能会很不解：积极难道也是一种错？这倒也未必。积极基本上是值得鼓励的，除非太过火以致激起公愤。如看到同事聚在一块，非得凑过去，生怕漏掉什么重要消息；明明没你的事却老想插手；喜欢发表长篇大论，诸如此类。对分内的事积极绝对值得赞赏，但不要积极过界。

（十三）经常迟到

习惯性迟到，却丝毫不以为然，不管上班或开会，老是让同事苦等你一人。也许你认为小小迟到一下，没什么大惊小怪。那你可就错了，经常性的迟到，常常会引起上司和同事们的不满。

（十四）千错万错都是别人的错

谁都会在工作上有一些失误，关键看态度。如果只会一味地抱怨别人，不从自己的身上找缺点，就会引起同事的不满，下次合作的时候就不会很融洽。很多有远见的人懂得在恰当的时机勇于承认错误，愿意承担责任，这样的人会博得同事的同情、理解甚至尊敬，拥有良好的人际关系，下一次做事的时候就不会身陷孤立。

（十五）传播八卦新闻

不要让自己变成"广播站"站长，有事没事就在办公室竖起耳朵四处巡查，然后把听到的又添油加醋传播出去。这种行为对于当事人和你都有百害而无一利。

三、同事交往时的注意事项

如同社会上人际交往存在一些忌讳一样，同事之间的相处也存在一些忌讳的地方。忽视这些，你的同事关系就容易出现问题。

（一）切忌拉小圈子，或加入任何"小帮派"

办公室内切忌私自拉帮结派，形成小圈子，也千万不能加入已经形成的小帮派，这样容易引发圈外人的对立情绪。更不应该的是在圈内圈外散布小道消息，充当消息灵通人士，这样永远不会得到他人的真心对待，只会对你唯恐避之不及。相反要建立和谐的同事关系，要注意扩大交际范围。

（二）切忌在同事之间议论领导

听到同事在议论领导时，首先应以善意的态度劝告他们不要在背后议论领导，不要扩大议论的范围，更不要以讹传讹，有意或无意地贬低领导或损害领导的形象；其次应尽量回避对领导的议论，不要主动挑起话题，更不要添油加醋，以免引起不必要的猜测和误解。在这个问题上，自己要有主见，要有一种不怕同事嘲弄、不怕孤立的精神。那种以为同事在议论领导时只有随大溜参与其中，才能与同事搞好关系的认识是大错特错的。防人之心不可无，说话必须看对象。不论你是有意还是无意，在同事间随便议论领导者最容易惹是生非，所以还是不随便议论为上策。

（三）忌在公共场合伤和气

在职场中，人们因为工作难免会发生争议，但是要注意：切不可在公开场合与人针锋相对，即使是讨论工作，也不能因此伤了和气。如果发生争议，正确的解决方法是与对方进行心平气和的讨论，互相交换意见，达到彼此的理解互动。

（四）与同事相处忌情绪化

每个人对事物的看法和观念都带有强烈的感情色彩，这种感情色彩带有非常明显的个性特征。人们之间的喜好有时候是无法相容的。但是在办公室，这种情况一定要控制，不论遇到什么事情，都要冷静理智，千万不要意气用事。凡事要三思而行，考虑任何问题，都要看到它的正面和负面，切忌片面性和情绪化，这才是做人成熟的表现。

（五）切勿独享荣耀，更不要占有他人功劳

与同事应该有福同享，有难同当。一个人独享成果，会引起其他同事的反感，从而为下一次合作带来障碍。每个人都希望自己与荣誉和成功联系在一起，但是如果你无视别人，就很难在职场立足。在竞争激烈的工作环境中，有些人喜欢把别人的功劳占为己有。这样的人，不去创造业绩，而是偷偷地去占有别人的功劳，到最后只能是既损人又不利己。

（六）忌满腹牢骚，逢人诉苦

工作时应该保持高昂的情绪状态，即使遇到挫折、饱受委屈，也不要满腹牢骚、怨气冲天。把痛苦的经历当作一谈再谈、永远不变的谈资，不免会让人退避三

舍。忘记委屈和过去的伤心事，把注意力放到充满希望的未来，做一个生活的强者。这时人们会对你投以敬佩多于怜悯的目光。

（七）切忌趋炎附势，攀龙附凤

做人就要光明正大、诚实正派，人前人后不要有两张面孔。领导面前充分表现自己，办事积极主动，极尽溜须拍马的功夫；同事或下属面前，推三阻四、爱理不理，一副予人恩惠的脸孔。长此以往，处境不妙。

（八）忌贪同事的小便宜

贪图小便宜，如借钱不还，让别人请吃饭，让同事拿东西给你等都可能影响同事关系。记住同事之间要礼尚往来，要注意掌握好度，这样才能和同事相处得更加愉快融洽。

（九）忌在背后议论同事的隐私

每个人都有隐私，隐私与个人的名誉密切相关，背后议论他人的隐私，会损害他人的名誉，引起双方关系的紧张甚至恶化。

（十）切勿吝啬笑容

如果微笑能够真正地伴随着你生命的整个过程，就会使你超越很多自身的局限，获得很多人生的意义，使你的生命由始至终生机勃发，辉煌璀璨。用微笑去欢迎每一个人，会让你成为最受欢迎的和最会办事的人。

第三节　建立良好同事关系的技巧

建立职场良好的同事关系，积极的心态和交往的技巧都是不可或缺的。

一、调整出好心态

好心态才有好同事，同事之间最容易形成合作关系，如果对一些小事不能正确对待，就容易形成沟壑。日常交往中我们不妨注意把握以下几个方面，来建立融洽的同事关系。

（一）以大局为重，多补台，少拆台

同事之间由于工作关系而走在一起，就要有集体意识，以大局为重，形成利益

共同体。特别是在与外单位人员接触时，要形成"团队形象"的观念，多补台，少拆台，不要为自身小利而损害集体大利。

（二）对待分歧要求大同存小异

同事之间由于经历、立场等方面的差异，对同一个问题可能会产生不同的看法，引起一些争论，一不小心就容易伤和气。因此，与同事有意见分歧时，一是不要过分争论，容易激化矛盾而影响团结；二是不要一味"以和为贵"，即使涉及原则问题也不坚持、不争论，而是随波逐流，刻意掩盖矛盾。面对问题，特别是在发生分歧时要努力寻找共同点，争取求大同存小异。实在不能一致时，不妨冷处理，表明"我不能接受你们的观点，我保留我的意见"，让争论淡化，又不失自己的立场。

（三）对待升迁、功利，要保持平常心

许多同事平时一团和气，然而遇到利益之争，就当"利"不让，或在背后互相谗言，或嫉妒心发作，说风凉话。这样既不光明正大，又于己于人都不利，因此对待升迁、功利等要时刻保持一颗平常心。

（四）发生矛盾时，要宽容忍让，学会道歉

同事之间经常会出现一些磕磕碰碰，如果不及时妥善处理，可能引发大矛盾。俗话讲，冤家宜解不宜结。在与同事发生矛盾时，要主动忍让，多从自身找原因，换位为他人多想想，避免矛盾激化。如果已经形成矛盾，自己又的确不对，要放下面子，学会道歉，以诚心感人。退一步海阔天空，如有一方主动打破僵局，就会发现彼此之间并没有什么大不了的隔阂。

（五）嘴巴要紧，肚量要大

俗话说得好：静卧常思自己过，闲谈莫论他人非。因此，上班时，尽量多做事少说话，这样做既可以让自己多积累工作经验，又可以让繁忙的工作充实多余的时间。

（六）与人为善，将心比心

在人际关系中，适用"作用力与反作用力"原理，即自己怎样对待别人，别人就怎样对待自己。本着与人为善、将心比心的原则，以诚恳、友善的态度去对待同

事，给同事施加"正作用力"，同事当然也会投桃报李，给予真诚的回报。

（七）严于律己，宽以待人

一方面，要严格要求自己，平易近人，推己及人；己所不欲，勿施于人；为人处世，三思而后行。另一方面，要宽以待人，逢人三分喜，不要求全责备，要学会宽容人、理解人。

（八）学会换位思考

通过换位思考，可以让人突破固有的思考习惯，学会变通，解决常规思维下难以解决的事情；可以了解对方的心理，感受到对方的情绪，使沟通变得畅通；可以揣摩到对方的心理，达到说服对方的目的；可以欣赏到对方的优点，并给予对方真诚的鼓励，使团队和谐高效。

二、掌握同事交往的技巧

（一）学会欣赏同事

人都有种强烈的愿望——被人欣赏。欣赏就是发现价值或提高价值，每个人总是在寻找那些能发现和提高自己价值的人。如果一个员工想得到上司的欣赏，他肯定会尽力表现得更好，而如果员工之间相互欣赏的话，合作起来就会减少摩擦，增进默契，使工作效率得到提高。因此，学会欣赏同事非常重要。

1. 欣赏他人的技巧。

（1）尽量发现他人不被众人所知的优点，并表示欣赏。如果一个业绩很好的推销人员与你见面，你表示欣赏他的推销业绩，他可能不会产生什么特别的感觉，而如果你表示欣赏他的风度和气质，他会非常高兴。

（2）欣赏不能无中生有。对方根本没有的优点，而你却大加赞赏，他会怀疑你是在讽刺他，要么会认为你是个善于说假话、奉承的人。

（3）单独对待每个人，能让人有种被欣赏的感觉。到同事家做客，同事介绍了他的孩子后，你不是点头微笑而是走过去同他握手并问好，他会马上对你产生好感。

2. 抛弃挑剔的目光，真诚地欣赏他人。生活中，有许多人都喜欢用挑剔的目光批评别人，而不善于欣赏别人。其实，只要我们诚心诚意地去欣赏别人，就自然会发现别人身上的许多优点。用一种豁达的心态去分享别人的成功，用一种欣赏的眼光去肯定别人的成功，你的境界也会因此得以提升。

（二）以尊重和赞美搞好同事关系

在职场中能把复杂的人际关系变得简单的最大秘诀就是：尊重对方，真诚赞美，最重要的就是恰当地使用赞美的语言。爱听赞美之词是人类的天性，如果在人际交往中人人都乐于称赞别人，善于夸奖他人的长处，那么与人相处的愉快程度将会增加。赞美别人要真诚，不要虚伪；要发自内心，不要言不由衷，更不要阿谀奉承。在赞美别人时，要做到以下几点。

1. 发现对方的优点并予以真诚的赞美。客观、冷静地看别人，发现别人的优点。如果心里认为某位同事真是好极了，某方面做得很棒，要真诚地给予赞美。

因为并不是说些阿谀奉承的话，而是发自内心地要赞扬对方，所以应该真诚地说出来，让对方知道你的心情，发自内心的赞扬是思想和感情交流的基础。只要没用言语表达出来，你的心情就永远也不会传达给对方。

2. 及时予以赞美。赞美的要领是要及时，在工作中尤其如此。如与同事合作处理一份文件时，他那部分完成得比自己要快得多并且很出色，自己在文件处理完成后要马上赞美他说："你真行，与你合作我真是很高兴。"这句简单的话对同事来说，是极大的鼓舞。

没有必要担心赞美别人会变成是讨好别人，也没有必要刻意地随时随地赞扬别人。只需要在与他人相处时，用不带任何傲慢与偏见的态度相处，在别人具备自己所没有的出色之处时，要能真诚而坦率地对其进行赞美就可以了。

（三）少说多听有利于融洽同事关系

注意听别人的谈话是在职场中建立良好人际关系的秘诀之一。与同事在一起交谈时，不能只是说有关自己的话题，这样的谈话就成了"我……我……"的类型。这种谈话总是围绕着自己的生活，开始时同事也许还会有兴趣听，时间久了他们便会失去兴趣，并开始畏惧你的喋喋不休。怎样做才是"会听"的人呢？

1. 把话听到最后。这是很重要的一点。因为无论和同事谈的是日常工作内容或是委托你做事，谈话的主题都会在句末进行肯定或否定，因此不把话听到最后就不能知道对方的真正意思。

2. 不随意推测。在与同事说话时，不要只听到一半就装出自己已经明白了的样子。另外，在不能真正明白对方想说什么的时候，不能不耐烦地打断对方说："你是不是想说这个……"你一定也有过说话时不能把心里想的话很好地说出来的时候，所以，不要让同事有这种尴尬的情景。

3. 表现出认真听的态度。在与同事说话时要一边听一边点头或随声应和几句，要让对方感觉到自己在认真地听他说话，这是"会听"的一个秘诀。此外，在听同事说话时，要尽量使自己眼睛的视线与对方的眼睛保持协调。若同事抬起头来看你，你也要抬起头看他；若他站起来走动说话，你的眼睛也要跟着他。

4. 适当做好记录。当同事与你谈论工作上的事情时，尤其是你的前辈在向你交代工作时，必须事先带个笔记本备用。因为当工作内容特别长或情况比较复杂时，如果只是听，不会全部记住。尤其是在谈话内容中出现数字时，更要记录下来。把事情记录下来会使你避免重复发问，也为自己的下一步工作做好准备。同时，也会给别人认真干练的办事印象。

（四）将幽默渗透到言谈之中

在职场的人际交往中，幽默诙谐具有十分重要的价值。幽默是一种智慧，是一种艺术，是一种人生态度。幽默就像润滑剂，能拉近彼此的距离，使气氛轻松、活跃，可以让关系变得更加融洽。

说话要深刻有力，就要学会运用幽默的力量。一方面，与人交谈时，幽默诙谐的开场方式能帮助你顺利地引入正题，从而在你与听者之间成功建立起联系纽带，直到你们的谈话结束。另一方面，在言谈中，一些难以直说的观点往往可以通过开玩笑的方式表达出来。避免造成紧张的气氛。

要成为具有幽默感、善于以趣谈理的人，关键是要加强自身的文化修养，培养自己的机智敏锐和乐观精神，保持乐观的心态。

第四节 同事间矛盾的调解艺术

职场共事，难免出现隔阂和矛盾，怎样化解同事间的矛盾呢？

一、学会为对方着想

巧妙化解矛盾的艺术，最关键的一条是设身处地为对方着想。

（一）对同事要宽宏大量

1. 同事之间有了矛盾，仍然可以来往。矛盾往往都是源于一些具体的事件，而并不涉及个人的其他方面，事情过去之后，这种冲突和矛盾可能会由于人们思维的惯性而延续一段时间，但时间一长，也会逐渐淡忘。所以，不要因为过去的小意见而耿耿于怀。只要大大方方，不把过去的事当一回事，相信对方也会以同样豁达的态度对待自己。

2. 即使对方仍对自己有一定的成见，也不妨碍与他的交往。即使彼此之间有矛盾，也要在工作中寻求合作。为了更好地化解矛盾，不妨尝试抛开过去的成见，更积极地对待对方，至少要像对待其他人一样地对待他。将过去的积怨平息的确是件费功夫的事儿。要坚持善待对方，一点点地改善，过了一段时间后，所谓的矛盾就如同阳光下的水一样蒸发消失了。

（二）不要对只言片语耿耿于怀

不要对小事和只言片语耿耿于怀，只有做到豁达大度，才能使人际关系变得轻松。豁达大度要求在工作中，必须抑制个人的私欲。不要在工作场所为了一己之利去争斗，甚至与他人吵得面红耳赤，也不能为了炫耀自己而去贬低他人。更好的办法是在双方都冷静后解决，如果自己确实做了一些错事并遭到指责，那么要重新审视那个问题并要真诚地道歉。

（三）眼量要看得开

要做到豁达大度，还要有一种看透一切的胸怀，要把一切都看成"没什么大不了的"。在慌乱时，说句"没什么大不了的"，使自己沉静下来，从容自如；忧愁时，说句"没什么大不了的"，使自己得到安慰，增添一些欢乐；艰难时，说句"没什么大不了的"，会鼓起勇气，与同事并肩作战；取得了成就时，说句"没什么大不了的"，才会自省自责，谦虚如常。只有这样放得开的人，才是豁达大度的人。

二、与同事言归于好的艺术

职场中，同事间的吵架或隔阂经常发生，当不知如何与同事言归于好的时候，如果遵循以下原则，或许能挽回友谊。

（一）弄清吵架的原因

弄清吵架的原因，通常来说不是一件容易的事。更多的时候，不是任何人的错，或是两个人都有错，或是没人能真正搞清是谁的错。假如想言归于好，那么把道歉与修复关系的责任推给自己。这就是如何言归于好的奥妙所在。有时候，把责任揽到自己身上是一种很大度的表现。

（二）主动迈出第一步

别等同事来找你，尽管他也能迈出这第一步。如果让争吵恶化，那么两个人会一起失去友谊。如果言归于好，就都是胜利者。不要等待对方解决问题，自己应负起责任。时间不等人，越快越好。

（三）循序渐进，真诚沟通

不能假装什么事都没有发生过，需主动去尝试，用积极的态度唤起彼此的信心。"嗨，还生气呢？""喂，有空咱们聊聊。"假如面对面地向他提问，不妨带着真诚的微笑。

（四）倾听彼此的心声

假如双方都坚信自己是正确的话，就很难听进对方的倾诉。那么如何弄清同事的感受呢？可以开诚布公地说："我想听听你的想法，告诉我你是如何想的好吗？"当与对方谈话时，不要打断他或是与他争辩，让他感到你尊重他，有助于矛盾的解决。

三、遭到同事排挤的化解方法

如果有一天，发现自己的同事突然一改常态，不再对自己友好，事事抱着不合作的态度，处处出难题刁难，看自己的笑话，就得当心了，这些信息传送了一个危险信号：同事在排挤你。被同事排挤，必然有其原因。作为当事人，要冷静检视自己，反省自己的言行。

（一）与上司保持适当距离

作为下属，要正确地看待上司的赏识，不要把上司的赏识看作是一种恩赐，与上司过于亲近，对上司过分感激。自己有才华，并在努力为公司服务，得到上司的赏识是完全应该的。只有这种心态才是正确的，也只有这种心态才能获得同事的赞赏。

（二）保持一颗平常心

要正确看待自己的能力，不要因为得到上司赏识而自以为了不起，就趾高气扬，颐指气使。要看到自己的短处，多想想别人的长处。要清楚地认识到：在一个公司里，得到上司的赏识和得到其他同事的赏识是同样重要的。

（三）宽容对待同事的排斥

有些人见同事排斥自己，就采取以牙还牙的反排斥手法，这只能进一步激化矛盾，置自己于孤立无援的境地。要仔细分析自己遭同事排斥的原因，要相信随着时间的流逝，只要自己确实有真本事，有良好的品格，同事一定会愉快地接纳的。在同事排斥时，可能会感到委屈，这是正常的，但不要专门去解释，有些事情越解释越可能走向反面。

（四）不要无原则地取悦同事

有些人想通过取悦同事的方式获取同事的好感，冲淡对自己的排斥。其实，这是完全没有必要的。假如因同事的排斥而想方设法地去取悦他们，换来的结果很可能是更大的排斥，因为他们从排斥中看到了想要的效果。

（五）不要在背后贬损上司

有些人想通过贬损上司的方式来求得缓冲或排解，得到同事的谅解。这是很愚蠢的表现，不要以为这样就可以被同事接纳，恰恰相反，很可能遭到更大的排斥。

总之，当因上司赏识而遭到同事排斥时，最好的策略就是不当一回事，既不过分地看重赏识，也不过分地看重排斥，而是努力用自己的人品和才华来说话，用事实使上司和同事都赏识你。

第十五章
部属关系

每个人大概都有这样的体会，处理好与上司的关系，对于自己的工作环境、工作绩效和晋升都具有十分重要的意义。一项调查结果表明，有 80% 的下属要求调动工作，都和与上司关系处理不好有关。"理顺"同上司的关系，这样才有可能争取到一个良好的工作环境，更好地实现自我价值。

第一节　正确处理与上司的关系

在职场中，除了要和同事相处，还要和上司及部下相处，处理好这两者的关系不仅会使工作顺利开展，而且还能够帮助自己实现人生价值。

一、与上司相处的原则

（一）尊重上司

在组织中我们都有直接管理者，都有上司，在工作中要学会尊重上司，这也是一个人的教养。

（二）要有团队精神

没有一个上司喜欢害群之马，因为是他所供职的团队给了他威严、权利和成就感,没有整个团队的成长,他的事业就失去了依托。要和同事融洽相处,别搞个人主义,积极融入集体。

(三)及时完成工作

职员的天职就是工作。如果没有做好本职工作,任何理由都不是理由。工作没做好,解释只会让上司反感。

(四)适度的赞美不是溜须拍马

别千方百计地讨好上司,更不要"牺牲"同事来博取上司的欢心,但也不要吝啬对上司的夸奖。当上司有奇思妙想的时候,适当地向他表示赞美这算不上是溜须拍马。当然,过分的吹捧效果会适得其反。

(五)遵守诺言

上司重视和喜欢有才华的人,最讨厌的是不可靠、不讲信誉的人。如果你承诺的一项工作没兑现,他就会怀疑你是否能守信用。如果工作中你确实难以胜任时,要尽快向上司说明。虽然他会有暂时的不快,但是要比到最后失望时产生的不满好得多。

(六)不要越级打报告

在工作中,越级报告意味着要越过顶头上司,这往往容易伤害到自己。除非万不得已,这样做的后果得不偿失。

记住,上司不喜欢以下类型的员工:缺乏敬业意识的人,说原公司坏话的人,自由散漫的人,态度倨傲的人,无集体意识的人,虚伪自吹的人,衣冠不整的人,感情用事的人,刺探别人隐私的人和私传闲话的人。

上司欣赏的人具有这样的品质:踏实工作、为领导分忧、有创新精神、善于思考、有大局观、善于学习。

二、与上司进行有效的沟通

良好的沟通能力在工作中不可缺少。在规模大、人员多的单位里,如何使上司对你的才能有更多的了解?最好的秘诀就是与上司多做有效的沟通。

1. 工作上的沟通:在工作中主动与上司进行沟通,不要放弃任何与上司沟通的机会,如会餐、出差等。这一方面能促进上司对你的了解,另一方面让上司感受到你对其尊重。但在与上司进行工作上的沟通时，切记不要恶意诋毁他人，以此显示自己的高明；论人论事时要客观、公允，让上司觉得你说得在理，否则会适得其反。

2. 人际上的沟通：人在职场，时常会遇到上司的误解。有的是他人造成的，有的则是自己不经意间造成的，对此绝不能采取消极的听之任之的态度，更不可以对抗方式去面对，而要通过沟通来解决。经过沟通，不仅有助于排除上司对你的误会，还会加深上司对你的认识。但与上司的沟通，并不是所谓的溜须拍马，不是送礼贿赂，更不是出卖自己的人格，而是靠对上司的尊重与真诚。此外，与上司在人际上的沟通应当贯穿于工作的始终。

3. 情感上的沟通：上司也是有血有肉有感情的人，情感的沟通则是打破隔阂的有效途径。身为部属对上司的指令有服从的义务，而且与上司和谐共事且建立彼此之间良好的工作关系也是分内工作，应以平常心待之，并能处之泰然。

三、与上司矛盾的调解艺术

职场中，由于上下级所处的职位不同，观察问题和处理问题的角度也会不同，所以相互之间出现矛盾是不可避免的，甚至是经常性的。怎样解决好同上司之间的矛盾，是下级感到棘手的问题，因为矛盾的主动权被掌握在上司手中，如果处理不当，不仅会给自己眼前的工作带来困难，而且还有可能对将来的工作和自身的发展造成影响。因此，对这类矛盾的处理一定要得当，作为下级，需要讲究处理矛盾的方法和艺术。

（一）摆正关系，尊重上司

上司所代表的不是他个人而是上级组织，因此，下级尊重上级、服从上级，这是组织原则的要求，作为下级，一定要摆正与上级的关系。

当然，这里所说的尊重上司和摆正关系，并不是说对上司唯唯诺诺、低三下四。尊重上司，要表现在对上司领导工作上的支持和服从。只有在自己的工作范围内做出成绩，才会为取得上司的信任奠定基础。下级把工作做好是对上司的最大支持和尊重，也是避免和解决与上司矛盾的关键。

（二）设身处地了解上司的立场

要想得到上司的认可，了解上司的工作目标和工作的苦衷是极为重要的。能把自己看作上司的搭档，设身处地地替他着想。

卡内基·梅伦大学的商学院教授罗伯特·凯利，在讲课过程中引用了加利福尼亚某电影公司的一位程序设计员和他的上司进行争辩的案例。当时，因为某个软件的价值问题，双方都固执己见，僵持不下。这时，另一位部门主管建议他们互换一下角色，以对方的立场再进行争辩。结果，5 min 以后，他们便发现自己的行为有多么可笑，两个人都不禁大笑起来。接着，他们很快就找到了解决的办法。

（三）要保持心平气和

即使上司有不对的地方，你也不要气势汹汹地去理论，这样只会把事情搞砸，所以，一定要做到心平气和。如果你心平气和地微笑着去找你的上司，有条理地讲明你需要做什么，请求得到他的帮助和支持，大部分情况下，他是不可能向你大发雷霆的。

（四）抓住机会与上司沟通

消除与上司之间的隔阂是很有必要的，最好自己主动伸出"橄榄枝"。如果是自己错了，就要有认错的勇气，找出造成自己与上司分歧的症结，向上司作解释，表明自己在以后会以此为诫，希望继续得到上司的关心。假若是上司的原因，不妨在较为宽松的时候，以婉转的方式，把自己的想法与对方沟通一下，也可以把自己的一时冲动或是方式还欠周到等原因，无伤大雅地请示上司宽容，这样既可以达到相互沟通的目的，又可以替其提供一个体面的台阶，有益于恢复你与上司之间的良好关系。

（五）不要因个人恩怨耽误工作

如果上司不满意你的工作或者做事方式，千万不要当面顶撞，这样无疑是火上浇油。最好是先承认错误，等上司消气了以后再委婉地解释下自己的看法。工作中，要只对事不对人。千万不要把工作上的矛盾冲突转化为对人身的敌对攻击。对待工作姿态要高一些，要想到上司考虑问题的出发点不一定跟你一样，你认为对的，他并不一定这样认为，这是很正常的现象。只要大家都是从有利于工作和团结合作的角度出发干工作，矛盾总是可以解决的。还有一点，工作千万不要带负面情绪，反而要加倍认真做好工作。日久见人心，工作做好了，上司就可能改变对你的看法。

四、对上司提出批评的技巧

发现上司的缺点和错误,本着对事业负责的精神提出批评,这也是下级应该做的事情。但是要达到既使领导改正缺点,又不伤上下级感情的目的,就要讲究批评的技巧,把握批评的时间、地点和方式,否则将会事与愿违。

(一) 把握批评的时间

与上司发生分歧,可以进行辩论,但如果当时上司的情绪比较激动、心情不太好,就不妨自己忍耐一下,待到他头脑冷静、心情舒畅时,在心平气和的气氛中阐述意见。

(二) 选择批评的场合

首先应当尽量选择非正式的场合。非正式场合是指私下的场合,如饭桌上、路上、家里等。非正式场合提出意见比较随便,上司的回旋余地大,容易采取"有则改之,无则加勉"的态度。其次要尽量使气氛轻松一些。气氛严肃容易使被批评的上司产生戒备心理,对提出的意见产生反感。选择或营造一个比较轻松的气氛,就可扫除这一障碍。如上司过分干预了你的具体工作时,可以向他说:"领导同志,您这当婆婆的,多给我们这些当媳妇的一些自主权吧。"像是在上司面前发牢骚,气氛轻松,这样的批评往往比严肃的批评效果要好得多。

(三) 注意批评的方式

对上司提出批评时,应注意以下三点。

1. 尽量以个人身份而不是以工作身份提意见。个人身份是指以晚辈、熟人、朋友的身份等。以个人身份的目的是创造一个轻松、亲切的气氛,使上司感到下级是在真心实意地帮助他,并无权势之争和其他目的。

2. 尽量用间接方式而不是直接方式提意见。间接方式表达意见的形式很多,如借古喻今、以物喻人等。由于这种方式不直接针对所议之事,而是用比喻和暗示的方式表达意见。对一些容易发生冲突或使对方失面子的事采用这种方法,效果要好一些。

3. 把对上司的意见变为建议。人无完人,没有毛病、永不犯错的上司是根本不存在的。上司出错或失误时,有时他们自己没有察觉到,如果你发现了,就应该从公司利益出发,提出建议。然而,在提建议时,也要注意你的立场和态度。

那么，作为下属，怎样向上司提建议才能取得理想的效果呢？要注意以下几个要点：

（1）就事论事。当向上司提出建议时，要做到就事论事，而不是把问题的矛头指向上司。

从心理学角度来看，就事论事符合人们自尊的需要。因为人其实会很自然地改变自己的看法，但是如果有人不同意他的想法，那反而会使他全心全意地去维护自己的想法，不是那种想法本身多么珍贵，而是他的自尊心受到了威胁。上司同样也是普通人，也可能会有维护自己自尊心的思想。

上司作出的各项决定，一方面反映了他的才能和智慧，但另一方面也体现了他的权威和尊严。如果当面直接顶撞和反驳他，就会挫伤他的尊严和权威，往往引起上司内心的不满和反感，从而把工作上的分歧上升为感情上的冲突。

（2）先肯定后指出。先肯定后指出是指你在向上司提出建议时，首先要肯定上司的决策或意见中合理的部分，然后策略地指出其中不合理的部分。

先肯定后否定是符合实情的。因为上司的决策或意见一定有其合理的部分，并且通常是合理的部分较多，不合理的部分较少。在提意见时，要先肯定其中合理的部分，再提出对不合理部分的修改意见，这是一种很微妙的说话技巧。因为再宽容的上司也不愿意被指责做错了事。人们往往容易接受能看到他优点的人的批评。如果在批评前没有先予赞扬，是很容易激怒被批评者的。因此，如果在向上司提意见时，一开口就是否定，或者是只否定不肯定，即使提出的意见和忠告是正确的，也不会达到预期的效果。

（3）选准时机。人们的心境不同，对于否定性的意见的接受程度也会不同。因此，对上司进行规劝或提出忠告时也要考虑这一点。要善于选择他们心境最佳的时机，如遇到喜事心情愉快时，一项工作圆满结束时，终于完成了困难的任务时……此刻，上司容易听进不同建议，哪怕是平时听起来很尖锐的问题，他们也容易接受。

（4）选择适当的场合。选择非正式场合，以非工作角色身份说，使上司和自己都有较大的回旋余地，不至于陷入被动和难堪之中。

（5）让上司自己认识到错误。对上司的错误或失误提出忠告前，还可以采取这样的方法：不直接去点破错误或失误的地方，而是用征询意见的方式，向上司讲明其决策、意见本身与实际情况不相吻合的地方，使上司在参考所提供的资料时，得出自己想要说出的正确结论，这是忠告的最高艺术。

如果仅是提出建议，而让上司去得出结论，让他觉得这个想法是他自己的，那是最好的办法。因为人们对于自己得出的看法，往往比别人的看法更加坚信不疑。因此，要想使自己的想法被上司接受，在提出忠告时就应该另外提供资料，让上司自己得出其中蕴含的结论，这样的效果会比硬塞给上司提议的效果好上千倍。

第二节　协调与下属的关系

俗话说，人非草木，只要有爱兵如子的统帅，就会有尽心竭力的士兵效命疆场。作为上司，只有和下属搞好关系，才能调动下属的积极性。

一、受欢迎的上司

（一）受欢迎的上司具备的条件

什么样的上司受欢迎，也许不同的人给出的答案会不同，但是从受欢迎的上司的办事能力、人事处理和个人性情来看，大致具有以下特点。

1. 办事能力。

（1）专业知识。作为上司，在本行有丰富的学识和深厚的资历是十分重要的，而更重要的是懂得有效并灵活地运用这些知识，与时俱进，有开拓创新的能力。

（2）制定目标。做好顶层设计，制定的目标有助于短期和长期方案的落实，从而按部就班，迈向目标。不过，要谨记就算是最好的计划也要配合严格的时间管理才能见效。

（3）主动沟通。无论是对上对下，还是对内对外，都需采取主动的态度进行沟通。充分运用各种现代化的通信手段，建立一个持久和有效的联系网络，有助于提升整体工作效率。

（4）分配工作。上司要按下属的能力分配工作，这样，不光下属有成长的机会，上司也可以有更多的时间去做其他工作。

2. 人事处理。

（1）重视关系。一位上司除在事务处理上要有能力外，也要重视人事关系上的处理。上司不但要使所管理的部门有令人满意的工作表现，还要营造信任、尊重和合作的工作氛围。

（2）以身作则。若要鼓励员工参与建立一个尊重彼此的环境，上司首先要树立良好的榜样。需要尽量帮助员工解决各类型人和事的问题，让他们知道可以通过正面途径表达不满，而不需要私底下争相议论。

（3）及时处理。古语有云：冰冻三尺，非一日之寒。很多人事问题的起因可能并非是什么人命关天的事，而多是一些芝麻小事，但是因为在问题发生初期没有好好处理，最后产生雪球效应，一发不可收。所以，要尽量在人事问题发生初期主动及时并解决，防止问题升级。

（4）公正无私。人事处理上，上司切忌徇私和偏袒，应公正无私，这样才能赢得所有员工的信任和支持。

3. 个人性情。

（1）果敢决断。通常上司要作出各种类型的决定，所以一个果敢决断的性情必然对此有所帮助。首先，知识和经验的丰富程度是影响决断力的重要因素。其次，上司要有愿意承担责任的态度。权利和责任是相对的，当上司被赋予做决定的权力的同时，他也被附加上了能够承担同等责任的期望。

（2）愿意倾听。若要深得民心，那就必须了解民情，听取民意。一个不愿意"听"的上司必定是孤军作战，并且极易事倍功半。要知道，倾听并不表示认同，然而，倾听却是达到全体共识的关键性环节。

（3）沉着冷静。作为上司，要能够承受重大的工作压力和精神压力，并做到在高压之下也能沉着冷静地处理问题。同时，要为自己找到合适的减压方法。

（4）积极进取。一个成功的上司必定是一个不怕走在别人前面的人，所以积极进取的精神是不可缺少的。同时，要常常留意本行业最新动态，大胆改革，开拓创新，积极应对市场竞争与挑战。

（二）能够与员工分享利益

上司能够得人心往往会忠实地实施利益分享的原则。利益分享是一条重要的用人原则，也是对员工的一种激励策略。和你的员工分享利益，把他们当成合作伙伴看待。反过来他们也会将你当成他们的合伙人，大家齐心合作的效益将大大出乎你的意料。

将利益与员工进行分享，是对员工劳动价值的承认。有句话说得好，"得人心者，得天下；失人心者，失天下"。那种只让马儿跑，而不让马儿吃得饱的做法显然是行不通的。

（三）能够体谅下属

会体谅下属的上司，往往会将心比心，会考虑下属的感受，不会动辄发号施令；能够深入基层并乐意帮助下属解决一些较烦琐、较困难的问题。在生活和工作中会多一些将心比心，对下属多一些理解、尊重和宽容。在工作中为员工发展创造平台，挖掘员工的潜能，创造更多价值，从而凝聚员工，使他们有归属感。唯有以互助、互谅为基础，合作无间，工作才会变得轻松而富有意义。

（四）能够与下属平等相处

由于地位不同，下属对自己的顶头上司有抵触之感实属正常。有经验、有修养的上司，都能够平易近人，会设法减少与下属之间的无形隔阂，与下属平等相处。只有这样，才能赢得下属的真心拥护和爱戴，并真正树立自己的威信。同时，与下属平等相处的上司，既能够保持自己的尊严，又能够尊重下属，使整个团队显得严肃而活泼。

（五）宽容

成功的上司总是豁达大度，绝不会因下属的礼貌不周或偶有冒犯而滥用权威。宽容代表着一种淡泊明志的人生观。如果能宽容地对待别人无意的伤害，将得到最诚挚的祝福；如果能宽容地对待下属小小的失误，将赢来百倍的尊敬。因此，作为上司，必须具有宽宏的度量。

（六）能够为下属喝彩

当下属努力认真完成一件事后，会对他说句："嘿，干得不错，辛苦了！"这样的上司能够得到下属的尊重，或者换句话说，懂得激励下属的上司更受欢迎。激励是指一切协助达到满足个人需要的欲望或动力，包括过程、物质或态度。激励员工是指管理人员通过一些刺激、推动或方法，协助员工达到公司及个人的预期目标。任何人都是需要激励的，需要被别人承认。对于下属，不论他们的想法多么少，他们建议多么微不足道，领导只要发现，就要给予适当的鼓励，即使是简单的一句"谢谢"，员工也能感到对他的赞赏。

有的领导认为，称赞下属太多，下属可能会因此变得骄傲自大，也会开始松懈，这是一种错误的观念。身为一位管理者，最重要的工作之一就是成为一个为下属喝彩的人。也就是说，管理者必须是第一个注意到下属优秀表现并且称赞他们的人。

（七）懂得激励与约束并用

激励与约束如同一个磁铁的南极和北极。作为上司对激励和约束应当给予足够的重视，对激励与约束的驾驭能力在很大程度上决定或标志着上司的水平和艺术。最有效的约束能使下属为自己的某个缺失深感自责，并且毫无怨恨地按照上司的期望重新行事。

当然，不同的上司有不同的管理办法。而激励与约束并用就是实现管理目的的必要和重要手段。只要上司能够作出人性化的管理，切身为下属的利益着想，将心比心，下属也同样会为单位创造出更多的价值。

（八）用重视之心对待下属

有些下属工作不力主要缘于上司不注意与他们沟通，不重用也不重视他们，导致他们灰心丧气。受欢迎的上司会注意营造"你是个优秀人才，我尊敬你，我尽力帮助你"的氛围，让下属明白上司重视他的工作，下属就容易受到激励，尽力完成上司所交办的任务。

（九）会"软硬兼施"

对工作不力的下属施之以恩、怀之以柔是必要的，也被实践证明是比较有效的办法，但不是万能的。对他们的宽容、感化，不能演变成纵容过失和保护落后。受欢迎的上司应还有"硬"的一手，如建立竞争机制，有明确的岗位目标，严格考核，及时兑现奖惩，以制度的刚性矫正工作不力的惰性。

（十）会巧用批评

如果说赞扬是对激情的一种鼓励，那么，善意的批评也是帮助下属改正错误的一种友善的方式。成功的上司往往会用巧妙的方式指出下属的错误，又不伤下属的自尊。如参照式批评，即在批评时，不直接涉及下属的要害问题，而是运用对比的方式，通过建立参照物，烘托出批评内容。

（十一）能够"把一碗水端平"

"把一碗水端平"是指上司要把持公平、公正。可以说，任何一种事物都没有绝对的公平与公正，但人类却能把许多本来不公平与不公正的事物通过理性处理而使其变得相对公平与相对公正。

要做到公平与公正，最重要的是先摆正自己的位置，用好手中的权利，在引导下属耐心解读忍让的道理的同时，自己公平地对待每一个下属与下属所做的每一件事。尤其是在批评或表扬下属时，要做到批之适度，表之有术，赏罚分明，使下属心服口服。一个成功的上司，在处理公事时绝不能夹带私人感情，要"一碗水端平"，这是树立自己威信的起点。有了这个起点，才有资格指导下属用心工作，为团队争光。

二、与下属相处的原则

上司就是领导，领导就是表率。无论是中层领导还是高层领导，都不仅代表自己，还代表组织，代表下属的方向和前途。因此要扮演好自己的职业角色，表现出良好的职业素养和职业水准。

（一）要处处尊重、时时体谅、不徇私情、善解人意

这是和下属相处的基本原则。"其身正，不令而行，其身不正，虽令难从"，上司在工作中处处起到带头作用，是和下属相处的基本原则。

（二）要重视工作团队的重要性

众人划桨开大船，永远用"我们"来代表所属的部门；当下属受到不公平指控的时候，要勇于为他们辩护；当下属确实犯错时，积极为他们争取将功赎罪的机会。

（三）当下属提出不同工作意见，应该持欢迎和感谢的态度

要充分发挥整个团队的力量来商讨解决事情，而不要只顾面子，不懂装懂。

（四）适时地帮助和指导下属

当下属遇到难事时，应该主动伸手援助；制止不当谣言的扩散，并主动予以澄清；下属犯错的时候，可以私底下批评他，同时要让他清楚地知道自己错在哪里。

（五）鼓励下属直截了当地提出不同的意见

事实上，不是所有的下属都能够掌握圆滑的沟通技巧，下属的性格在很大程度上决定了他们的沟通方式。敢于提出不同意见的员工是单位的财富，因为决策前征求到的不同意见可以削减思维盲点和决策失误。

（六）注意言行

不乱开空头支票，不乱议论别人，和下属保持适当的距离，在下属面前保持理

智，不冲动。

（七）要学会听取意见

查处任何过失时，在采取某些措施之前，要尽量耐心地听取犯错误的人的解释，不要用诸如"简短些"这样刺激性的话语打断话多的下属。

（八）信任下属

如果下属认真地完成受托的事情，不要用过多的提醒和指示使他难为情。请让他有机会安安静静地不受"干扰"地工作。

（九）对干得好的下属，不要吝啬致谢

上司的表扬始终是刺激人们尽力和勤奋工作的最有效因素。

（十）要及时地向下属通报自己的设想和计划

这样有助于在团队中建立共同努力、信任的气氛，有助于团队竭尽全力地去实现目标。

（十一）勿以善小而不为

上司要想得人心，就要注意在点点滴滴的日常工作中，尊重公司的下属，真诚地关心他们、爱护他们，让他们时刻感受到上司的关怀。

第十六章
家庭关系

无论时代如何变化，无论经济社会如何发展，对一个社会来说，家庭的生活依托都不可替代，家庭的社会功能都不可替代，家庭的文明作用都不可替代。

2021年10月23日，第十三届全国人民代表大会常务委员会第三十一次会议通过了《中华人民共和国家庭教育促进法》。《中华人民共和国家庭教育促进法》的制定和实施，是为了发扬中华民族重视家庭教育的优良传统，引导全社会更加注重家庭、家教、家风，增进家庭幸福和与社会和谐，培养德智体美劳全面发展的社会主义建设者和接班人。我们要重视家庭文明的建设，让家庭成为国家发展、民族进步、社会和谐的重要基点。

第一节 工作与家庭的平衡

工作是生活的一部分，是优质生活的经济来源。不工作就没有经济来源，生活就会毫无保障，根本谈不上过上好生活。家庭也是生活的一部分，幸福的家庭是优质生活的一项重要指标。没有幸福美满的家庭，也不能称为好生活。

工作和家庭都是生活的重要组成部分，工作是幸福家庭的保障，美满和谐的家庭能促进更好的工作。工作和家庭是个矛盾的统一体，当工作和家庭有冲突的时候，我们又怎么去平衡，怎么去处理呢？

一、处理好工作与家庭的平衡关系

（一）观念上的平衡

工作能使生活更加充实、有意义、有价值，因此，要认清自己工作的价值，投以最大热忱，把事业做好、做到位。也只有这样，事业才会成功，家庭才会美满和谐，生活才会觉得丰足欢喜。

家庭则是我们生活的基本。爱和亲情源远流长，与我们风雨同舟，相伴相随。家的缺失或家庭生活不幸福会削弱工作的热情和职业发展的激情。生活的挫折比工作的挫折对职业发展更具有破坏力，从这点意义上说，生活和事业孰轻孰重很难说清楚。因此需要平衡好二者的关系，不能因为家庭忽略了事业发展，也不能为了工作而忽略了家庭和谐。

（二）时间上的平衡

有的人感觉几乎所有的时间都奉献给了工作，无法抽身，无法逃离，还有许多的限制和压力，让人身心俱疲，总觉得没有时间陪家人。那就需要我们合理地安排时间，把工作时间计划好，把工作尽可能地在计划时间里保质保量完成，不拖拖拉拉，不延误，并且有预留时间用于加班或应急。这样，工作完成之后就可以尽情地陪伴家人，既能保证工作都按计划完成好，又能保证家庭关系相处和睦。

（三）生活方式上的平衡

工作当中，我们会潜移默化地接受一些职场中的习惯和生活方式，如应酬、熬夜等。可是，家人或许不能够理解，以至于日积月累，出现隔阂。我们怎么去寻求生活方式上的平衡呢？一是要适应工作需要；二是要平衡家人的感受。当然，我们要多和家人沟通，与家人交流自己的感受，寻求家人的理解和支持，以减少隔阂与误解。记住：千万不要投机取巧，否则会得不偿失。

（四）不要成为工作狂，但也不要游手好闲

成功者不但会工作，也会休闲，更会享受家庭之乐，既喜欢自己的工作，也享受多彩的生活。

成为工作狂，将牺牲生活的情趣，缺乏生活的快乐，生活的乐趣也就荡然无存。如果有这样的工作态度，必须设法改正，在生活中发现开心的事情，善于去培

养情趣，并注意培养自己欣赏别人和支持别人的雅兴。

而生活过于享乐，或者浑浑噩噩过日子，不肯从工作中体验成就感的人，则是走向另一个极端。他们往往会变得精神空虚，甚至出现心理困扰。事实上，家庭成员都不喜欢家人不思进取、碌碌无为，每个人都喜欢有上进心的人，尤其是年轻人更应该在事业上有一番成就。

二、解决工作与家庭的冲突

怎么能够既好好努力工作，又能把家庭照顾得更好呢？以下原则可供参考。

（一）解决原则

1. 挤时间照顾家庭。

（1）忙中偷闲——不要一投入工作就忽视了家人。例如，即使工作非常忙，如果知道家人不高兴，自己也一定要记得打电话问候他（她），不要吝啬于表达关心。有时 10 min 的体贴比 10 h 的陪伴更受用。

（2）闲中偷忙——学会利用时间碎片。例如，家人睡午觉的时候，就可以利用这段空闲时间去回复电子邮件、处理下手中的工作；每天搭车或等车时，可以处理不重要的短信。

（3）划清界限——对家人作出休息时间尽量不工作的承诺，而且一定要想办法做到。假如实在没有办法做到，记住一定要事前沟通，事后弥补。

（4）合理安排——家人的生日不要忘记，重要的纪念日也要经常提及，今天和家庭成员开个小会，明天大家一起打个牌或出外游玩，一家人在一起，其乐融融，好不融洽。这样家庭的气氛、家庭的味道就自然有了，把家照顾好，出去工作也会放心。

（5）好好管理时间——既然感觉到时间不够用，就更应该好好安排和管理有限的时间。每天结束后，把一整天做的事记下来，在一周结束后，分析一下，这周自己的时间如何可以更有效率地安排，有没有活动占太大的比例。有没有方法可以提高效率。

2. 张弛有度的工作。

（1）当生活与工作产生冲突，又承受着巨大压力时，怎么办？平时在工作的时候尽力把工作做好，坚持不懈努力工作，认真做一名好员工，下班回归家庭时，就尽量放松自己，适时把工作和生活调度好。

（2）不要把工作中的压力和情绪带回家。在家庭中如果依然无法褪去工作状态中的角色，家人就难以感受到体贴与温馨。长期下来，完整的家庭体系的平衡遭到了破坏，压力就会应运而生。如此发展下去，很难保证在事业上能够全身心地投入。

（3）当感觉身心疲惫时，有必要对事业追求暂时放缓。

3. 多沟通和交流。

（1）和家人的沟通。开诚布公，各抒己见，把工作和生活的难处都提出来，一家人共同出谋划策，商量解决方案，有高兴的、开心的事情也同样一起分享。家是放松心情的港湾，不必有任何伪装，可以尽情地开怀大笑，也可以叫苦连天地喊累，没关系，这里都是自己的至亲至爱，可以一起分享快乐，一起分担痛苦，理解和尊重自然形成。

（2）和朋友的交流学习。与朋友一起探讨他们是怎么处理生活矛盾的，好的借鉴，不好的大家一起改正，相互学习和探讨，生活就是最好的老师。沟通有时是成功的，而有时却难以达到效果。对此，不能置之不理。切记：沟通需要平和的心态，要持续、耐心地说服。

4. 分清轻重缓急，考虑问题要有全局观念。

（1）早作规划，分清每个阶段的主要矛盾。人的一生，事业发展有几段黄金时期，而此时，家庭的和谐也处于非常时期。例如：30岁以前，年轻需要奔事业，而同时又要生育；35~45岁，处于事业发展的巅峰时期，而孩子的教育问题又很重要。这几个阶段，要特别注意提前规划，一个家庭要注意合理分工，多做沟通，避免顾此失彼。

（2）当事业发展和家庭发生冲突时，要能够分清孰轻孰重。考虑解决方案时，一定要站在全家人的立场上，切忌只考虑自身。

5. 调整心态，寻求支持。在现实生活中，有些人忽视对家庭的重视，以为自己在工作中所付出的一切都是为了家庭，因此理所当然应当得到家庭的支持。他们起早贪黑，忍受工作的压力和复杂的职场关系，并且经常想，自己倒无所谓，累点苦点不算啥，只要家里人过得好就可以，于是就这样一味地以满足家庭需求而工作。当然，也自然会在心里想，家里的人应该对自己的一切都能积极支持，但往往事与愿违。因为只要家里人对自己有一点的反对，就会想不开，就总觉得自己对家里付出这么多，觉得自己就是家里的主心骨，一门心思就是想把家庭建设好，营造一个舒服的生活环境，可家里人怎么对自己这么不理解，这么不支持，想不开，闹矛盾，夫妻之间产生隔阂，从而影响工作的积极性。所以我们观念上应该认识到，即使我们的工作是为了家庭，但是我们和家人相处的时候应该是平等的，大家应该相互商量，互相支持。

（二）职场女性如何克服家庭和事业发展的冲突

职场女性比起男性来说要扮演更多角色，承担更多责任，做到工作和家庭平衡，实在难乎其难。那么，如何处理得好一些呢？可以借鉴以下注意事项。

1. 不同阶段要有所侧重。大部分女性都会面临做母亲和回归职场的问题，女性要学会在不同的场合，或是不同的阶段对特定的角色有所侧重。这就需要女性及早规划自己的人生，合理安排自己的生活节奏。婚前以事业为重，倾尽全力为事业的发展奠定基础。到了生育阶段，母亲的角色无疑是最重要的。

2. 及早制定个人发展规划。做妻子、做母亲会给女性的职业生涯带来一定影响，如何把自己的事业和家庭处理得更好，聪明的女性应学会及早制定个人生活和职业发展规划。

（1）女性应将影响自己的各方面因素都尽可能考虑在内。分析自己的现状，确定自己的位置，确定人生目标，包括婚姻、家庭、事业的成就等。在家庭内部进行充分的沟通，使家人尽量能够与自己的观点达成一致或取得家人的谅解和支持。

（2）制定达成每个目标的时间表。生孩子可能确实会不利于女性事业的发展，但是如果把事业发展的时间表稍稍后调，并且在生育期间保持对社会生活以及行业发展的密切关注，甚至于延长产假让自己充充电，那就完全有能力很好地协调好做母亲和做职场女性的矛盾。

（3）找出目标和现状之间的差距以及解决办法。如果自己的生活目标是做个好妻子、好母亲，还希望能在 40 岁之前成为专业领域内的技术专家。而现实的情况是家庭需要你投入更多的精力，使自己无法腾出更多的时间谋求专业上的提升。可行的办法是调动可利用的资源来帮助自己减轻生活负担，例如家务劳动外包，寻求父母的支持等都是可行的办法。把节省下来的时间用于工作和学习上。

3. 有事业也要承担家庭责任。当女性有足够的能力在事业上打造出自己的一片天空时，往往忽略了自己所必须承担的另一半责任。而这种责任，有时并非能力所不可及，很大程度上是价值天平发生了倾斜。是不是事业成功的女性可以很大程度上免去对家庭的责任呢？专家的回答是否定的。无论是多么成功的女性，家庭和事业都是缺一不可的。

4. 调整心态进入不同角色。

（1）学会适应角色。保持事业和家庭的平衡发展，是家庭美满幸福、事业成功的关键。男女双方需要适应不同的角色，承担起角色所赋予的责任。

（2）女性在不同的人生阶段要承担不同的角色负荷。对于一个为人妻为人母的职场女性来说，首要的事情是将自己的人生阶段设计好，实现不同角色的相互切换。在不同的人生阶段解决不同的问题，为下一阶段奠定基础，避免将遗留问题延续到下一阶段甚至更长时间。

（3）女性无论在外面是多么重要的社会角色，在家庭中仍是普通的一员，有责任担负起家庭成员的义务。应该注意调整好自己的心态，努力使自己保持豁达、宽容之心。还要保持积极愉快的情绪，要善于把自己的痛苦和烦恼倾诉出来，把消极情绪释放出来。

5. 家庭沟通注重性别差异。现实生活中，男女双方在情感的表达、情绪的理解和行为感知方面，有着极为不同的方式，这就很容易发生错位。因此，了解两性的性别差异，善于从对方角度考虑问题，是建立和谐家庭关系的基础。不良的情绪不能任由其积累，而需要积极的疏导，只是在沟通的方法和时机方面，职场女性要注意技巧。

6. 培养积极心态解决矛盾。对于女性来说最理想的是能使家庭和事业协调发展，但现实中往往矛盾重重。解决矛盾需要夫妻双方相互体谅。两害之中，取其轻，两利之中，取其重。一切都需要双方协调解决，而不能只顾及自己感受，不去考虑对方需要。

从生理上看，男女双方有着不同的生理结构和功能，受到不同激素分泌方式的影响，女性较感性、情绪易于波动。从社会上看，由于女性面临和男性不同的社会发展环境，同时承受着事业家庭的双重压力，因而不可避免产生更多的情绪问题。女性对于家人的影响是显而易见的，尤其是作为一个母亲，在塑造孩子的人格方面起着重要的作用。因此应当培养积极健康的心态，以平和的心态接纳生活中所发生的一切。

7. 有家庭不代表要放弃事业。与男性相比较，女性在关系网的搭建以及其他权力建设方面处于劣势。尤其是处在职业生涯早期，这时的女性还要承担母亲的角色，不得不把精力集中到家庭方面。有了事业放弃家庭是不可取的，但为家庭而轻易放弃事业更令人遗憾。年轻的妈妈重新回到职场，可以通过在技术专长方面不断充电，弥补与同事们的差距状况。在事业上同样可以取得一定成绩。

8. 坚持学习，弥补自身不足。为了满足职场的要求，需要掌握更多的知识。但有计划开展学习的职场女性并不在多数。一些职场女性在做了母亲或者成立家庭之后，对知识和能力的需求会大大降低。面对现在社会的快速发展，职场女性应该不断更新知识，弥补职场发展中的不足，持续不断地学习以及积极地应对角色转换中的冲突。

总之，要认识到家庭和工作两者有冲突的一面，才能更有效地去化解，然而更重要的是用一颗勤劳的心、赤诚的心，将两者结合得更完美，只有这样才能收获工作、家庭两不误，事业、生活双美满。

第二节　家和万事兴

一、和谐夫妻关系

（一）夫妻相处的艺术

夫妻关系是一种没有血缘的最亲密的人际关系。两个独立的个体要结合成一个和谐的整体，营造温馨融融的家庭氛围，这是一门生活的艺术。

1. 相互欣赏。夫妻之道，千言万语，可归纳为两个原则：一是努力使自己被对方欣赏；二是努力去欣赏对方。对自己所爱的人，不要羞于表达爱，不要吝啬称赞。要常在适当的场合，用适当的表情告诉对方："我爱你。"欣赏是对对方的一种承认、肯定和鼓励，是双方共同的心理需要，也是处好夫妻关系的秘诀之一。

2. 储存感情。每个人心灵深处都会有一个"情感银行户头"。如果经常在"情感银行户头"中储存真爱和默契，户头的"款项"越多，提取幸福和快乐就越多，还可以提取微笑、温柔、鼓励、安慰等"利息"。即使偶尔因自私或不够体贴而"取款"，也不至于因此而"透支"。如果"户头款项"很少，每次的冲突将会扩大其严重性。

当信任和欣赏的"准备金"陷入"负债"的状态，如果我们仍不断"透支"的话，感情或婚姻就会被推入破坏的边缘。人生错综复杂，我们都有可能偶尔失控，伤害了配偶。避免"情感银行户头"透支的最有效的办法是：平常多多"存款"，多说感激欣赏的话，多做体贴关怀的事。

3. 人格独立。婚姻是一对一的自由，一对一的民主。不要偏执地认为"你是我的"，那样就会使自己的爱巢变成囚禁对方的监狱。如果我们希望爱情长久，必须确认它得到了悉心的培植和坚定不移的呵护。不要改变自己，更不要试图去改变对方，而应该各自把自己调整到一个适度的空间，既要相守，也要让彼此独处。在婚姻的土壤中，让两棵个性之树自由成长，自然可以收获幸福的果实。

4. 尊重对方。要想使婚姻稳固，最重要的一条是学会尊重，只有懂得尊重对方，才能得到对方的尊重，不仅要尊重对方，更要尊重对方的父母、兄弟、姐妹以及对方的亲朋好友。将对方家人推到了自己的对立面，是非常愚蠢的，会使自己陷入孤立无援的境地，对婚姻的稳固将是致命之伤。

5. 金钱与爱情。家庭的基础有两个，一是金钱，二是爱情，缺一不可。通俗点儿说：有爱情还要有面包。家庭生活不能缺少金钱的支撑，但在家庭生活中，万不可将钱看得太重，以免物极必反。

6. 珍惜善缘。在茫茫尘世中，我们与自己的另一半相遇了，这需要多大的缘分啊！我们没有理由对待自己的婚姻像看电视一样，随时地转换频道。虽然人类思想、意识形态以及感情的改变，影响着婚姻的稳定性，但"执子之手，与子偕老"，既然今生牵了手，绝不要轻言放弃！

7. 学会给予。大多数人将爱看成是"被爱"，而不"去爱"，不懂得如何去爱对方，怎样去关心对方的精神需要。真正的爱是倾其全身心的"我给"而不是"我要"，是以自己的生命力去激发对方的生命力。给予比接受更快乐，并不是一种被剥夺，因为在给予的行为中表示了自我生命的存在。爱就应该是纯粹的东西，不夹杂任何条件和功利。爱意味着关心、责任、尊重，达到"你中有我，我中有你"。

8. 相互疼爱。无论是男人还是女人，都兼有疼人和被人疼两种需要。夫妻就应该像一双筷子，生活中的酸、甜、苦、辣、咸一起品尝。他（她）下班了，你给他端上一杯凉白开；你躺在沙发上睡着了，他（她）能轻轻为你盖上一床被子……也许都是小事一桩，微不足道，但是只有这种小爱才能在漫长的岁月中，一点一滴地渗透到心窝里，融化在血液中，直至天长与地久。

9. 学会宽容。爱情的最高境界是宽容。能够正常运转的婚姻不仅意味着丈夫与妻子的互相迁就，而且意味着理想与现实的互相妥协。一位哲人曾说："结婚前要睁大你的双眼，结婚后就要闭上一只眼睛。"这句话何其有道理，不是吗？一个人本来就不可能十全十美，如果深爱一个人，那么就宽容他的一切，反过来，如果你恒久地宽容一个人，那么你一定非常地爱他（她）。宽容，它不但可以拓宽沟通的范围，还能不断地扩大自己的舒适区。

10. 学会"懂"。夫妻之间要相互"懂"对方，所谓的"懂"就是：当你遇到挫折时，他（她）不说一句有损你尊严的话；当你意气用事时，他（她）娓娓解说事理给你听；当你心情不好时，他（她）绝不和你一般见识；你若开颜他（她）先笑，你若烦恼他（她）先忧，他（她）的欢喜会告诉你，但他（她）的忧愁却不会轻易地向你表露；即使你们远隔千山万水，他（她）也深信你。懂，需要的是了解，需要的是体贴，需要的是爱心。

（二）夫妻相处的禁忌

1. 不要猜忌。夫妻间的感情必须建立在相互信任、相互尊重、相互了解的基础上，而猜疑恰恰违背了这些原则，它是夫妻真挚情感的杀手。家庭和谐不是单方面的付出，是双方在互信的基础上达到默契才能得到的。因此，在生活中，夫妻之间需加强了解以求心心相印，才能杜绝猜疑的发生。此外，夫妻双方要做到忠贞专一，相互信任，共同对家庭负责，彼此忠诚。这样，不管什么样的风浪，爱的小巢也会坚如磐石，安然无恙，永葆爱的青春。

2. 不要强调绝对的独立。各自为政、互不干涉的原则必定会导致婚姻的破裂。在经济上，独立固然是好的，但独立并不等于说夫妻二人各挣各的钱，各用各的钱，严格划分二人之间的界限，绝不允许对方侵犯一点自己的经济利益。这样的两个人，名义上虽是夫妻，在情感上实则往往形同陌路，非常淡漠。

3. 不要过度关心。要适度地保持距离，过度关心会使人窒息。如过多地干涉另一半的生活，除了管生活小事，还要管他（她）的钱包、查看他（她）的手机，就连对方的工作都恨不得插一手，这样只会使两个人感情越来越糟。

4. 不要企图改造对方。不要企图将对方变成你期望的样子。这样会伤害对方的自尊心，引起对方的反感和反抗心理。

5. 不要让婚姻在琐碎的小事中破裂。聪明的人，不会把所有的事探究个一清二楚。只要把握住婚姻生活的大方向，不偏离正常的轨道，不偏离道德的航线，试试在小事上装装糊涂，这种方式会离幸福更近。

6. 不要过分干涉彼此的私人空间。给彼此一些空间，夫妻双方都有自己的生活圈子和自己的爱好，偶尔出去放放风也未尝不可。距离产生美，婚姻生活也需要距离来为它保鲜。

7. 不要忽略对方的感受。夫妻间尤其要注重倾听的技巧，因为家是真正放松的地方，不管是高兴的事情还是在工作中遇到的麻烦，都希望在最亲的人面前一吐为快。如果急于表达自己的意见，忽略了对方在说什么，而造成各说各话的后果，沟通的质量将大打折扣。事实上，夫妻之间朝夕相处，最重要的是要懂得倾听，这不仅是关爱、理解，更是调节双方关系的润滑剂。

8. 切勿家丑外扬。不要同邻居或亲友谈论自己的婚姻问题，家丑不可外扬，毕竟人言可畏。家中的是是非非本来就是说不清的事情，如果再加进外界的风言风语，自尊心一定会彻底崩溃。

9. 少点儿争吵，多点儿沟通。要想避免夫妻之间的摩擦发生，避免不快之事，就要学会少点儿争吵，多点儿沟通。在发生争执的时候，千万要避免过激的言语和举动，试着把问题冷处理，等双方都心平气和的时候再慢慢地沟通。

10. 不要擅自做主，凡事多商量。不管多大的事，和对方商量过了再做，让对方感觉到自己的重要性，从而增加他（她）对这个家的责任感。

11. 少吩咐，多动手。当要求对方做某件事，对方却无动于衷，故意不理睬的时候，千万别发火。自己动手去做，做完了再和对方理论。这样，夫妻关系就会非常的融合。

12. 不要毫无保留。完全袒露，不如有所保留。幸福的婚姻需要用心经营，并不是绝对的坦白就会换来绝对的信任，婚姻的艺术在于理性的谎言。这样的谎言跟恩恩爱爱无关，与人格道德无关，也不会危及家庭幸福美满的大好局面。它只不过是用理智清除那些会伤害对方的东西，使婚姻关系拥有和平的氛围。

13. 忌争做家庭老大。夫妻应该正确把握彼此在婚姻中的角色。良性的婚姻是一种人性的互助关系，而不是领导与被领导的关系，因此要忌争做家庭老大的不良心态。

家是每个人觉得累了可以在此休息、疗伤的地方，彼此要多一些尊重、包容和鼓励，少一些指责，让紧张疲惫的身心在家里得以放松。只有通过双方的共同努力，才能让幸福之花永不衰败。

（三）夫妻矛盾巧处理

1. 夫妻矛盾的解决技巧。

（1）冷处理。发生争吵时，双方都要遵循"冷处理"的原则，不要老想占上风，也不能非要对方服从自己的观点。待冷静一段时间，气消了之后再处理，反而容易解决。

（2）倾听对方的意见。任何一方都不应只强调自己的道理，而不注意听对方的意见。

（3）抑制冲动。在阐述自己的意见时，应心平气和地把道理讲清楚，不要太冲动，声音不应太大，有理不在声高，这样才不会被对方认为你是在以势压人。

（4）勿揭短。在争吵中切莫攻击对方的弱点，或揭对方的短处，也不要扩大争论的范围和算旧账，否则只会使矛盾激化，甚至导致感情破裂。

（5）切忌打骂。不能以辱骂代替说理，更不能动手，以免造成难以弥补的精神创伤。

（6）尽量忍让。若一方正处于身心疲劳或遇到不愉快的事而心情烦躁时，另一方应尽量避免争吵。因为这时对方往往不够理智或情绪上易激动，双方很难沟通。

（7）不离家出走。争吵后，任何一方不应因此离家出走，一去不回，这样会使夫妻关系变得更僵。

（8）不赌气分居。夫妻发生争吵后，不要就此分房或分床而居，互不理睬。如此双方情绪更不易平静，也不利于夫妻关系的改善。

（9）互不记仇。争吵过后，不论谁是谁非，都不要以胜利者自居，或产生失败者有失脸面的心理，夫妻争吵是很平常的事。

（10）不轻言离婚。任何一方不要以离婚来威胁对方，这容易造成误会，有时还会弄假成真，酿成自己其实并不愿看到的、不可收拾的后果。

2. 夫妻矛盾的心理根源。

（1）逆反心理。所谓逆反心理，就是作用于个体的同类事物超过了个体感官接受的极限，使个体感官饱和后产生的一种相反体验。表现为：越是得不到的东西越想得到，越是不能接触的东西越想接触。而一旦得到了，接触到了，就不好好珍惜。外界的阻力越大，障碍越多，逆反心理就越强，追求得越有力。而一旦真正地结合，原先那种未达目的的急切感和竞争欲也随之消失。

（2）落差心理。落差心理是指理想与现实的距离造成了内心的失衡。有心理学家列出这样一个算式：幸福生活＝现实－期待。它表达的意思是：幸福生活的程度取决于现实值与期望值之间的差值。当差值为正，则生活幸福、快乐；当差值为零，生活显得比较平稳；当差值为负，就会感到悲观、失望。婚姻使两性间单纯的情感关系演变为相互依赖的生存关系，从前恋爱时是咖啡厅、电影院、饭店，如今却是锅碗瓢盆叮当作响。生存问题还带来了建立在共同生活基础上的新的人际关系，如婆婆与媳妇、岳父与女婿、小姑与嫂子等之间的关系，所有的这一切，使现实的得分值大大降低，而与期望值之间有了差距，让人产生了落差心理，感到失落与失望。

（3）神秘感消失。神秘感是构成情感引力的重要因素，它使人产生有如雾里看花、水中望月般的朦胧美感，引发恋人在离别之后的想象情趣，并有莫大的兴趣去探寻对方的个性答案。恋人间的接触是间断的、松散的，时间和空间上的距离往往使痴情男女把对方理想化、完美化。而成家后夫妻几乎天天生活在一起，这时的接触是连续的、紧密的，两人都无比真实地展现在对方面前，原先为了获得对方好感而掩饰起来的缺点也暴露无遗，极易互生不满。

了解了夫妻矛盾的心理根源对于双方解决矛盾非常重要。婚后生活仍然需要欣赏对方，仍然需要时不时地制造浪漫，增加婚姻的新鲜度，不要对另一方的期望值定得太高，做到这些，你会发现夫妻之间的矛盾会大大减少。

二、亲子之间

家庭是孩子学习的第一所学校，家长是孩子人生发展的第一任老师，家庭教育对于孩子的幸福成长和扣好人生的"第一粒扣子"至关重要。一个家庭、一个国家、一个民族只有做好人的培育，才能得以延续和传承。《中华人民共和国家庭教育促进法》第十四条规定，父母或者其他监护人应当树立家庭是第一个课堂、家长是第一任老师的责任意识，承担对未成年人实施家庭教育的主体责任，用正确思想、方法和行为教育未成年人养成良好思想、品行和习惯。进一步明确了家庭和家长的责任，对未成年人的身心健康成长起到积极的促进作用。

现实生活使父母们忙于生计，整天在外奔波，亲子相聚机会很少。父母大多以物质的提供来满足孩子的心理，而疏忽孩子精神上的需要，因此不少孩子有丰富的物质生活却少有温暖的亲情，这对孩子的成长极为不利。

（一）构建和谐亲子关系应遵循的原则

1. 父母要尊重孩子的人格。每个人都有自尊心，这个自尊心是不允许外力来打击的，即使小小的孩子也是如此。比如当孩子表现很好时，父母夸奖他、抱他，他马上就会笑出来，表现出喜悦。这些亲近鼓励的方法，最容易使孩子感到人格受到尊重。因此，保持用客气的方式对孩子说话，带有感性的语气，有温暖的味道，孩子就很容易接受。

2. 创造良好的家庭氛围。良好的家庭氛围对孩子的成长有至关重要的作用，家长应该多和孩子交流互动，在日常的学习生活中，家长既是孩子的老师，又是孩子的朋友；当孩子遇到困难的时候，家庭是孩子的避风港，家长是孩子的倾诉对象，也是帮助孩子解决问题的向导。特别是当孩子遇到校园暴力等不法侵害时，家长及时介入、积极引导是正确处理问题的重要因素。

3. 父母要常做随机教育。孩子知识经验不足，有很多事情他们确实不懂，父母一定要抓住每个机会加以施教。生活中到处都有学问，学问不限于学校的学习，平时在社会交往中、在家中，遇到一件事或一个现象，通过交谈讨论、教导、学习，事无大小均要加以施教才对。父母在教导孩子的同时，无形中就拉近了彼此的感情，建立起亲情。

4. 父母要包容孩子的错误。有人说孩子有犯错的权利，父母、师长有纠正的义务。对于幼稚的孩子，如果在言行上要求跟成人一样，那是不可能的。父母要用宽容的心态看待他的行为,不能有情绪性地打骂,对孩子要有耐心,要多花一些功夫,用爱心来开导和鼓励,而不是用高压手段来制服。孩子们会从跌倒中学到东西,有错的教训,他们才知道该如何去做。

5. 让孩子多承担一些责任。孩子从小就应建立起责任的概念,在他能知道的范围内,多参与一些事情。让孩子知道,他是家中的一分子,家里的事务,他也有责任参与。凡事把责任分清楚,不要由父母一手包办,该孩子做的事,父母不要代劳,从小就要训练孩子独立自主,不可依赖父母。

6. 父母要多注重家庭的精神生活。有钱人不一定很幸福快乐,贫穷人也未见找不到快乐,金钱并非万能,过分看重金钱而疏忽精神生活不利于孩子的成长。孩子是父母的影子,父母是孩子的榜样。父母在孩子面前要起到示范作用,多看书学习,多带孩子参加文化、科技展览,帮助孩子陶冶情操。父母要杜绝不良嗜好,多花些时间陪伴孩子。单调而缺乏情趣的家庭环境会抑制孩子潜能的发挥,孩子需要丰富的精神生活。

亲子关系的建立以双方的互动为基础,有些需要父母的努力,有些需要孩子的力行。在家庭生活中,还是以父母为主导,如果父母能多用一点心,使孩子感到家的温馨可爱,亲子关系自然就会和谐幸福。

(二) 与孩子沟通

1. 坦然面对沟通难的困境。现在的孩子是伴着"声光电"诞生并成长的,与家长年幼时候完全不一样。他们自小就在一个拥有各种各样的家电的家庭环境里长大,这样的系统刺激远比单纯的语言符号刺激要强烈得多、有效得多。家长如果故步自封,仍然用原来自己受教育的模式来教育自己的孩子,必然不可能引起孩子的兴趣,相反,甚至在孩子的眼里,家长往往都成了厌烦的符号。另外,层出不穷的高科技产品,深刻地影响着孩子的生活环境和思维习惯。现在的孩子自我意识很强,接受外界信息渠道很多。例如,对于性知识的认识,家长可能在教育孩子的时候感觉难以启齿,而孩子却已经懂了很多。沟通的困境是每个家长必须正视的现实问题。

2. 学会设计启发式问题。很多家长对于沟通问题的认识往往处于一个误区,就是认为只要家长说的话孩子听了,这就是沟通。实际上,家长日复一日地说教,作为孩子自然而然地会感到厌烦,结果反倒事与愿违。所以作为家长应该注意和孩子沟通的方式方法,学会设计问题,用问话的方式来和孩子沟通,尽量不要用陈述句,而要尽可能地让孩子说。"问"在今天是一种高级的交流形式,父母的提问也应该具有很强的技巧性，家长在这方面应该加强学习和练习。

3. 沟通的问题要具体化。家长有一种习惯就是容易语重心长，但是说出的话却又特别空洞，如"你可得努力学习"。这种语言表达在今天对孩子的教育是无效的，也是无益的。因为这些话缺乏明显的可操作性，作为孩子基本把握不住，反倒容易造成孩子心理上的紧张焦虑。积极的方式是要以一种具体的问话，通过鼓励的方式渐进式地与孩子沟通。这样就比较容易调动孩子的积极性，而且能够把握住孩子思考、行动的方向。将孩子的行动目标分成许多小目标，每一步都要具体并且相对容易能够达到，让他们每一步都能体会到成功的乐趣。

4. 开拓孩子的生活范围。值得家长注意的一点是不能过分溺爱孩子，这样只会缩小孩子的生活半径。这样的孩子心理素质必然很差，承受能力被大大弱化，无法承受更多的压力，承担更多的责任。

单一的环境缺少很多的体验，造成太多的人生空白。心理学上提倡"共情"，只有处于同样的情况境遇下才能感同身受。很多沟通都必须有过相应的体验，才能够理解，才会有效果，只讲道理孩子是很难听进去的。

5. 创造多元化的沟通渠道。常规的沟通方式往往引不起孩子的兴趣和能动性。家长不能仅立足于语言的沟通，应该采取多种方式，循循善诱。心理学上有"对立违抗"的说法，就是孩子会将攻击面设定为他最亲近的人。家长需要认真思考一下，作为一种符号的出现，是否有些东西是不能被孩子接受的。家长的语言符号用多了，往往容易引起逆反心理。而多种新颖的沟通方式，如生日蛋糕上插一面小旗子，写着"孩子我爱你"，容易增加情趣。

6. 充分认识人格类型。作为家长既要认识到自己的人格类型，也要充分理解孩子的人格类型。例如有的孩子内向，有的孩子比较外向，这些都是孩子的天性，是与生俱来的，很难更改。

7. 抓住人生关键期。人的一生有几个关键期，如孩子一般2岁学语言效果最好，3~4岁是树立权威的关键期等。家长在相应的关键期内应注意强化孩子相应的能力，这种强化应该通过鼓励的形式，培养孩子的自觉意识。

8. 追求做人的高度与目标。家长培养孩子的目标不要集中在对孩子的技术学历教育上，未来真正具有竞争力的是孩子自己的人格，在于"人品制胜"，在于孩子是否懂得关心别人、关注别人。

(三) 代沟的处理

每一代人都有自己的生活历程，处于不同生活历程，有着不同经历的两代人在各个方面都存在差异和冲突。出现代沟以后，应该怎样处理？

1. 承认代沟。面对代沟，不要回避，要迎难而上。生活中的代沟，其实可以不必计较，所谓青菜萝卜，各有所爱。而思想上的代沟，需要在沟通中进行碰撞，在碰撞中取得个性的共振。两代之间不能伤感情，不然，不但无法沟通，而且会加深隔阂。

2. 及时沟通。父母无条件信任自己的孩子是与孩子沟通交流的重要基础，交谈是最好、最直接的沟通方式，父母应主动创造谈话情境、营造交流氛围，多与子女"以心换心"。这种交谈必须建立在双方平等的基础上，父母最好是以朋友的身份参与其中，切忌用封建家长式的态度，居高临下地训斥孩子，否则会使彼此间的距离感增强。

3. 宽松要求。适当降低对子女的要求。对子女要求过高，会形成孩子心理上的重压，致使孩子把家庭看成"集中营"。家长应争取给孩子创造宽松和睦的环境，不能按自己的好恶和标准来评价与要求孩子。

4. 相互尊重。不要给孩子过分的爱，而要给孩子一片"情感自留地"。青春期的孩子渴望独立，对事物具有一定的判断、评价能力，因而不愿事事听命于大人，而喜欢批评、反抗权威与传统。他们迫切需要得到父母和周围人的尊重，承认其独立意向和人格尊严。过多的保护会使孩子内心烦躁，产生抵触情绪，报复和逆反心理也会日趋严重。

5. 学会接纳。对待子女应学会在接纳、容忍的基础上因势利导。在家庭生活中，家长要学会接纳对方的态度和意见。这种接纳不是被动的，而是在真正弄清对方的意见和态度是否合理之后，心悦诚服地放弃自己的见解而接纳对方。或者将双方的意见取长补短，相互融合。

由于涉世不深，青少年看待事物经常抱理想主义的态度，遇挫折易于沮丧，也易受他人影响，考虑问题片面甚至凭冲动办事，理性不足，是非界限不清。做父母的要理解孩子的这些变化，及时调整自己的角色，由"权威式"的关系、"保姆式"的关系变成"朋友式"的关系。

6. 求同存异。如果两代人之间的某些差异极难协调，那么父母就应该求大同、存小异，理解、尊重子女的生活习惯、兴趣爱好。绝不可将自己偏爱的某种模式强加给对方。

7. 与时俱进。现代社会，科技日新月异，信息瞬息万变。青少年没有旧观念、旧模式，凭着对新时代、新文化的敏感、认同以及接受能力的优势，必然会走在父母的前面。父母应主动学习、与时俱进，力求与子女建立共同语言。

复习题

一、单项选择题

1. 人体生理特点以及身体的机能状态健康指的是（　　）。
   A. 生理健康　　　　　　B. 道德健康
   C. 社会健康　　　　　　D. 心理健康

2. 不以损害他人的利益来满足自己的需要，能够按照社会行为的规范准则来约束自己及支配自己的思想和行为，指的是（　　）。
   A. 生理健康　　　　　　B. 道德健康
   C. 社会健康　　　　　　D. 心理健康

3. 归结健康涉及的内容，（　　）是基础。
   A. 生理健康　　　　　　B. 道德健康
   C. 社会健康　　　　　　D. 心理健康

4. 归结健康涉及的内容，（　　）是关键。
   A. 身体健康　　　　　　B. 心理健康
   C. 社会健康　　　　　　D. 道德健康

5. 对人体健康产生最致命、最直接影响的莫过于（　　）。
   A. 生理健康　　　　　　B. 社会健康
   C. 道德健康　　　　　　D. 心理健康

6. 根据我国学者关于心理健康标准的认定，（　　）是衡量心理健康的核心标准。
   A. 智力是否正常　　　　B. 情绪是否稳定
   C. 年龄是否符合心理年龄　　D. 反应是否适度

7. 总是想一些没必要的事情，如女性总担心自己衣服是否整齐，有可能是（　　）。
   A. 强迫症　　　　　　　B. 抑郁症
   C. 焦虑症　　　　　　　D. 偏执倾向

8. 总感到莫名的紧张，容易失眠、多梦，有可能是（　　）。
   A. 强迫症　　　　　　　B. 抑郁症
   C. 焦虑症　　　　　　　D. 偏执倾向

9. 有（　　）的人常发脾气，想控制自己但控制不住。
   A. 敌对倾向　　　　　　B. 偏执倾向

C. 焦虑倾向 　　　　　　　　D. 敏感倾向

10. 有（　　）的人总感到苦闷，对任何事情都没有兴趣，严重的可能有自杀念头。
   A. 焦虑症 　　　　　　　　B. 抑郁倾向
   C. 强迫症 　　　　　　　　D. 人际关系敏感倾向

11. （　　）是引起职业人心理压力的重要外在因素。
   A. 组织因素 　　　　　　　B. 环境因素
   C. 性格 　　　　　　　　　D. 职业人自身因素

12. 解决压力的最佳办法是（　　）。
   A. 不工作 　　　　　　　　B. 持有一颗平常心
   C. 去疯玩 　　　　　　　　D. 消极适应

13. 患办公室综合征的人员主要是（　　）。
   A. 保洁人员 　　　　　　　B. 白领一族
   C. 教师 　　　　　　　　　D. 经理

14. 改善办公室综合征最需要（　　）。
   A. 改善办公和居住环境 　　B. 以和为贵
   C. 多旅游 　　　　　　　　D. 和领导搞好关系

15. 影响人际关系的因素中（　　）起主导作用，制约着人际关系的广度、深度和稳定度。
   A. 认知 　　　　　　　　　B. 情感
   C. 人格 　　　　　　　　　D. 能力

16. 巧妙化解同事间矛盾的艺术，最关键的一条是（　　）。
   A. 设身处地为对方着想 　　B. 适度友好
   C. 严于律己 　　　　　　　D. 少说多听

17. 职业人心理问题表现最多的是（　　）。
   A. 工作上的压力感 　　　　B. 家庭重担
   C. 偏执 　　　　　　　　　D. 敌对

18. 对于别人的评论很敏感的人，往往（　　）。
   A. 心胸狭窄 　　　　　　　B. 不能自我肯定
   C. 过分追求完美 　　　　　D. 缺乏与别人沟通

19. 能否建立良好的（　　）关系，是考验职场中人社会心理是否成熟的试金石。
   A. 和上司的关系 　　　　　B. 和下属的关系
   C. 同事 　　　　　　　　　D. 和工作相关的其他关系

20. 职业倦怠很多情况是一种（　　）。
   A. 办公室综合征 　　　　　B. 本领恐慌

C. 玩世不恭　　　　　　　　　　D. 抑郁症

21. 自傲的根源是（　　）。

A. 心理的积极暗示　　　　　　　B. 心理的消极暗示

C. 错误的自我评价　　　　　　　D. 猜忌

22. 中庸之道的精华在于（　　）。

A. 以和为贵　　　　　　　　　　B. 保守

C. 不嫉妒　　　　　　　　　　　D. 嘴巴紧

23. 越是得不到的东西越想得到，越是不能接触的东西越想接触，是（　　）。

A. 逆反心理　　　　　　　　　　B. 猜忌心理

C. 落差心理　　　　　　　　　　D. 好奇心理

24. 一桩婚姻是否美满，主要取决于（　　）。

A. 夫妻相爱的程度　　　　　　　B. 解决矛盾和分歧的方式

C. 妻子多牺牲　　　　　　　　　D. 丈夫多赚钱

25. （　　）已经成为继工作压力之后困扰人们的第二大心理疾患。

A. 亲子关系　　　　　　　　　　B. 夫妻关系

C. 亚健康　　　　　　　　　　　D. 人际关系

26. 在职场中把复杂的人际关系变得简单的最大秘诀是（　　）。

A. 经常聚会　　　　　　　　　　B. 尊重对方、严于律己

C. 少讲话　　　　　　　　　　　D. 幽默

27. 作为下属，向上司提意见时，最合适的场合是（　　）。

A. 正式场合　　　　　　　　　　B. 非正式场合

C. 大会　　　　　　　　　　　　D. 大庭广众

28. 向上司提出反对性意见，最合适的方式是（　　）。

A. 请教　　　　　　　　　　　　B. 不存在

C. 不确定　　　　　　　　　　　D. 根本就不要提

29. 无论是上司还是下属，其意见分歧最终取决于（　　）。

A. 辩论技巧　　　　　　　　　　B. 实践检验

C. 权力　　　　　　　　　　　　D. 不确定

30. 家庭幸福美满、事业成功的关键是（　　）。

A. 保持事业和家庭的平衡发展　　B. 重事业

C. 重家庭　　　　　　　　　　　D. 注重家庭成员角色分工

31. 夫妻发生矛盾时，最好是（　　）。

A. 冷处理　　　　　　　　　　　B. 占据主动

C. 一定要讨个公道　　　　　　　D. 离家出走

32. 父母和孩子最好、最直接的沟通方式是（　　）。

A. 写信　　　　　　　　　　B. 交谈

C. 和孩子游戏　　　　　　　D. 上网

33. 自卑最重要的来源是（　　）。

A. 智力　　　　　　　　　　B. 受教育程度

C. 所处的社会地位　　　　　D. 对"自己不如他人"的确信

34. 同事之间最容易形成、也最容易发生冲突的关系是（　　）。

A. 矛盾关系　　　　　　　　B. 竞争关系

C. 利益关系　　　　　　　　D. 工作关系

35. 职场人高压下的行为信号主要表现为（　　）。

A. 容易发怒　　　　　　　　B. 缺乏兴趣

C. 暴饮暴食　　　　　　　　D. 精力溃散

二、多项选择题

1. 新的健康概念告诉我们，它涵盖了（　　）等方面。

A. 生理健康　　　　　　　　B. 道德健康

C. 社会健康　　　　　　　　D. 心理健康

2. 归结健康涉及的内容，（　　）是目标。

A. 身体健康　　　　　　　　B. 社会健康

C. 道德健康　　　　　　　　D. 心理健康

3. 一个人身心是否健康，可以简单地用"五快三良好"来概括，"三良好"是指（　　）。

A. 良好的个性　　　　　　　B. 良好的身体

C. 良好的人际关系　　　　　D. 良好的处事能力

4. 心理健康在职场上应该表现为（　　）。

A. 智力正常　　　　　　　　B. 对职业环境的良好适应

C. 人际关系的和谐处理　　　D. 对职业压力有良好的承受与调解能力

5. 智力是人的（　　）的综合。

A. 观察力　　　　　　　　　B. 记忆力

C. 想象力　　　　　　　　　D. 思考力

6. 典型的职业心理问题可归纳为（　　）。

A. 认知障碍　　　　　　　　B. 焦虑抑郁

C. 有不良爱好　　　　　　　D. 环境适应困难

7. 职场高压下的情绪信号有（　　）。

A. 容易发怒　　　　　　　　B. 暴饮暴食

C. 缺乏兴趣　　　　　　　　　D. 精力溃散

8. 职业人的压力源主要来自（　　）方面。

A. 环境因素　　　　　　　　　B. 组织因素

C. 和谐的人际关系　　　　　　D. 职业人自身因素

9. 来自职业人自身的压力主要是职业人的（　　）。

A. 环境　　　　　　　　　　　B. 家庭

C. 个性　　　　　　　　　　　D. 经济状况

10. 一般把职业倦怠分为（　　）。

A. 情绪衰竭　　　　　　　　　B. 玩世不恭

C. 成就低落感　　　　　　　　D. 不能获得提升

11. 职场中的人际关系主要表现为（　　）。

A. 亲属关系　　　　　　　　　B. 同事关系

C. 上下级关系　　　　　　　　D. 与工作相关的其他社会关系

12. 人际关系受到（　　）等的影响。

A. 认知　　　　　　　　　　　B. 情感

C. 人格　　　　　　　　　　　D. 能力

13. 在遇到发怒的事情时，最好做到"三思"，即（　　）。

A. 思发怒的时间　　　　　　　B. 思发怒有无道理

C. 思发怒后有何后果　　　　　D. 思有无其他替代方式

14. 对付亚健康的最好的办法是（　　）。

A. 打破固有的生活方式　　　　B. 饮食、锻炼科学化

C. 不工作　　　　　　　　　　D. 坚持休息

15. 影响人际关系的认知主要包括（　　）。

A. 自我认知　　　　　　　　　B. 对社会的认知

C. 对他人的认知　　　　　　　D. 对交往本身的认知

16. 常见的、难以相处的上司主要有（　　）。

A. 上司的才能不如自己　　　　B. 上司心胸狭窄

C. 女上司　　　　　　　　　　D. 上司偏听偏信

17. 受欢迎的上司，要考察的条件，主要包括（　　）。

A. 与员工分享利益　　　　　　B. 办事能力

C. 人事处理　　　　　　　　　D. 个人性情

18. 建立良好的同事关系，（　　）是不可或缺的。

A. 积极的心态　　　　　　　　B. 交往的技巧

C. 幽默　　　　　　　　　　　D. 猜忌

19. 与上司进行有效的沟通，主要包括（　　　）。
   A. 工作上的沟通　　　　　B. 人际上的沟通
   C. 私下沟通　　　　　　　D. 情感上的沟通
20. 对他人的认知偏差，主要表现在（　　　）。
   A. 不屑与人交流　　　　　B. 以貌取人
   C. 以成见待人　　　　　　D. 从众

三、判断题

1. 健康是职场打拼的本钱。（　　）
2. 健康是身体上、精神上和社会适应上的完好状态。（　　）
3. 生理健康和心理健康可谓一对孪生兄弟。（　　）
4. 从人的心理状态来看，心理是修养，愉悦是表现。（　　）
5. 情绪协调是人正常生活的最基本的心理条件。（　　）
6. 职业人的心理问题主要诱因是工作压力太大。（　　）
7. 职场减压的第一步是要有耐心。（　　）
8. 正常人产生疲劳后，休息一宿就可使精力恢复正常。如果隔天起身，还是觉得十分疲劳，并且持续一段时间，这种状态就是慢性疲劳症。（　　）
9. 亚健康是人体处于健康与疾病之间的过渡阶段。（　　）
10. 恐惧工作是长期职场中高度劳累工作的结果。（　　）
11. 职业疲倦症又称职业枯竭症。（　　）
12. 第一印象在对人的认识中有决定性作用。（　　）
13. 人际关系是一种重要的社会文化现象。（　　）
14. 自卑心理源于心理上的一种消极的自我暗示。（　　）
15. 心理平衡不是知足常乐，而是面对现实，乐观面对，以积极的眼光看待世界。（　　）
16. 夫妻关系是一种最亲密的人际关系。（　　）
17. 和谐的家庭关系，需要平衡好工作与家庭的关系。（　　）
18. 幸福生活=现实−失望。（　　）
19. 心理疲劳是慢性疲劳综合征的主要病症之一，是现代医学新认识的一种疾病。（　　）